本书由河南省科技著作出版项目、国家肉羊产业技术体系项目（CARS-38）和
国家重点研发计划项目（2018YFD0501900）、郑州市惠民计划项目（2019KJHM0020）资助

畜禽疾病类症鉴别与防控原色图谱丛书

羊病类症鉴别与防控原色图谱

菅复春　主编

河南科学技术出版社

· 郑州 ·

图书在版编目（CIP）数据

羊病类症鉴别与防控原色图谱/菅复春主编 . — 郑州：河南科学技术出版社，2021.3
（畜禽疾病类症鉴别与防控原色图谱丛书）
ISBN 978-7-5725-0251-4

Ⅰ . ①羊… Ⅱ . ①菅… Ⅲ . ①羊病-鉴别诊断-图谱 ②羊病-防治-图谱 Ⅳ . ① S858.26-64

中国版本图书馆 CIP 数据核字（2020）第 266853 号

出版发行：河南科学技术出版社
　　　　　地址：郑州市郑东新区祥盛街 27 号　　　邮编：450016
　　　　　电话：（0371）65788870　65788613
　　　　　网址：www.hnstp.cn
策划编辑：李义坤
责任编辑：田　伟　孙林成
责任校对：翟慧丽
封面设计：张　伟
责任印制：张　巍
印　　刷：郑州新海岸电脑彩色制印有限公司
经　　销：全国新华书店
开　　本：787 mm×1092 mm　1/16　　印张：15　　字数：380 千字
版　　次：2021 年 3 月第 1 版　　2021 年 3 月第 1 次印刷
定　　价：148.00 元

编写人员名单

主　　编　菅复春

副 主 编　张克山　高　娃　王海燕

编写人员　高　娃　菅复春　梁　楠　林少华　王海燕　张克山

主　　审　宁长申　张素梅

前　言

随着养羊模式由散养、放牧到集约化养殖的转变，羊病的发生与流行情况也由个体、散发逐步转变为群体、多发，由单病因向多病因发展，或由单一病症向混合感染发展。羊病的发生渐趋多样化和复杂化，这对羊病的诊断与防控提出了新的要求，但目前多数羊场缺少精通羊病的兽医，市场针对羊病的治疗药物较少，大部分羊病缺乏相应的实验室诊断技术。因此，羊场的生产实践中急需羊病诊治和类症鉴别的技术资料来指导生产。目前，国内关于羊病诊治的图书大多数以单个病症进行阐述，对常见、多发的混合感染和类症鉴别缺少指导作用。根据生产一线需要，作者总结了多年积累的病例图片和诊治经验，并结合常见多发羊病诊断实例，以类症鉴别诊断为主攻方向，将积累的资料编辑成书，可供广大养羊专业户、基层兽医人员及相关专业学生参考使用。

本书分为三部分。第一部分为羊病理学基础及常用诊疗技术，包括羊病常见诊断技术、药物防治及其问题、临床用药注意事项。第二部分是本书的主体，为羊病类症鉴别与诊治。为方便一线肉羊养殖人员和兽医使用，书中所列羊病根据主要症状分别归类到不同的结构系统中：呼吸系统（9 种病），消化系统（28 种病），泌尿、生殖系统（11 种病），循环与免疫系统（5 种病），神经及运动系统（5 种病），常见体表疾病（14 种病），共计六章 72 种羊病。在每个系统疾病最后列表总结鉴别诊断要点，如病原、流行特点、主要临诊症状、特征病理变化、实验室诊断、防治等内容，便于读者查阅。第三部分为羊场环境控制及粪污处理。

本书的编写得到了国家现代肉羊产业技术体系内从事羊病教学、科研、生产一线等多位兽医工作者的全力支持，编写团队的多位老师也都有丰富的编写经验。同时，为保证书稿质量和进度，对本书编写进行了分工：菅复春教授负责全书的任务分工、内容编排、图片编辑，鉴别要点总结及第三部分羊场环境控制及粪污处理内容的编写，以及全书的统稿工作，完成 6.5 万字，提供寄生虫病相关图片 90 幅；张克山研究员以羊的传染病为主，参与编写 6.5 万字，提供图片 123 幅；高娃副研究员负责羊常见营养代谢等普通病的撰写，编写 6.5 万字，提供图片 44 幅；王海燕博士主要编写寄生虫病，完成 7.5 万字；梁楠博士编写了羊病病理学基础及常用诊疗技术、羊病的药物防治及其问题分析，完成 6.5 万字；林少华兽医师以羊的外貌及解剖特征、羊常用药物制剂配置及给药方法等实用性内容的编写为主，完成近 4.5 万字，并提供部分图片。宁长申教授和张素梅教授分别负责疫病诊治和药物使用部分的审校工作，为本书内容的准确性付出了辛勤的劳动。

本书收录了羊常见一类病毒病、细菌病、寄生虫病、多因素引起的临床普通病症，同时以引起羊的不同系统（部位）症状为主线进行归类，有利于兽医临床检查诊断；对于某些可以引起多系统疾病的病种如日本分体吸虫病、弓形虫病等，则选择归至引起主要症状的类型中，希望读者在使用过程中关注此类疾病。此外，有的病原由于资料有限、发病病例临床资料和图片有限，有待以后再行完善。由于时间和水平所限，书中可能存在一些差错，恳请行业内专家和读者能够及时指正，以便更好地为羊产业服务。

编者

2020 年 2 月

目　录

第一部分

羊病常用诊断技术及药物防治

第一章　羊病常用诊断技术

一、临床诊断

临床诊断是羊病诊断最常用的方法，通过望、闻、问、切、听、叩等具体的诊断步骤，把发现的症状表现及异常变化综合起来加以分析，可对疾病做出诊断，或为进一步检验提供依据。

（一）望（视诊）

视诊是现场观察病羊的表现。视诊时，最好先从离病羊几步远的地方观察羊的肥瘦、姿势、步态等情况，然后靠近病羊详细查看被毛、皮肤、黏膜、结膜、粪尿等情况。视诊内容具体包括以下方面。

1. **肥瘦**　一般急性病，如急性炭疽、羊快疫、羊肠毒血症、中毒等，病羊身体仍然肥壮；一般慢性病，如寄生虫病等，病羊身体多瘦弱。

2. **姿势**　观察病羊站立时是否与平时相同，如果不同，则可能为患病的表现。有些疾病表现出特殊的姿势，如破伤风表现为四肢僵直、行动不便的木马状。

3. **步态**　一般健康羊步态灵活而稳健，患病羊则常表现为行动不稳或不喜行走。如羊四肢肌肉、关节或蹄部发生疾病时，则表现为跛行；羊发生脑包虫病时，则表现为四肢站立不稳、运动失调等。

4. **被毛和皮肤**　健康羊的被毛平整、有光泽，不易脱落。患病羊的被毛粗乱无光，质脆且易脱落。如患螨病的羊，局部被毛可成片脱落，同时皮肤变厚、变硬，出现蹭痒和擦伤。在检查皮肤时，除注意皮肤的颜色外，还要注意有无水肿、炎性、肿胀、外伤，以及皮肤是否温热等。

5. **黏膜**　一般健康羊的眼结膜、鼻腔、口腔、阴道和肛门黏膜湿润光滑，呈粉红色。如口腔黏膜发红，多半是由于体温升高、身体某部位发炎引起的；黏膜发红并带有红点、血丝或呈紫色，多是由于严重的中毒或传染病引起的；黏膜苍白，则是贫血的表现；黏膜呈黄色，多为黄疸性疾病；黏膜呈蓝色，多为肺、心脏疾病。

6. **采食、饮水、口腔、粪尿**　健康羊只喂料时表现出良好的食欲，采食集中，采食后20

分钟开始反刍，一般每口食物咀嚼 40~60 次。羊采食或饮水忽然增多或减少，以及喜欢舔泥土、吃草根等，可能是某些营养物质缺乏导致的慢性营养不良。若羊只反刍减少、无力或停止，提示羊的前胃有病。口腔有病时，如喉头炎、口腔溃疡、舌有烂伤等，通过打开口腔即可看出。羊的粪便检查主要观察其形状、硬度、色泽及附着物等。正常时，羊粪呈小球状，表面光滑，软硬适中，有光泽，没有难闻臭味；病理状态下，粪便有特殊臭味，见于各种肠炎；粪便过于干燥，多为缺水和肠蠕动迟缓；粪便过于稀薄，多为肠功能亢进；前部肠管出血，粪便呈黑褐色，后部出血则是鲜红色；粪内有大量黏液，表示肠黏膜有卡他性炎症；粪便混有完整谷粒、纤维很粗，表示消化不良；混有纤维素膜时，表示为纤维素性肠炎；混有寄生虫及其节片时，表示体内有寄生虫。正常羊每天排尿 3~4 次，排尿次数和尿量过多或过少，以及排尿痛苦、尿失禁、尿液混浊或呈酱油色等都是患病的征兆。

7. 呼吸　健康羊每分钟呼吸 12~20 次。呼吸次数增多，多见于热性病、呼吸系统疾病、心脏衰弱、贫血及腹压升高等病症；呼吸次数减少，主要见于中毒、代谢障碍、昏迷等。另外，还要检查呼吸类型（胸式呼吸、腹式呼吸）、呼吸节律及呼吸是否困难等。

（二）闻（嗅诊）

嗅诊是对羊呼出的气体、粪尿的气味及嗳气进行判定。诊断羊病时，嗅闻分泌物、排泄物、呼出气体及口腔气味，可以起到帮助诊断的作用。如肺坏疽时，鼻液带有腐败性恶臭；胃肠炎时，粪便腥臭或恶臭；消化不良时可从呼气中闻到酸臭味，有机磷中毒时有蒜臭味，酮血症时有醋酮味等。

（三）问（问诊）

问诊是向畜主和饲养管理人员调查、了解病羊的发病症状、经过、治疗及饲养管理等情况以诊断疾病的方法。但在听取回答时，应考虑所谈情况与当事人的利害关系，科学分析，去伪存真。

1. 病史　了解羊的病史，不仅要知道它的现在病程，而且还要了解它的既往病史。现在病程主要包括发病时间、发病数和死亡数，发病前后羊只的精神状态、食欲、反刍、体温、排尿、呼吸和运动等变化。既往病史主要包括病羊或羊群以前的发病情况，是否发生过与本次类似的疾病，其疾病经过和转归如何，预防接种疫苗的时间和效果等。

2. 治疗用药情况　本次发病已用过何种药物治疗，其疗效如何，饲料里添加药物情况及添加时间等。

3. 饲养管理情况　包括羊群规模的大小、品种、年龄和性别，饲喂方法，羊舍的环境卫生条件，以及放牧草场的地形，附近是否有废水、废气和污染物的排放等。

（四）切（触诊）

触诊是用手指或指尖轻触被检查的部位，并稍加压力，以便确定被检查的各个器官组织是否正常。触诊常用如下几种方法。

1. **皮肤检查** 主要检查皮肤的弹性、温度、有无肿胀或伤口等。羊的营养不好或患过皮肤病，皮肤则没有弹性。高热时皮肤温度会升高。

2. **体温检查** 一般用手触摸羊耳朵或把手插进羊嘴里握住舌头，可以知道羊是否发热。准确的方法是采用兽用体温计测量。在给病羊测量体温时，先把体温计的水银柱甩到刻度线以下，涂上油或水以后，再缓慢插入羊的肛门内，体温计的1/3留在肛门外面，插入后停留的时间一般为2~5分钟。健康羊体温为38~40 ℃，如果体温升高，则见于中暑、急性传染病及炎症；体温下降，见于神经系统和血液循环障碍、大失血、衰竭症及某些中毒病；皮肤温度分布不均匀，则显示血液循环及神经支配有障碍。

3. **脉搏检查** 检查羊脉搏的部位是后肢股部内侧的动脉。检查时用手指摸，注意每分钟跳动次数和强弱等。健康羊每分钟脉搏搏动70~80次。脉搏加快见于运动、兴奋、恐惧、发热、疼痛、衰弱；脉搏减慢见于贫血、某些药物中毒等。

4. **体表淋巴结检查** 主要检查颌下、肩前、膝上和乳房上淋巴结。当羊发生结核病、伪结核病、羊链球菌等病时，体表淋巴结往往肿大，其形状、硬度、温度、敏感性及活动性也会发生变化。

5. **人工诱咳** 检查者站在羊的左侧，用右手捏压气管前3个软骨环，刺激羊的呼吸道，易引起病羊咳嗽。羊发生肺炎、胸膜炎、结核病等时，咳嗽低弱；发生喉炎及支气管炎时，则咳嗽强而有力。

（五）听（听诊）

听诊是利用听觉来判断羊体内正常和患病的声音。最常用的听诊部位为胸部（心、肺）和腹部（胃、肠）。听诊的方法有两种：一种是直接听诊，即将听诊布铺在被检查部位，然后把耳朵紧贴其上，直接听羊体内的声音；另一种是间接听诊，即借助于听诊器听诊。无论用哪种方法听诊，都应当把羊牵到安静的地方，以免受到外界杂音的干扰。

1. **心脏听诊** 心脏的听诊区在左侧胸壁肘关节的后上方。心脏跳动的声音，正常时可听到"嘣""咚"两个交替发出的声音。"嘣"音，为心脏收缩时所产生的声音，其特点是低、钝、长，时间间隔短，被称为第一心音。"咚"音，为心脏舒张时所产生的声音，其特点是高、锐，时间间隔长，被称为第二心音。第一、第二心音均增强，见于热性病的初期；第一、第二心音均减弱，见于心脏功能障碍后期或患有渗出性胸膜炎、心包炎；第一心音增强时，常伴有明显的心搏增强和第二心音微弱，主要见于心脏衰弱后期，排血量减少，动脉压下降时；第二心音增强时，见于肺气肿、肺水肿、肺炎等病理过程中，如果在正常心音以外听到其他杂音，多为瓣膜疾病、创伤性心包炎、胸膜炎等。

2. **肺脏听诊** 肺脏的听诊区在两侧胸部的前上方，是听取肺脏在吸入和呼出空气时由于振动而产生的声音。羊每分钟呼吸12~20次。呼吸次数与生理状况有一定关系，如羔羊及妊娠母羊呼吸较快，运动后呼吸较快。

（1）肺泡呼吸音：健康羊吸气时，从肺部可听到"呋"的声音；呼气时，可以听到"呼"

的声音，这称为肺泡呼吸音。肺泡呼吸音过强，多为支气管炎、黏膜肿胀等；肺泡呼吸音过弱时，多为肺泡肿胀、肺泡气肿、渗出性胸膜炎等。

（2）支气管呼吸音：它是空气通过喉头狭窄部所发出的声音，类似"赫"的声音。如果在肺部听到这种声音，多为肺炎的肝变区，见于羊的传染性胸膜肺炎等病。

（3）啰音：这是支气管发炎时，管内积有分泌物被呼吸的气流冲击而发出的声音。啰音可分为干啰音和湿啰音两种。干啰音甚为复杂，有咚隆声、笛声、口哨声及猫鸣声等，多见于慢性支气管炎、慢性肺气肿、肺结核等。湿啰音类似含漱音、沸腾音或水泡破裂音，多发生于肺水肿、肺充血、肺出血、慢性肺炎等。

（4）捻发音：这种声音像用手指捻毛发时所发出的声音，多发生于慢性肺炎、肺水肿等。

（5）摩擦音：一般有两种，一为胸膜摩擦音，多发生在肺脏与胸膜之间，多见于纤维素性胸膜炎、胸膜结核等。因胸膜发炎、纤维素沉积而使胸膜变得粗糙，在呼吸时互相摩擦而发出声音，这种声音像一手贴在耳上，用另一手的手指轻轻摩擦贴耳手的手背所发出的声音。另一种为心包摩擦音，当发生纤维素性心包炎时，心包的两侧失去润滑性，因而伴随心脏的跳动两叶互相摩擦而发生杂音。

3. 腹部听诊　主要是听取胃肠蠕动的声音。健康羊左腹部可听到瘤胃蠕动音，呈逐渐增强而又逐渐减弱的"沙沙"音，每两分钟可听到3~6次。羊患前胃弛缓或发热性疾病时，瘤胃蠕动音减弱或消失。羊的肠音类似于流水声或漱口声，正常时较弱。在羊患肠炎初期，肠音亢进；便秘时，肠音消失。

（六）叩（叩诊）

叩诊是通过用手指或叩诊锤和叩诊板叩打病羊体表相应部位所发出的不同声音，判断其被叩击的器官、组织有无病理变化的一种诊断方法。叩诊方法可分为手指叩诊法和叩诊器叩诊法。

采用手指叩诊法时，临诊兽医以左手示指和中指紧密贴在被检处充当叩诊板，右手的中指稍弯曲，以中指指尖或指腹作为叩诊锤，向左手示指和中指的第二指关节上叩打，则可听到被查部位的叩诊声音。对羔羊和瘦弱成年羊通常采用这种方法来检查。采用叩诊器叩诊时，选用小型叩诊锤和叩诊板，以左手拇指和中指或示指固定诊板并紧贴体表，右手握锤，用同等力量垂直叩打，注意分辨声音类型和对侧的差异。

叩打部位不同，其叩诊声音也不一样，叩诊的声音有清音、浊音、半浊音、鼓音。清音，为叩诊健康羊的胸廓所发出的持续高而清的声音。浊音，为叩打健康羊臀部及肩部肌肉时发出的声音；当羊胸腔聚集大量渗出液时，叩打胸壁出现水平浊音。半浊音，为介于浊音和清音之间的一种声音，叩打含少量气体的组织时可发出这种声音；羊患支气管肺炎时，肺泡含气量减少，叩诊呈半浊音。鼓音，如叩打左侧瘤胃处，发鼓响音；若瘤胃臌气，则叩打时鼓响音增强。

二、病理剖检诊断

病理剖检诊断是羊病现场诊断比较重要的一种诊断方法。羊发生传染病、寄生虫病或中毒性疾病时，一些脏器组织常常呈现出一些特征性的病理变化。有时通过剖检就可迅速做出诊断。如羊患炭疽病时，表现为尸僵不完全，迅速腐败膨胀，全身出血，血呈黑色，凝固不良，脾脏肿大2~5倍、淋巴结肿大等；羊患肠毒血症时，除肠道黏膜出血或溃疡外，肾脏常软化如泥；羊患传染性胸膜炎时，肺实质发生肝变，切面呈现大理石样变化；羊患肝片吸虫病时，其肝胆管常肥厚扩张成绳索状，突出于肝的表面，胆管内膜粗糙不平等。在实践中，有条件时应尽可能多剖检几只病羊尸体，必要时可剖杀典型病羊。

（一）尸体病理变化检查

1. 外部检查　在做尸体内部检查之前，必须详细检查尸体外表。外表检查项目包括羊的品种、年龄、性别、毛色、体格、被毛、皮肤、腹围的状态、蹄、尸冷、尸僵、尸斑、腐败。特别在检查急性传染病时，剖检前必须注意观察天然孔（眼、鼻腔、口腔、耳、肛门等）的开闭以及可视黏膜的颜色、有无出血、渗出液、排泄物、分泌物等。

2. 口、鼻腔检查　首先检查牙齿的变化，口腔黏膜的色泽，有无外伤、水疱、溃疡和烂斑，舌黏膜有无出血、外伤、舌苔的情况等。检查咽喉黏膜的色泽，局部淋巴结的形状及有无化脓灶等。鼻腔检查首先观察鼻黏膜的色泽，有无出血、炎性水肿、结节、糜烂、穿孔及疤痕等。

3. 内部检查　让羊尸体左侧卧地，先沿腹部正中线切开皮肤，露出皮下组织，四肢部位沿内侧正中线切开，腕关节或飞节以下部位沿屈腱切开，在球节部环形切开皮肤。从这些皮肤切开线剥去全身被皮。

（1）皮下组织检查：皮下组织有出血，见于败血症、炭疽、中毒等；有胶样浸润，见于炭疽、气肿疽等；淋巴结肿大，见于结核或急性传染病等。

（2）肌肉检查：主要检查肌肉的色泽、有无出血、变性、脓肿和寄生虫等。肌肉褪色或浑浊，见于热性传染病、中毒等；肌肉水肿及出血，见于恶性水肿、炭疽、中毒等。

（3）胃肠检查：首先检查胃的大小，浆膜面的色泽，有无粘连和破裂等，再按第一、二、三、四胃的顺序切开，边检查边除去内容物，检查胃黏膜有无病变。肠管沿肠系膜附着部位检查浆膜面，然后用肠剪剪开肠管，检查内容物的气味、性状、异物及有无血液、寄生虫等，然后除去内容物，检查黏膜层。如急性肠卡他可见黏膜充血、淋巴小结肿胀、黏液增多。

（4）脾脏检查：先检查脾脏的大小、形态、颜色、硬度，被膜的性状、边缘的状态（边缘薄锐或钝圆）、脾门淋巴结的性状，然后从脾脏头部到脾脏尾部沿膈面的中央纵切检查脾髓切面的颜色、性状等，如患炭疽死亡的羊，其脾脏明显肿胀、充血、柔软，切面呈暗红色的血囊。

（5）肝脏检查：包括肝脏外表的形状，肝脏各叶的比较，被膜的性状、硬度，边缘锐钝状态，肝门淋巴结状态，然后观察切面的血量、颜色、膨胀的状态，有无脓肿、肝砂粒症及坏死灶等。

（6）肾脏检查：因肾脏被膜密着于肾表面，因此先用刀切一小口，然后用手剥离被膜。检查被膜剥离的难易程度及肾表面的性状，此时用刀将肾切成两半，检查切面。应观察肾皮质和髓质的颜色，有无瘀血、出血、化脓和梗死，肾盂、尿管的性状，有无肿瘤及寄生虫寄生。当发生中毒及传染病时，肾脏常见有出血。

（7）膀胱和子宫的检查：首先检查膀胱的大小、色泽、尿量，黏膜有无出血、炎症，有无结石等；子宫检查，沿子宫背侧剪开左右子宫角，检查子宫内膜的色泽、有无出血、充血及炎症。

（8）心脏检查：首先检查心脏大小、心肌颜色、冠状沟的脂肪量，心外膜有无出血和炎性渗出物，有无寄生虫等。

（9）肺脏检查：先用眼观和触摸检查整个肺脏的大小、质地，肺胸膜的色泽，以及有无出血和炎性渗出物等。如有异常，用剪刀剪开气管，检查有无异常内容物和黏膜的性状。切开肺部检查其性状，如肺及细支气管发生炎症时，患病的肺泡及细支气管内会充满炎性渗出物，致使肺泡内不含空气，此时，将肺组织切下一小块放入水中则沉入水底，即临床所谓的肺实变。

（10）淋巴结检查：淋巴结患各种传染病时，多有出血、水肿，伴有吸收血液的，则呈淡红色乃至灰红色。

4. 脑部检查　打开颅腔后，检查硬脑膜和软脑膜有无瘀血、出血及寄生虫等。沿两侧及正中切开大脑，沿中线切开小脑，检查脉络丛及脑室有无积水，检查脑实质有无出血、液化坏死等。

（二）剖检注意事项

剖检所用的器械要预先煮沸消毒。剖检前对病羊或病变部位，要仔细检查，如怀疑为炭疽病时，则严禁剖检。剖检前先采耳尖血涂片镜检，在排除炭疽病后方可剖检。剖检时间越早越好，特别是在夏季，尸体腐败后，会影响观察和诊断。剖检时，一定做好个人防护，应保持清洁，注意消毒，尽量减少对周围环境和衣物的污染。剖检后将尸体和污染物深埋处理。在尸体上撒生石灰或喷洒 10% 石灰乳、4% 氢氧化钠溶液、5%~20% 漂白粉溶液等进行消毒。污染的表层土在铲除后投入坑内，埋好后对埋尸地面要再次进行消毒，也可将死尸及污染物一并放入病死尸体设备中，按仪器说明进行无害化处理。

三、实验室诊断

单纯依靠临床诊断有时很难对羊病做出准确判断，需要依靠实验室诊断才能确诊。在实验室内，借助先进的仪器设备，对羊的病料进行分析化验，从而对羊病做出准确的诊断。

（一）病料的采集、保存和运送

1. 病料的采集　凡发现病羊急性死亡时，应先采末梢血液抹片镜检，判断是否有炭疽杆菌存在。若怀疑为炭疽，则不可随意剖检；只有在确定不是炭疽时，方可剖检。

采集内脏病料时，应于死亡后立即进行，最好不超过 6 小时，否则尸体腐败后难以得到正确的检查结果。采集病料时所用的刀、剪、镊子、注射器、针头等应是无菌状态。每采取一种病料应使用一套器械或容器，不能混用。

不同羊病的病理变化不同，病料采集时，应综合临床诊断结果及病理变化确定怀疑对象，有目的地采集病料。如败血性传染病，可采集心、肝、脾、肺、肾、淋巴结等组织；肠毒血症，应采取小肠及其内容物；羊布露氏杆菌病采取胎儿胃内容物、羊水、胎膜及胎盘的坏死部分；有神经症状的传染病，应采取脑、脊髓等。在无法判断为何种传染病时，应全面采取。检查血清抗体时，采血，待凝固后析出血清，装入灭菌小瓶内送检。采取病料的全部过程必须是无菌操作。病理剖检应在取材完毕后进行（表 1.1）。

表 1.1　羊常见传染病病料的采集

疾病名称	应采集的病料	注意事项
炭疽	生前：濒死期的血液，皮下水肿液 死后：末梢血管血液，涂片数张，耳朵一块	
口蹄疫	新鲜水疱皮约 10 g，体温升高期的全血	
巴鲁氏杆菌病	生前：血液、血片 死后：心血，病变部位的肺、肝、脾、淋巴结及胸腔液，涂片镜检	低温尽快运送
布氏杆菌病	血清 10~15 mL，胎儿胃内容物，羊水、胎膜及胎盘坏死部分，羊阴道分泌物，必要时无菌采取乳汁和尿液	
羊坏死杆菌病	病灶坏死组织与健康组织交界处取病料涂片	
羊钩端螺旋体病	生前：血清、血液、尿液 死后：肝、肾	死后 3 h 内采取
羊大肠杆菌病	对内脏组织、血液或肠内容物做大肠杆菌的分离鉴定	
狂犬病	取大脑或小脑组织，血清	在包装容器外注明疑为狂犬病
放线菌病	病灶中的脓汁	
肉毒梭菌中毒	生前：血液，可疑中毒饲料 死后：胃肠道内容物、脾、肝、脑、脊髓	对可疑饲料应取腐败有臭味的
李氏杆菌病	脑、肝、脾、流产胎儿的胃内容物、胎膜或子宫分泌物，供细菌检验；另取脑、肝、脾供病理切片或动物实验使用	
山羊传染性胸膜肺炎	生前：血清 死后：病肺的组织、胸前渗出液（立即接种于培养基中）	

续表

疾病名称	应采集的病料	注意事项
羊肠毒血症、快疫、猝狙、羔羊痢疾	死后：真胃、回肠、结肠前端内容物，肝、肾组织，肝表面涂片或动物实验及细菌分离培养	
羊链球菌病	心血、肺、脾、肝、淋巴结、肌肉	
羊黑疫（羊传染性坏死性肝炎）	肝脏坏死病灶组织及病灶边缘的触片、腹水	
羊传染性脓疮病	病变部位痂皮、上皮	
羊痘	生前：未化脓的丘疹 死后：皮疹及呼吸道等处的痘疹性结节	
螨病	用手术刀片在患羊的病变部与健康部位交界处刮取病料制片镜检	刮取深度以微微出血为宜

2. 病料的保存 采集病料后如不能立即检验，应加入适量保存剂，使病料尽量保持新鲜。

（1）细菌性病料保存：将脏器组织块保存在灭菌的30%甘油缓冲溶液或灭菌的液体石蜡中，也可保存于灭菌的饱和氯化钠溶液内，容器加塞封固。液体病料可装入封闭的毛细玻璃管或试管中。30%甘油缓冲溶液配制法：中性甘油30 mL，氯化钠0.5 g，磷酸氢二钠1 g，加蒸馏水至100 mL，混合经高压灭菌后备用。

（2）病毒性病料保存：组织块可保存于灭菌的50%甘油生理盐水中（适用于抗力较强的病毒）、灭菌鸡蛋生理盐水内保存。50%甘油生理盐水的配制：氯化钠2.5 g，磷酸二氢钠0.46 g，磷酸氢二钠10.74 g，溶于100 mL蒸馏水中，加中性甘油150 mL，蒸馏水50 mL，混合高压灭菌备用。

（3）病理组织检验材料保存：将采取的脏器组织块放入福尔马林或95%乙醇溶液中固定，固定液应为病料的10倍以上。如用福尔马林溶液，24小时后需要换新液。

3. 病料的运送 运送的病料容器要逐一标号，并详细记录及附病料送检单。首先病料包装要安全稳妥，对于危险病料，怕热或怕冷的材料要分别采取措施。一般检查病原学的材料应放在加有冰块的保温瓶内送检；若无冰块，可在保温瓶内加入氯化铵450~500 g，加水1 500 mL，上层放病料，这样瓶内可保持0 ℃达24小时。病料尽快运送，长途以空运为宜。

（二）细菌学检查

1. 涂片镜检 将羊病料涂片染色后，在显微镜下观察细菌形态、大小、排列等特征，以便做出初步诊断或确定进一步检验的步骤。常用的染色方法有革兰氏染色法、瑞氏染色法、吉姆萨染色法、抗酸染色法或其他特殊染色方法。

2. 分离培养 根据所怀疑病原菌的特点，选择适宜的培养基接种后，在一定条件下进行培养，获得纯培养后，再用特殊的培养基培养进行细菌形态、培养特性、生化特性、血清学反应及毒力等特性的鉴定。

3. 动物试验 先用易感动物，如白鼠、豚鼠、家兔等，必要时可直接感染易感羊。方法是将病料用生理盐水做成1∶10混悬液或用纯培养菌液，通过皮下、肌内、腹腔、静脉等途径注射。根据试验动物的发病状况和病理特征进行判定。

（三）病毒学检查

1. 病料处理 通过无菌操作取出病料组织，用磷酸盐缓冲液反复洗涤3次，切碎磨细，再用磷酸盐缓冲液制成1∶10混悬液，以2 000~3 000 r/min的速度离心15分钟，取上清液，每毫升加青霉素和链霉素各1 000 U以去除可能被污染的杂菌，置于冰箱保存备用。

2. 分离培养 将处理后的病毒样品，根据所怀疑的传染病的种类分别接种到鸡胚或活的细胞培养物上进行培养。对分离到的病毒，用电子显微镜观察或通过血清学试验等方法进行判定。

3. 动物试验 使用经上述方法处理的病毒样品或分离培养后的病毒液，接种易感动物，方法同细菌学检查。

（四）寄生虫学检查

羊的寄生虫种类很多，但其临床症状除少数寄生虫病外，大都缺乏特异性，所以羊寄生虫病的生前诊断往往要通过实验室进行病原学检查。

1. 粪便学检查 羊的大多数蠕虫都是寄生于消化道或与消化道有管道相通的器官（肝脏、胰脏等）内，所以寄生虫的虫卵、幼虫、成虫或绦虫节片就会随着羊的粪便排出体外。寄生于呼吸系统的蠕虫各期虫体或虫卵也是通过羊的痰液咽入消化道随粪便排出，某些原虫的卵囊、包囊同样也是通过粪便排出体外的。因此，粪便检查是羊寄生虫病生前诊断的主要方法之一，在临床工作中具有十分重要的意义。

被检粪样应该是新鲜且未被污染的，最好从直肠采集。采集的粪便应尽快检查或放于冰箱冷藏箱中保存。如需转寄外地检查，可把粪便固定在25%福尔马林溶液中，使虫卵或卵囊失去活力但仍保持固有形态，防止微生物的繁殖。

常用的粪便检查方法有以下几种：

（1）直接涂片法：取50%甘油水溶液或普通水1~2滴放于载玻片上，取火柴头大小的被检粪样与之混匀，剔除粗粪渣，加盖玻片镜检。涂片的薄厚以在涂片的下面隐约能见到纸上的字迹为宜。此法操作简便、快速，但检出率较低。

（2）沉淀法：取羊粪5~10 g置于烧杯中，先加少量水将粪便充分搅开，然后加10~20倍的水搅匀，用金属筛或纱布将粪液过滤于另一杯中，静置20分钟后弃去上清液，再加清水搅匀静置，如此反复3~4次，直至上清液透明为止。最后取少许沉渣滴于载玻片上，加盖玻片镜检。此法适用于检查体积较大的虫卵，如吸虫卵及原虫的卵囊和包囊。

（3）饱和溶液漂浮法：取5~10 g羊粪置于100~200 mL烧杯中，先加入少量漂浮液将粪便充分搅开，再加入约20倍的漂浮液搅匀，静置40分钟左右，用直径0.5~1 cm的铁丝圈水平接触液体表面，提起后将液膜抖落于载玻片上，加盖玻片镜检。此法对大多数相对密度较小的虫卵，如线虫卵、绦虫卵和球虫卵囊等检出率较高。

2. 螨病检查　在羊体患部，先用刀具刮去病健交界处表面干的痂皮，然后用外科凸刃小刀在病健结合部刮取皮屑，使刀刃与皮肤表面垂直，反复刮取表皮，直到稍微出血为止。将刮取的皮屑放于小烧杯中，加入10%氢氧化钠适量，室温下过夜或直接放在酒精灯上加热数分钟，待皮屑溶解后取沉渣涂片镜检。

（五）免疫学诊断

免疫学检验操作方便、特异性强，常用于羊传染病的免疫学诊断方法有变态反应、凝集反应、补体结合反应、中和试验、荧光抗体技术等，近年又研究出许多新的方法，如酶标记技术、单克隆抗体技术等。

第二章　羊病的药物防治及注意事项

一、羊常用药物

羊常用的药物一般可分为抗微生物药、抗寄生虫药、消毒防腐药、解热镇痛抗炎药、消化系统药物、呼吸系统药物、泌尿生殖系统药物、局部用药物、解毒药等。

（一）抗微生物药物

抗微生物药是兽药中常用的一大类药物，包括抗生素和合成抗菌药。

1. 抗生素　抗生素是由微生物或高等动植物在生活过程中所产生的具有抗病原体或其他活性物质的一类代谢产物，能杀灭细菌，对霉菌、支原体、衣原体等其他致病微生物也有良好的抑制和杀灭作用。抗生素的种类较多，按抗生素的化学结构和作用机理对抗生素进行如下分类。

（1）β–内酰胺类：β–内酰胺类抗生素是指其化学结构中含有 β–内酰胺环的一类抗生素，主要包括青霉素类和头孢菌素类。近年来又有较大发展，如新出现的 β–内酰胺酶抑制剂、甲氧青霉素类等。

1）青霉素类：青霉素类分为天然青霉素和半合成青霉素。天然青霉素主要包括青霉素 F、青霉素 G、青霉素 X、青霉素 K 和双氢青霉素 F 五种。半合成青霉素主要有耐青霉素酶的青霉素，如苯唑西林和氯唑西林等；广谱青霉素，如氨苄西林、阿莫西林、海他西林和羧苄西林等。此外，也有一些长效青霉素，如普鲁卡因青霉素和苄星青霉素。青霉素酶是指细菌产生的能够催化水解青霉素化学结构中 β–内酰胺环而使青霉素失去作用的一类酶，又称为 β–内酰胺酶。羊常用的青霉素类抗生素有以下几种。

青霉素

【药理作用】　青霉素有青霉素钾盐和钠盐。这两种盐极易溶于水，在水溶液中，极易裂解为无活性产物。所以青霉素注射液应现用现配，一般情况下在室温保存不能超过 24 小时，必要时应放置冰箱中，在 2~8 ℃条件下保存。

青霉素类抗生素是 β–内酰胺类中一大类抗生素的总称，主要作用于细菌的细胞壁。但它不能耐受耐药菌株所产生的酶，易被其破坏，内服时也易被胃酸和消化酶破坏。其抗菌谱

（抗菌谱是指一种或一类抗生素或抗菌药物所能抑制或杀灭微生物的类、属、种范围）较窄，主要对革兰氏阳性菌有效。使用时以肌内注射或皮下注射为主。

由于青霉素在兽医临床上长期广泛应用，使得病原菌对青霉素的耐药性十分广泛，耐药细菌能产生青霉素酶破坏青霉素的药效结构而使其失去抗菌作用。目前已发现多种物质能够抑制细菌产生的酶，如克拉维酸和舒巴坦等。这些酶抑制剂和青霉素类药物合用后可用于对青霉素耐药的细菌感染，常用的有阿莫西林和克拉维酸等复方制剂。

目前本药制剂有注射用青霉素钠、注射用青霉素钾。

【适应证】　主要用于革兰氏阳性菌感染，如葡萄球菌病、魏氏梭菌病、肺炎球菌病、炭疽病、坏死杆菌病、钩端螺旋体病及乳腺炎、皮肤软组织感染、关节炎、子宫炎、肾盂肾炎、肺炎、败血症等。

【用法用量】　肌内注射：一次量，每千克体重，羊 2 万 ~3 万 U。临用前加适量注射用水溶解，能以葡萄糖注射液作溶剂。

【注意事项】

①红霉素、磺胺药等可干扰青霉素的杀菌活性。

②丙磺舒、阿司匹林和磺胺药可减少青霉素类在肾小管的排泄，因而使青霉素类药物的血药浓度增高，半衰期延长，但毒性也可能增加。

③重金属，特别是铜、锌、汞可破坏青霉素的药效结构。

④本品与氨基糖苷类抗生素如链霉素混合后，两者的抗菌活性明显减弱，因此两药不能放置在同一容器内给药，联合用药时应分别给药。

⑤羊休药期为 0 天，弃奶期 72 小时。

苯唑西林钠

【药理作用】　苯唑西林钠是耐酸和耐青霉素酶的青霉素，其抗菌谱比青霉素窄，但其对产青霉素酶葡萄球菌具有良好的抗菌活性，被称为抗葡萄球菌青霉素。对其他革兰氏阳性菌及不产青霉素酶的葡萄球菌，抗菌活性则不如青霉素 G。苯唑西林钠通过抑制细菌细胞壁合成而发挥杀菌作用。

目前本药制剂有注射用苯唑西林钠。

【适应证】　主要用于耐葡萄球菌感染，包括败血症、心内膜炎、肺炎、乳腺炎、皮肤、软组织感染等。也可用于化脓性链球菌或肺炎球菌与耐青霉素葡萄球菌所致的混合感染。

【用法用量】　肌内注射：一次量，每千克体重，羊 10~15 mg，每天 2~3 次，连用 2~3 天。

【注意事项】

①本品与氨苄西林或庆大霉素合用可增强对肠球菌的抗菌活性。

②其他参见青霉素。

③羊休药期为 14 天，弃奶期 72 小时。

普鲁卡因青霉素

【药理作用】 普鲁卡因青霉素为青霉素的普鲁卡因盐，其抗菌活性成分为青霉素。该品为青霉素长效品种，不耐酸，不能口服，只能肌内注射，禁止静脉给药。该药抗菌谱与作用机制同青霉素。限用于对青霉素高度敏感的病原菌引起的中度与轻度感染，不宜用于治疗严重感染。急性感染经青霉素基本控制后可改用本品肌内注射，维持治疗。

目前本药制剂有注射用普鲁卡因青霉素和普鲁卡因青霉素注射液。

【适应证】 主要用于对青霉素敏感菌引起的慢性感染，如子宫蓄脓、乳腺炎、复杂骨折等，亦用于放线菌及钩端螺旋体等感染。

【用法用量】 肌内注射：一次量，每千克体重，羊2万~3万U。每天1次，连用2~3天。

【注意事项】

①仅用于治疗敏感菌引起的慢性感染。

②其他参见青霉素。

③羊休药期为28天，弃奶期72小时。

苄星青霉素

【药理作用】 苄星青霉素为长效青霉素，抗菌谱与青霉素相似，具有吸收排泄慢、维持时间长等特点，肌内注射后缓慢游离出青霉素而呈抗菌作用。但由于在血液中浓度较低，故不能替代青霉素用于急性感染，只适用于对敏感菌所致的轻度或中度感染，如肺炎、泌尿道感染等。急性感染经青霉素基本控制后可改用本品维持治疗。

目前本药制剂有注射用苄星青霉素。

【适应证】 用于革兰氏阳性菌感染。适用于对青霉素高度敏感细菌所致的轻度或慢性感染，如葡萄球菌、链球菌和厌氧性梭菌等感染引起的肾盂肾炎、子宫蓄脓、乳腺炎和复杂骨折等。

【用法用量】 肌内注射：一次量，每千克体重，羊3万~4万U，必要时3~4天重复用药一次。

【注意事项】

①苄星青霉素在用于急性感染时应与青霉素钠合用。

②其他参见注射用青霉素钠。

③羊休药期为4天，弃奶期72小时。

2）头孢菌素类：头孢菌素类为半合成广谱抗生素，其化学结构中同样含有药效结构 β–内酰胺环。一般根据头孢菌素发现的时间先后、抗菌谱和对 β–内酰胺酶的稳定性将头孢菌素分为四代。

第一代头孢菌素的抗菌谱与广谱青霉素相似，对青霉素酶稳定，但仍可被多数革兰氏阴性菌产生的 β–内酰胺酶水解，主要作用于由革兰氏阳性菌引起的感染。如青霉素的抗菌谱主要包括革兰氏阳性菌和某些阴性球菌，而链霉素的抗菌谱主要是部分革兰氏阴性杆菌。因此，青霉素和链霉素都属于窄谱抗生素，在临床中常采用联合用药以增大其抗菌范围。常用的第一代头孢菌素主要有头孢噻吩（先锋霉素Ⅰ）、头孢氨苄（先锋霉素Ⅳ）、头孢唑啉（先锋霉素Ⅴ）、头孢拉定（先锋霉素Ⅵ）和头孢羟氨苄等。

第二代头孢菌素对革兰氏阳性菌的抗菌活性与第一代相近或稍弱，但抗菌谱较广。其中的多数品种能耐受 β-内酰胺酶，对革兰氏阴性菌的抗菌活性增强。如一些革兰氏阴性菌（如大肠杆菌等）易对第一代头孢菌素耐药，而第二代头孢菌素对这些耐药菌株常有效，主要品种有头孢西丁等。

第三代头孢菌素的抗菌谱比第二代更广一些，其对革兰氏阴性菌的抗菌活性比第二代强，但对金黄色葡萄球菌的抗菌活性不如第一代和第二代。主要品种有动物专用的头孢噻呋和头孢喹肟等。

第四代头孢菌素是指20世纪90年代以后问世的头孢菌素新品种。第四代头孢菌素抗菌谱比第三代更广，对 β-内酰胺酶稳定，对金黄色葡萄球菌等革兰氏阳性菌的作用有所增强。目前医用头孢菌素有30多种，但由于价格昂贵，兽医上多用于宠物疾病和局部感染。临床中常用的动物用头孢菌素较少，主要有动物专用的头孢噻呋钠。

头孢噻呋钠

【药理作用】 头孢噻呋钠是头孢菌素类兽医临床专用抗生素，可使细菌细胞壁缺失而达到杀菌效果，具有广谱杀菌作用。对革兰氏阳性菌和革兰氏阴性菌均有较强的抗菌作用。头孢噻呋具有稳定的 β-内酰胺环，不易被耐药菌破坏，可作用于产 β-内酰胺酶的革兰氏阳性菌和革兰氏阴性菌。敏感菌有胸膜放线杆菌、大肠杆菌、葡萄球菌等。兽医临床常用于治疗牛的急性呼吸系统感染、牛乳腺炎和猪放线菌感染，但也有用于羊呼吸道感染的治疗报道。

目前本药制剂有盐酸头孢噻呋注射液和注射用头孢噻呋钠。

【适应证】 据报道，头孢噻呋钠主要用于溶血性和多杀性巴氏杆菌引起的羊肺炎，具体疗效待验证。

【用法用量】 参考剂量为肌内注射，一次量，每千克体重，羊1~2 mg。间隔24小时用药一次，可连用3~4次。

【注意事项】

①在使用盐酸头孢噻呋注射液前应充分摇匀，不宜冷冻，第一次使用后需在14天内用完。

②在使用注射用头孢噻呋钠时应现配现用。

（2）氨基糖苷类：氨基糖苷类抗生素是一类水溶性碱性抗生素。由链霉菌产生的氨基糖苷类抗生素有新霉素、链霉素、卡那霉素等；由小单孢菌产生的氨基糖苷类抗生素有庆大霉素、小诺霉素，此外，也有人工半合成的阿米卡星等。在兽医临床中常用的有庆大霉素、链霉素、新霉素、卡那霉素、大观霉素、阿米卡星和安普霉素等。

硫酸链霉素

【药理作用】 链霉素对结核杆菌和许多能引起羊发病的革兰氏阴性菌如大肠埃希氏菌、巴氏杆菌等均具有抗菌作用。链霉素对葡萄球菌属及其他革兰氏阳性球菌的作用差，主要治疗各种敏感菌引起的急性感染，如家畜的呼吸道感染（肺炎、咽喉炎等）。

目前本药制剂有注射用硫酸链霉素、注射用硫酸双氢链霉素、硫酸双氢链霉素注射液。

【适应证】 用于治疗革兰氏阴性菌和结核杆菌感染，如大肠杆菌病、结核病等的治疗。在治疗结核病时多与其他抗结核药合用。

【用法用量】 参考剂量为：肌内注射，一次量，每千克体重，家畜 10~15 mg，每天 2 次，连用 2~3 天。

【注意事项】

①链霉素与其他氨基糖苷类有交叉过敏现象，病畜对氨基糖苷类过敏时禁用。

②病畜出现脱水或肾功能损害时或孕畜慎用。

③用本品治疗泌尿道感染时可同时口服碳酸氢钠（小苏打）以增强药效。

④羊休药期为 18 天，弃奶期 72 小时。

卡那霉素

卡那霉素和新霉素存在交叉耐药性，与链霉素存在单向交叉耐药性，大肠杆菌等革兰氏阴性菌常出现获得性耐药。卡那霉素的适应证、用法用量、注意事项和链霉素相似，但卡那霉素的作用比链霉素强。本品休药期较长，为 28 天，弃奶期 7 天。

目前本药制剂有硫酸卡那霉素注射液、注射用硫酸卡那霉素。

庆大霉素

【药理作用】 庆大霉素对许多革兰氏阴性菌如大肠杆菌和链霉素同样具有抗菌作用，但不同的是，庆大霉素对金黄色葡萄球菌（包括产 β–内酰胺酶菌株）也具有抗菌作用，多数链球菌、结核杆菌对本品耐药。

目前本药制剂有硫酸庆大霉素注射液。

【适应证】 主要用于敏感菌引起的败血症、泌尿生殖道感染、呼吸道感染、胃肠道感染、乳腺炎及皮肤和软组织感染等。

【用法用量】 参考剂量为：肌内注射，一次量，每千克体重，家畜 2~4 mg，每天 2 次，连用 2~3 天。

【注意事项】

①庆大霉素与 β–内酰胺类抗生素联用，通常对多种革兰氏阴性菌有协同作用，对革兰氏阳性菌也有协同作用。如庆大霉素与青霉素联用作用于链球菌，与耐酶半合成青霉素联用作用于金黄色葡萄球菌，与头孢菌素联合作用于肺炎球菌（注意可能使肾毒性增强）。

②与甲氧苄啶－磺胺合用，对大肠杆菌及肺炎克雷伯菌也有协同作用。

③用于严重全身感染时，本品可以与氟苯尼考等联合应用以提高治愈率。

④本品与红霉素、四环素等合用可能出现拮抗作用。

（3）四环素类：四环素类是由链霉菌产生或经半合成制得的一类碱性广谱抗生素，因其分子结构中含有氢化并四苯环而得名，为广谱速效抑菌抗生素，对革兰氏阳性菌、革兰氏阴性菌及螺旋体、立克次体、衣原体、支原体及原虫等均有抑制作用。在兽医临床中最初使用金霉素、土霉素和四环素较多，后经结构改造获得了多西环素（强力霉素）等半合成品。现在兽医临床中常用的有金霉素、土霉素、四环素和多西环素，它们的抗菌活性为多西环素＞金霉素＞四环素＞土霉素。羊常用的品种为土霉素和多西环素。

土霉素

【药理作用】　土霉素为广谱抑菌抗生素，对葡萄球菌、溶血性链球菌、炭疽杆菌、破伤风梭菌等革兰氏阳性菌作用较强，但不如 β－内酰胺类。对大肠杆菌、沙门氏菌和巴氏杆菌等革兰氏阴性菌敏感，但不如氨基糖苷类和酰胺醇类。此外，立克次氏体、支原体、衣原体、阿米巴原虫也对本品敏感。

目前本药制剂有土霉素片、土霉素注射液、长效土霉素注射液。

【适应证】　用于治疗羊葡萄球菌病、羊链球菌病（俗称嗓喉病）、炭疽等由革兰氏阳性菌引起的疾病，也用于治疗大肠杆菌病、沙门氏菌病、巴氏杆菌病等由革兰氏阴性菌引起的疾病。此外，土霉素也可用于由立克次氏体、支原体和阿米巴原虫引起的感染。

【用法用量】　内服土霉素片时，一次量，每千克体重，羔羊 10~25 mg。肌内注射土霉素注射液时，以土霉素计，一次量，每千克体重，家畜 10~20 mg。

【注意事项】

①成年羊不宜内服土霉素，长期服用可诱发双重感染。

②泌乳羊禁止注射土霉素。

③土霉素存在交叉过敏反应，对一种四环素类药物过敏者可对本品呈现过敏。

④避免与 β－内酰胺类药物和氨基糖苷类药物同时使用，联合使用有拮抗作用，影响其疗效。此外，维生素 C 对土霉素有灭活作用，土霉素又会加快维生素 C 在尿中的排泄。

⑤土霉素片休药期为 7 天，土霉素注射液休药期为 28 天。

多西环素

【药理作用】　多西环素为广谱抑菌剂，高浓度时具有杀菌作用，抗菌谱与土霉素相似，但体内外抗菌活性均较土霉素和四环素强。立克次氏体、支原体、衣原体、分枝杆菌、螺旋体对本品敏感。本品对革兰氏阳性菌作用优于革兰氏阴性菌，但肠球菌属对其耐药。细菌对本品与土霉素和四环素存在交叉耐药性。

目前本药制剂有盐酸多西环素片。

【适应证】 用于治疗革兰氏阳性菌、革兰氏阴性菌以及支原体引起的感染。

【用法用量】 内服：一次量，以多西环素计，每千克体重，羔羊 3~5 mg，每天 1 次，连用 3~5 天。

【注意事项】

①多西环素干扰青霉素的杀菌作用，避免与青霉素合用。

②使用本品时不能联合用含铝、钙、镁、铁等金属离子的药物。

③与氟苯尼考配伍，对大肠杆菌病有相加作用。

④其他注意事项参见土霉素。

⑤盐酸多西环素片休药期为 28 天。

（4）大环内酯类：大环内酯类是由链霉菌产生或半合成的一类弱碱性抗生素，属生长期快效抑菌剂。本类抗生素对革兰氏阳性菌作用较强，对革兰氏阴性球菌、厌氧菌、霉形体、衣原体等也有一定作用。兽医临床中常用的品种有红霉素、乳糖酸红霉素、吉他霉素、螺旋霉素；动物专用品种有：泰乐菌素、替米考星、泰拉霉素等。羊常用的品种有乳糖酸红霉素和替米考星。

乳糖酸红霉素

【药理作用】 乳糖酸红霉素抗菌谱与青霉素相似，主要用于对青霉素过敏或耐药的替代药物。本品对革兰氏阳性菌的抗菌活性和青霉素相似，但抗菌谱较青霉素广。本品有效的革兰氏阳性菌有金黄色葡萄球菌（包括耐药青霉素和四环素金黄色葡萄球菌）、肺炎球菌、链球菌、炭疽杆菌等。对其敏感的革兰氏阴性菌有布鲁氏菌、巴氏杆菌等。此外，其对立克次氏体、阿米巴原虫及钩端螺旋体也有作用。红霉素在碱性溶液中的抗菌活性增强，当溶液 pH 值小于 4 时，作用很弱。细菌极易通过染色体突变对红霉素产生高水平耐药，红霉素与其他大环内酯类及林可霉素的交叉耐药性也较常见。

目前本药制剂有注射用乳糖酸红霉素。

【适应证】 主要用于治疗耐青霉素葡萄球菌引起的感染性疾病，也可用于治疗其他阳性菌和支原体引起的感染。

【用法用量】 静脉注射：一次量，每千克体重，羊 3~5 mg，每天 2 次，连用 2~3 天。

【注意事项】

①本品刺激性强，不能肌内注射。在进行静脉注射前，先用灭菌注射用水溶解，然后再用 5% 葡萄糖注射液稀释，不能用氯化钠和酸性溶液溶解。注射浓度不超过 0.1%，应缓慢注射。

②红霉素类与其他大环内酯类、林可胺类作用靶点相同，不宜同时使用。

③本品与 β‑内酰胺类合用可表现为拮抗作用，与恩诺沙星、维生素 C、复合维生素 B、阿司匹林等合用可使红霉素药效降低。

④注射用乳糖酸红霉素休药期为 3 天。

替米考星

【药理作用】 替米考星主要抗革兰氏阳性菌，对少数革兰氏阴性菌和支原体也有效。其对胸膜肺炎放线杆菌、巴氏杆菌及畜禽支原体的活性比泰乐菌素强。

目前本药制剂有替米考星溶液、替米考星注射液、磷酸替米考星预混剂。

【适应证】 用于治疗由胸膜肺炎放线杆菌、巴氏杆菌及支原体感染引起的传染性鼻炎等呼吸道感染。

【用法用量】 可用替米考星注射液，每千克体重，羊2~10 mg，皮下注射或肌内注射，每天2次，连用3天。

【注意事项】

①本品禁止静脉注射，静脉注射有致死性危险。

②慎重使用本品，肌内和皮下注射本品均可出现局部反应如水肿等，亦不能与眼接触。

③注射本品时应密切监测心血管状态。

④泌乳期羊和肉用羊禁用。

⑤参考牛的休药期为35天。

2.合成抗菌药 抗微生物药除了上面提到的多种抗生素外，化学合成抗菌药也应用较多。化学合成抗菌药是指利用人工合成方法得到的对病原微生物具有抑制或杀灭作用的化学物质。化学合成抗菌药和抗生素的区别在于前者完全是由人工合成的，不是由微生物得到的。在抗微生物感染中除了上面介绍的几类抗生素外，磺胺类和喹诺酮类人工合成抗菌药在防治动物疾病中也发挥了重要作用。

（1）磺胺类：磺胺类药物一般为白色或淡黄色晶粉，不溶于水，属酸碱两性化合物，但在酸性溶液中不稳定，制成钠盐后易溶于水，水溶液呈碱性。磺胺类药物为人工合成的广谱慢效抑菌药，抗菌谱较广，对大多数革兰氏阴性菌和部分革兰氏阳性菌有效，甚至对一些衣原体和某些原虫也有效。在革兰氏阳性菌中，对磺胺类药物高度敏感的有链球菌和肺炎球菌，中度敏感的有葡萄球菌和产气荚膜杆菌。在革兰氏阴性菌中对磺胺类药物敏感的有脑膜炎球菌、大肠杆菌、变形杆菌、痢疾杆菌等。对病毒、螺旋体、立克次氏体、锥虫无效。此外，该类药物具有性质稳定、使用简便等优点。磺胺类药物和抗菌增效剂——甲氧苄氨嘧啶（TMP）和二甲氧苄氨嘧啶（DVD）联合应用可使其抗菌谱扩大，抗菌活性增强，可从抑菌作用变为杀菌作用，治疗范围扩大。

磺胺类药物根据内服后的吸收情况及用途，可分为肠道易吸收、肠道难吸收、外用和抗球虫四类。肠道易吸收的有磺胺噻唑（ST）、磺胺嘧啶（SD）、磺胺二甲嘧啶（SM2）、磺胺甲噁唑（SMZ）、磺胺对甲氧嘧啶（SMD）、磺胺间甲氧嘧啶（SMM）等；肠道难吸收的有磺胺脒（SG）；肠道易吸收抗球虫的有磺胺喹噁啉（SQ）、磺胺氯吡嗪；外用的有氨苯磺胺（SN）、磺胺醋酰钠（SA-Na）、醋酸磺胺米隆（又称甲磺灭脲，SML）。磺胺类药物抗菌作用强度顺序为：磺胺间甲氧嘧啶（SMM）＞磺胺甲噁唑（SMZ）＞磺胺嘧啶（SD）＞磺胺地索辛（SDM）＞磺胺二甲嘧啶（SM2）＞磺胺多辛（SDM2）。

磺胺嘧啶

【**药理作用**】 磺胺嘧啶属于广谱抑菌药，抗菌活性较强，临床上常与甲氧苄啶联合，对大多数革兰氏阳性菌及部分革兰氏阴性菌均有抑制作用。可用于肺炎球菌、溶血链球菌感染的治疗，能通过血脑屏障进入脑脊液，曾被用于治疗流行性脑膜炎。此外，磺胺嘧啶对球虫、弓形虫等原虫也有效。

目前本药制剂有磺胺嘧啶片、磺胺嘧啶与甲氧苄啶及辅料配制成的复方磺胺嘧啶预混剂、磺胺嘧啶与甲氧苄啶及辅料配制成的复方磺胺嘧啶混悬液、磺胺嘧啶钠注射液、复方磺胺嘧啶钠注射液。

【**适应证**】 适用于各种敏感菌所致的全身性感染的治疗。如对非产酶金黄色葡萄球菌、化脓性链球菌、肺炎链球菌、大肠埃希氏菌、克雷伯菌、沙门氏菌属等肠杆菌科细菌、脑膜炎球菌、泌尿道感染及子宫内膜炎、腹膜炎、球虫病、弓形虫病等的治疗。

【**用法用量**】 详见本产品各剂型说明书。参考剂量为：内服磺胺嘧啶片，以磺胺嘧啶计，一次量，每千克体重，家畜，首次用量140~200 mg，维持量70~100 mg，每天两次，连用3~5天。肌内注射复方磺胺嘧啶钠注射液，以磺胺嘧啶计，家畜每次每千克体重，20~30 mg，每天1~2次，连用2~3天。

【**注意事项**】

①首次用量是正常使用量的两倍。

②由于该品在尿中溶解度低，出现结晶尿机会增多，应给患畜大量饮水。大剂量、长期应用时宜同时给予等量的碳酸氢钠。此外，本品易引起肠道菌群失调，长期用药可引起维生素B和维生素K的合成和吸收减少，宜补充相应的维生素。故一般不推荐用于尿路感染的治疗。

③本品遇酸类物质可析出结晶，故注射剂不宜用葡萄糖溶液稀释。

④若出现过敏反应或其他严重不良反应，应立即停药，并对动物给予对症治疗。

⑤磺胺嘧啶钠注射液休药期羊为18天，弃奶期为72小时。复方磺胺嘧啶钠注射液休药期羊为12天，弃奶期为48小时。

磺胺二甲嘧啶

【**药理作用**】 磺胺二甲嘧啶的抗菌作用比磺胺嘧啶弱，但其对球虫和弓形虫的抑制作用良好。本品对革兰氏阳性菌和革兰氏阴性菌如化脓性链球菌、沙门氏菌和肺炎杆菌等均有良好的抗菌作用，不易引起结晶尿或血尿。

目前本药制剂有磺胺二甲嘧啶片、磺胺二甲嘧啶钠注射液。

【**适应证**】 主要用于治疗家畜敏感菌引起的巴氏杆菌病、乳腺炎、子宫内膜炎、腹膜炎、败血症，呼吸道、消化道、泌尿道感染，也用于防治弓形虫病、球虫病。

【用法用量】　参考剂量为：内服，以磺胺二甲嘧啶计，每次每千克体重，家畜，70~100 mg，首次剂量加倍，每天 2 次，连用 3~5 天。

【注意事项】

①参见磺胺嘧啶片。

②磺胺二甲嘧啶钠注射液遇光易变质。

③暂定磺胺二甲嘧啶钠注射液羊休药期为 28 天。

磺胺间甲氧嘧啶

【药理作用】　磺胺间甲嘧啶的抗菌作用是磺胺类药物中最强的，对多数革兰氏阳性菌和革兰氏阴性菌均有较强的抑制作用，对球虫病也有较好的疗效。细菌对此药产生耐药性较慢。

目前本品制剂有磺胺间甲氧嘧啶片、磺胺间甲氧嘧啶钠注射液。

【适应证】　适用于各种敏感菌感染和球虫病防治。

【用法用量】　参考剂量为：内服，以磺胺间甲氧嘧啶计，一次量，每千克体重，家畜 25~50 mg，首次剂量加倍，每天 2 次，连用 3~5 天。肌内注射，以磺胺间甲氧嘧啶计，一次量，每千克体重，家畜 15~20 mg，首次剂量加倍，每天 1~2 次，连用 3~5 天。

【注意事项】

①参见磺胺嘧啶片。

②磺胺间甲氧嘧啶片、磺胺间甲氧嘧啶钠注射液休药期均为 28 天。

磺胺对甲氧嘧啶

【药理作用】　磺胺对甲氧嘧啶的抗菌活性比磺胺间甲氧嘧啶弱。本品对革兰氏阳性菌和革兰氏阴性菌中的链球菌、沙门氏菌和肺炎杆菌等均有良好的抗菌作用。临床上常和二甲氧苄啶合用来防治动物肠道感染和球虫病。磺胺对甲氧嘧啶内服吸收迅速，不易形成结晶尿。

目前本药制剂有磺胺对甲氧嘧啶片、磺胺对甲氧嘧啶与甲氧苄啶的复方片、磺胺对甲氧嘧啶与二甲氧苄啶预混剂、复方磺胺对甲氧嘧啶注射剂。

【适应证】　适用于各种敏感菌引起的消化道感染等，也用于防治球虫病。

【用法用量】　参考剂量为：内服，以磺胺对甲氧嘧啶计，一次量，每千克体重，家畜 25~50 mg，首次剂量加倍，每天 2 次，连用 3~5 天。肌内注射，以磺胺对甲氧嘧啶计，一次量，每千克体重，家畜 15~20 mg，每天 1~2 次，连用 2~3 天。

【注意事项】

①参见磺胺嘧啶片。

②暂定磺胺对甲氧嘧啶片、复方磺胺对甲氧嘧啶注射剂休药期均为 28 天。

磺胺脒

【药理作用】　磺胺脒又称为磺胺胍、克痢啶。其抗菌活性和其他磺胺药相似，作用特点是内服很少吸收，对革兰氏阳性菌和革兰氏阴性菌如化脓性链球菌、沙门氏菌和肺炎杆菌等均有良好的抗菌作用。

目前本药制剂有磺胺脒片。

【适应证】　主要用于急慢性肠炎、菌痢等，现较少使用。

【用法用量】　参考剂量为：内服，以磺胺脒计，一次量，每千克体重，家畜 100~200 mg，每天 2 次，连用 3~5 天。

【注意事项】

①参见磺胺嘧啶片。

②新生仔畜的肠内吸收率较幼畜高。

③不宜长期服用，注意观察胃肠道功能，出现异常情况后应立即停药。

④暂定磺胺脒片休药期为 28 天。

甲氧苄啶

【药理作用】　甲氧苄啶（TMP）主要作为抗菌增效剂使用。抗菌谱与磺胺药物相似而活性较强，对多数革兰氏阳性菌和革兰氏阴性菌均有作用，但结核杆菌、丹毒杆菌、钩端螺旋体等对本品不敏感。细菌对本品较易产生耐药性，很少单独使用。甲氧苄啶和磺胺药合用，可使细菌的叶酸代谢受到双重阻断，因而可使磺胺药抗菌活性作用大幅度提高，可增效数倍至数十倍，故有磺胺增效剂之称，并可减少耐药菌株的出现。

【适应证】　本品常与磺胺药合用，用于链球菌、葡萄球菌和革兰氏阴性菌引起的呼吸道、泌尿道感染及创伤感染等。

【用法用量】　本品易产生耐药性，很少单独使用，磺胺对甲氧嘧啶、磺胺间甲氧嘧啶、磺胺甲噁唑、磺胺嘧啶、磺胺喹噁啉等常以 1：5 联用。

【注意事项】

①易产生耐药性，不宜单独使用。

②该品可穿过血胎盘屏障，有致畸作用，怀孕动物初期最好不用。

③甲氧苄啶与磺胺药的钠盐制成的注射液用于肌内注射时刺激性较强，宜做深部肌内注射。

④有资料显示，本品与氨基糖苷类药物、大环内酯类药物、青霉素、土霉素、林可霉素联用有增效作用。

二甲氧苄啶

【药理作用】　本品主要作为抗菌增效剂使用。二甲氧苄啶（DVD）抗菌作用较弱，为动物专用药，内服很少吸收。本品作用机制和甲氧苄啶相同，对磺胺类药物同样有增效作用。与抗球虫的磺胺药合用，对球虫的抑制作用比甲氧苄啶强。

【适应证】　本品复方制剂主要用于防治球虫病及肠道感染等。

【用法用量】　本品常以1∶5与抗球虫磺胺药磺胺喹噁啉（SQ）合用。参考剂量为：混饲，每1 000 kg饲料混入200 g。

【注意事项】

①与抗球虫磺胺药磺胺喹噁啉合用，有增效作用，其他与甲氧苄啶相似。

②怀孕初期家畜不推荐使用。

③长期大剂量使用会引起骨髓造血功能抑制。

（2）喹诺酮类：喹诺酮类药物为人工合成的抗菌药，为静止期杀菌药。喹诺酮类药物具有4-氟诺酮环的基本结构。本类药物在临床上应用广泛，发展迅速，根据其发明先后及抗菌效能可分为三代。第三代又称氟喹诺酮类，因其分子结构的第六位碳原子上都有氟原子。第三代的抗菌活性和抗菌谱有明显提高和扩大，吸收程度明显改善，提高了全身的抗菌效果。喹诺酮类药物主要广泛用于由细菌、支原体引起的家畜消化系统、呼吸系统、泌尿系统、生殖系统和皮肤软组织的感染性疾病。

喹诺酮类根据其化学结构的不同，可将其分为诺氟沙星、培氟沙星、环丙沙星、恩诺沙星、达氟沙星（又称达诺沙星、单氟沙星、单诺沙星）、沙拉沙星、二氟沙星、氧氟沙星、麻保沙星（又称麻波沙星）、洛美沙星等。其中，麻保沙星、达诺沙星、环丙沙星作用最强，恩诺沙星、左氧氟沙星其次，沙拉沙星、氧氟沙星中等，诺氟沙星、培氟沙星、二氟沙星、洛美沙星作用较弱。上述药物中属于动物专用的有恩诺沙星、沙拉沙星、达氟沙星、二氟沙星。此外，在国外上市的动物专用喹诺酮药有麻保沙星、奥比沙星、依巴沙星、培氟沙星、普多沙星等。

恩诺沙星

【药理作用】　恩诺沙星为合成的第三代喹诺酮类动物专用广谱杀菌性药物，又名乙基环丙沙星、恩氟沙星。本品对大肠杆菌、克雷伯氏菌、沙门氏菌、变形杆菌、绿脓杆菌、胸膜肺炎放线杆菌、嗜血杆菌、多杀性巴氏杆菌、溶血性巴氏杆菌、金黄色葡萄球菌、支原体、衣原体等均有杀菌作用。对铜绿假单胞菌和链球菌的作用较弱，对厌氧菌作用微弱。

目前本药制剂有恩诺沙星片、恩诺沙星可溶性粉、恩诺沙星注射液。

【适应证】　用于由敏感菌和支原体引起的消化系统、呼吸系统、泌尿系统、生殖系统和皮肤软组织的感染性疾病，主要用于大肠杆菌病、沙门氏菌病、巴氏杆菌病等。

【用法用量】　肌内注射，以恩诺沙星计，一次量，每千克体重，羊2.5 mg，每天1~2次，连用2~3天。

【注意事项】

①本品与氨基糖苷类或广谱青霉素合用，有协同作用。

②肌内注射本品有一过性刺激性，皮肤反应有红斑、瘙痒、荨麻疹及光敏反应等。长期亚治疗剂量使用本品，易导致耐药菌株出现。

③与茶碱、咖啡因合用时，血中茶碱、咖啡因的浓度异常升高，甚至出现茶碱中毒症状。

④本品有抑制肝药酶作用，可使主要在肝脏中代谢的药物清除率降低，血药浓度升高。

⑤钙、镁、铁、铝等金属离子可与本品发生螯合作用而影响吸收。

⑥本品可引起呕吐、食欲减退、腹泻等消化道不良反应，使用时应密切观察，出现不良反应后应立即停药。肉食动物及肾功能不良患畜慎用，可偶发结晶尿。

⑦恩诺沙星注射液，羊休药期为 14 天。

环丙沙星

【药理作用】　环丙沙星为人工合成的第三代喹诺酮类广谱杀菌性药物，具有广谱抗菌活性，杀菌效果好。其抗菌活性、抗菌谱、抗菌机制和耐药性与恩诺沙星相似。本品对革兰氏阳性菌和革兰氏阴性菌均有较强的抗菌活性，用于敏感菌引起的全身性感染及支原体感染。

目前本药制剂有乳酸环丙沙星可溶性粉、乳酸环丙沙星注射液、盐酸环丙沙星可溶性粉、盐酸环丙沙星注射液。

【适应证】　用于由敏感菌和支原体引起的感染性疾病。

【用法用量】　参考剂量为：肌内注射，以环丙沙星计，一次量，每千克体重，家畜 2.5 mg，每天 1~2 次，连用 2~3 天。

【注意事项】　药物注意事项、相互作用与不良反应参见恩诺沙星。

（二）抗寄生虫药物

寄生虫是指暂时或永久地在宿主体内或体表生活，并从宿主体内取得营养物质的生物。寄生虫主要指原虫、蠕虫和节肢动物等无脊椎动物。抗寄生虫药是指能杀灭寄生虫或抑制其生长繁殖的物质，可分为抗蠕虫药、抗原虫药和杀外寄生虫药。

1. 抗蠕虫药　抗蠕虫药是指对动物寄生蠕虫具有驱除、杀灭或抑制作用的药物。根据寄生于动物体内蠕虫的类别不同，抗蠕虫药可分为抗线虫药、抗吸虫药、抗绦虫药等。但有些药物兼具抗两种或三种以上的蠕虫。如吡喹酮可以抗绦虫和吸虫，苯并咪唑类可以抗线虫、吸虫、绦虫。

（1）抗线虫药：线虫的种类多，分布广，可以寄生于动物多种器官和组织中。抗线虫药根据化学结构的特点可分为抗生素类（如阿维菌素、伊维菌素、多拉菌素、越霉素 A 和潮霉素 B 等）、苯并咪唑类（如噻苯达唑、阿苯达唑、甲苯咪唑、芬苯达唑、奥芬达唑等）、咪唑并噻唑类（如左旋咪唑等）、四氢嘧啶类（如噻嘧啶等）、哌嗪类（如哌嗪、乙胺嗪）、其他的抗线虫药（如敌百虫、硝碘酚等）。

目前在临床中应用较多的是苯并咪唑类和抗生素类，其他类中的药物因其有较强的毒性或作用不确切，多数在临床中已很少使用。由于频繁使用或不合理使用，抗线虫药和抗微生物药一样也存在耐药性，故在临床中应合理使用此类药物。

阿苯达唑

【药理作用】　阿苯达唑为苯并咪唑类衍生物，为高效低毒广谱驱虫药，临床上可用于驱蛔虫、蛲虫、绦虫、鞭虫、钩虫、粪类圆线虫等。其中线虫对其敏感，较大剂量情况下对绦虫和吸虫（但需较大剂量）也有较强作用，对血吸虫无效。本品不但对成虫作用强，对未成熟虫体和幼虫也有较强作用，还有杀虫作用。

阿苯达唑能阻止虫体能量的产生，致使虫体无法生存和繁殖。本品除能杀死驱除寄生于动物体内的各种线虫外，对绦虫及囊尾蚴亦有明显的杀死及驱除作用。

目前本药制剂有阿苯达唑片、氧阿苯达唑片。

【适应证】　用于治疗畜禽线虫病、绦虫病和吸虫病。如羊的血矛线虫、奥斯特线虫、毛圆线虫、古柏线虫、细颈线虫、仰口线虫、夏伯特线虫、食道口线虫、毛首线虫及网尾线虫的成虫和幼虫。

【用法用量】　内服：阿苯达唑片，一次量，每千克体重，羊10~15 mg。内服：氧阿苯达唑片，一次量，每千克体重，羊5~10 mg。

【注意事项】

①阿苯达唑与吡喹酮联用可提高阿苯达唑的血药浓度。

②孕羊慎用。

③本品常与伊维菌素联用，用于防治体内外寄生虫病。

④羊休药期为4天，弃奶期60小时。

芬苯达唑

【药理作用】　芬苯达唑为苯并咪唑类抗蠕虫药，抗虫谱不如阿苯达唑广，作用略强。对羊的血矛线虫、奥斯特线虫、毛圆线虫、古柏线虫、细颈线虫、仰口线虫、夏伯特线虫、食道口线虫、毛首线虫及网尾线虫成虫及幼虫均有极佳的驱虫效果。此外，还能抑制多数胃肠线虫的产卵。芬苯达唑内服给药后，只有少量被吸收，反刍动物吸收缓慢。绵羊服用后，44%~50%的芬苯达唑以原形从粪便中排泄。

目前本药制剂有芬苯达唑片。

【适应证】　用于畜禽线虫病和绦虫病。

【用法用量】　内服：一次量，每千克体重，羊5~7.5 mg。

【注意事项】

①绵羊妊娠早期使用芬苯达唑，可能伴有致畸胎和胚胎毒性的作用。

②休药期为21天，弃奶期7天。

③在推荐剂量下使用，一般不会产生不良反应。用于怀孕动物认为是安全的。

盐酸左旋咪唑

【药理作用】　盐酸左旋咪唑为广谱、高效、低毒驱线虫药，对绵羊的大多数线虫及幼虫均高效。本品对牛和绵羊的皱胃线虫（血矛线虫、奥斯特线虫）、小肠线虫（毛圆线虫、库珀线虫、细颈线虫、仰口线虫）、大肠线虫（食道口线虫、夏伯特线虫）和肺线虫（胎生网尾线虫）的成虫具有良好的活性，对尚未发育成熟的虫体作用差，对粪类圆线虫、毛首线虫和鞭虫作用差或不确切。盐酸左旋咪唑可选择性地抑制虫体肌肉中的琥珀酸脱氢酶，能使虫体神经肌肉去极化，使肌肉发生持续收缩而致麻痹，使活虫体排出。

盐酸左旋咪唑除了具有驱虫活性外，还具有增强免疫的作用，即能使免疫缺陷或免疫抑制动物恢复其免疫功能，具体的免疫促进机制尚不完全了解。

目前，已经有虫株对盐酸左旋咪唑产生了耐药性，且耐药问题日趋严重，应合理用药。目前本药制剂有盐酸左旋咪唑片、盐酸左旋咪唑注射液。

【适应证】 用于羊的胃肠道线虫、肺线虫感染的治疗。也可用于免疫功能低下动物的辅助治疗和提高疫苗的免疫效果。

【用法用量】 内服：一次量，每千克体重，羊 7.5 mg。皮下、肌内注射：一次量，每千克体重，羊 7.5 mg。

【注意事项】

①泌乳期和衰弱动物禁用。本品中毒时可用阿托品解毒和其他对症治疗。

②盐酸左旋咪唑可增强布鲁氏菌疫苗等的免疫反应和效果。

③可与复方新诺明配合治疗弓形虫病。碱性药物可使本品分解失效。

④禁用于静脉注射。

⑤盐酸左旋咪唑片，羊休药期为 3 天；盐酸左旋咪唑注射液，羊休药期为 28 天。

伊维菌素

【药理作用】 伊维菌素是新型广谱、高效、低毒的半合成大环内酯类抗寄生虫药，对体内外寄生虫特别是线虫和节肢动物均有良好的驱杀作用。伊维菌素对线虫及节肢动物的驱杀作用，在于增加虫体的抑制性递质 γ–氨基丁酸（GABA）的释放，从而打开氨基丁酸介导的氯离子通道，增强神经膜对氯的通透性，从而阻断神经信号的传递，最终使虫体神经麻痹而导致虫体死亡。由于绦虫、吸虫不以氨基丁酸为神经递质，并且缺少受谷氨酸控制的氯离子通道，所以伊维菌素对绦虫、吸虫及原生动物无效。伊维菌素对牛、羊的血矛线虫、奥斯特线虫、古柏线虫、毛圆线虫、圆形线虫、仰口线虫、细颈线虫、毛首线虫、食道口线虫、网尾线虫，以及绵羊夏伯特线虫成虫、第四期幼虫驱除率接近 100%。对节肢动物亦很有效，如蝇蛆、螨和虱等，但对嚼虱和绵羊羊蜱蝇疗效稍差。

目前本药制剂有伊维菌素预混剂、伊维菌素注射液。

【适应证】 用于防治线虫、螨虫、虱等其他寄生性昆虫。

【用法用量】 皮下注射：一次量，每千克体重，羊 0.2 mg。

【注意事项】

①注射时仅限皮下注射，肌内注射和静脉注射易引起中毒。注射时注射部位有不适或暂时性水肿。每个皮下注射点，不宜超过 10 mL。

②怀孕和泌乳期动物禁用。

③伊维菌素注射液，羊休药期为 35 天。

阿维菌素

【药理作用】　阿维菌素是阿维链霉菌的天然发酵产物，本品对寄生虫的作用、应用、作用机制与伊维菌素相似，但性质较不稳定，毒性比伊维菌素略强。

目前本药制剂有：阿维菌素片、阿维菌素胶囊、阿维菌素注射液、阿维菌素粉、阿维菌素透皮溶液。

【适应证】　用于防治线虫和螨虫、虱等其他寄生性昆虫。

【用法用量】　皮下注射：一次量，每千克体重，羊 0.2 mg。内服：一次量，每千克体重，羊 0.3 mg。可背部浇泼，沿两耳耳背部内侧涂擦，用 5% 的阿维菌素，一次量，每千克体重，羊 0.1 mL。

【注意事项】

①阿维菌素的毒性比伊维菌素强，使用时应注意。

②阿维菌素的性质不稳定，对光线敏感，遇光会迅速氧化灭活，应注意储存和使用条件。

③怀孕和泌乳期动物禁用。

④阿维菌素片、阿维菌素胶囊、阿维菌素注射液休药期均为 35 天。

碘硝酚

【药理作用】　本品为窄谱驱线虫药，对羊鼻蝇蛆、螨和蜱的感染有效。寄生虫（如钩虫）仅在摄入含药物的血液后才受到影响，非吸血寄生虫则不会受影响。本品可从注射部位迅速吸收，并在血浆中蓄积。

目前本药制剂有碘硝酚注射液。

【适应证】　用于羊线虫、羊鼻蝇蛆、螨和蜱感染。

【用法用量】　皮下注射：一次量，每千克体重，羊 10~20 mg。

【注意事项】

①安全范围窄，中毒后通常表现为肝毒性症状。治疗使用剂量大时，可见心率、呼吸加快、体温升高。剂量过大时，可见失明、呼吸困难、抽搐甚至死亡。

②因为碘硝酚对组织中幼虫效果差，故 3 周后应重复用药。

③本品不得用于秋季螨病的防治。

④碘硝酚注射液，羊休药期为 90 天，弃奶期 90 天。

精制敌百虫

【药理作用】　精制敌百虫为有机磷酸酯类广谱驱虫药，不仅对多种消化道线虫有效，对某些吸虫如姜片吸虫、血吸虫也有效，还广泛用于杀灭畜禽体外的螨、虱等寄生虫。此外，蝇、蚊、蚤、蜱、蟑螂等也对本品敏感。敌百虫的作用机制是药物与虫体的胆碱酯酶相结合，然后抑制胆碱酯酶的活性，使乙酰胆碱大量蓄积，干扰虫体神经肌肉的兴奋传递，导致敏感寄生虫麻痹而死亡。

目前本药制剂有精制敌百虫片。

【适应证】 用于防治胃肠道线虫、吸虫病，也可用于杀灭蝇蛆、螨、蜱、虱、蚤等。

【用法用量】 内服：一次量，每千克体重，绵羊 80~100 mg，山羊 50~70 mg。

【注意事项】

①怀孕和泌乳期、心脏病、胃肠炎动物禁用。

②本品与碱性物质相遇会增强毒性，引起中毒或造成死亡，应避免将敌百虫与碱性物质配合或同时使用。

③本品的治疗剂量与中毒剂量非常接近，易因剂量过大而使家畜发生中毒或死亡，使用本品前要准确测定其体重，按体重精确计算用量。

④使用本品中毒时用阿托品与解磷定等解救并对症治疗。

⑤因为鸡、鸭、鹅等家禽对有机磷制剂特别敏感，使用本药时避免家禽接触到本品。

⑥敌百虫片休药期为 28 天。

（2）抗绦虫药：绦虫由头节、颈节和体节或链节组成，绦虫的寄生主要靠头节的吸附和固着器官。目前，抗绦虫药分为驱绦虫药和杀绦虫药。驱绦虫药是指促使绦虫排出体外的药物，通常是干扰绦虫的头节吸附于胃肠黏膜，并干扰虫体的蠕动。很多天然有机化合物（如南瓜子氨酸、槟榔碱、烟碱等）都属于驱绦虫药，能暂时麻痹虫体并借助催泻将虫体排出体外。杀绦虫药是能使绦虫在寄生部位死亡的药物，合成的抗绦虫药主要有氯硝柳胺、吡喹酮等。

氯硝柳胺

【药理作用】 氯硝柳胺又名灭绦灵，是一种杀绦虫药，主要用于防治马、牛、羊、犬、猫等体内绦虫。氯硝柳胺是世界各国应用较广的传统抗绦虫药，对多种绦虫均有杀灭效果，如对牛、羊的莫尼茨绦虫、无卵黄腺绦虫和条纹绦虫有效，对绦虫头节和体节作用相同。氯硝柳胺的抗绦虫作用机制，主要是抑制绦虫细胞内线粒体的氧化磷酸化过程，阻断三羧酸循环，抑制绦虫对葡萄糖的摄取，导致虫体乳酸蓄积而杀灭绦虫。

目前本药制剂有氯硝柳胺片。

【适应证】 用于绦虫病、羊前后盘吸虫病。

【用法用量】 内服：一次量，每千克体重，羊 60~70 mg。

【注意事项】

①本品可与左旋咪唑联用，治疗羔羊的绦虫与线虫混合感染。

②动物在给药前，应禁食 12 小时。

③氯硝柳胺片，羊休药期为 28 天。

吡喹酮

【药理作用】 吡喹酮具有广谱抗绦虫和抗血吸虫作用，目前广泛用于世界各国。本品对各种绦虫的成虫和幼虫具有较高活性，对血吸虫有很好的驱杀作用。目前本药的作用机制尚未确定。

目前本药制剂有吡喹酮片。

【适应证】 主要用于治疗动物血吸虫病，也用于治疗绦虫病和囊尾蚴病，如羊的莫尼茨绦虫、球点斯泰绦虫、无卵黄腺绦虫、胰阔盘吸虫和矛形歧腔吸虫等。

【用法用量】 内服：一次量，每千克体重，羊 10~35 mg。

【注意事项】

①本品有显著的首过效应。

②幼龄动物慎用。

③阿苯达唑、地塞米松与吡喹酮合用时可降低吡喹酮的血药浓度。

④吡喹酮片暂定休药期为 28 天。

（3）抗吸虫药：抗吸虫药除了前面提到的吡喹酮和苯并咪唑类外，根据化学结构不同，抗吸虫药可分为：二酚类（如六氯酚、硫双二氯酚、硫双二氯酚亚砜等）、硝基酚类（如碘硝酚、硝氯酚等）、水杨酰苯胺类（如氯氰碘柳胺和碘醚柳胺）和磺胺类（如氯舒隆）。

硝氯酚

【药理作用】 本品对羊的片形吸虫成虫具有杀灭作用，对某些发育未成熟的片形吸虫也有效，但所用剂量需要增加，临床上不安全。其抗虫机制为影响片形吸虫的能量代谢而发挥抗吸虫作用。

目前本药制剂有硝氯酚片。

【药物相互作用】

①硝氯酚配成溶液给羊灌服前，若先灌服浓氯化钠溶液，能反射性地使食道沟关闭，使药物直接进入皱胃，可增强驱虫效果。若采用此方法必须适当减少剂量，以免发生不良反应。

②硝氯酚中毒时，静注钙制剂可增强本品毒性。

【适应证】 用于羊肝片吸虫病。

【用法用量】 内服：一次量，每千克体重，羊 3~4 mg。

【注意事项】

①过量用药动物可出现发热、呼吸急促和出汗，持续 2~3 天，偶见死亡。

②治疗量对动物比较安全，但过量会引起如发热、呼吸困难、窒息等中毒症状。可根据症状选用尼可刹米、毒毛花苷 K、维生素 C 等对症治疗，但禁用钙剂静脉注射。

③硝氯酚片休药期暂定羊为 28 天。

氯氰碘柳胺钠

【药理作用】 氯氰碘柳胺钠对羊片形吸虫、羊捻转血矛线虫及某些节肢动物均有驱除作用，对前后盘吸虫无效。对多数胃肠道线虫，如血矛线虫、仰口线虫、食道口线虫，驱除率均超过90%。某些羊捻转血矛线虫虫株能对本品产生耐药性。此外，氯氰碘柳胺钠对一、二、三期羊鼻蝇蛆均有100%杀灭效果。

目前本药制剂有氯氰碘柳胺钠片、氯氰碘柳胺钠注射液和氯氰碘柳胺钠混悬液。

【适应证】 主要用于防治羊肝片吸虫病和多数胃肠道线虫病如血矛线虫、仰口线虫、食道口线虫等，亦可用于防治羊狂蝇蛆病等。

【用法用量】 内服：一次量，每千克体重，羊10 mg；皮下注射或肌内注射：一次量，每千克体重，羊5~10 mg。

【注意事项】

①氯氰碘柳胺可与苯并咪唑类联用，也可与盐酸左旋咪唑联用。

②氯氰碘柳胺钠注射液对局部组织有一定的刺激性。

③氯氰碘柳胺钠片、注射液和混悬液休药期暂定羊为28天，弃奶期28天。

碘醚柳胺

【药理作用】 本品主要对肝片吸虫和大片形吸虫的成虫具有杀灭作用，对未成熟虫体也有较高活性。此外，对羊的吸虫成虫和未成熟虫体和羊鼻蝇蛆的各期寄生幼虫均显高效。碘醚柳胺的抗吸虫机制是影响虫体的能量代谢过程，使虫体死亡。

目前本药制剂有：碘醚柳胺混悬液。

【适应证】 用于治疗羊肝片吸虫病和大片形吸虫病。

【用法用量】 内服：一次量，每千克体重，羊7~12 mg。

【注意事项】

①与阿苯达唑合用，治疗牛、羊的肝吸虫病和胃肠道线虫病，并不改变两者的安全指数。

②本品为灰白色混悬液，久置可分为两层，上层为无色液体，下层为灰白色至淡棕色沉淀。

③泌乳期禁用。

④不得超量使用。

⑤碘醚柳胺混悬液羊休药期为60天。

硫双二氯酚

【药理作用】 硫双二氯酚对吸虫成虫及囊尾蚴有明显杀灭作用，主要用于绵羊、山羊的绦虫和瘤胃吸虫感染。

目前本药制剂有硫双二氯酚片。

【适应证】 用于治疗肝片吸虫病、姜片吸虫病和绦虫病等。

【用法用量】　内服：一次量，每千克体重，羊 75~100 mg。

【注意事项】

①乙醇能促进本品吸收，可增加毒性反应，忌同时使用。

②衰弱和下痢动物不宜使用本品。

③为减轻不良反应可减少用量，连用 2~3 次。

2. 抗原虫药　原虫病是由单细胞原生动物所引起的一类寄生虫病。它包括球虫病、锥虫病和梨形虫病等。其中，球虫病危害最严重。

（1）抗球虫药：球虫的发育分为无性生殖阶段和有性生殖阶段。球虫的整个繁殖阶段约需 7 天时间，有性周期为 5 天，无性周期为 2 天。在发育过程中前 2 天为第一个无性周期，第 3、4 天为第二个无性周期，第 5、6 天为配子阶段（有性生殖阶段）。药物作用在感染后第 1~2 天仅能起预防作用，无治疗意义。作用在感染后的第 3~4 天，既有预防作用又有治疗意义，且治疗作用比预防作用大。球虫的致病阶段是在发育史的裂殖生殖和配子生殖阶段，尤其是第二代裂殖生殖阶段（感染后的第 3~4 天），第 5 天开始进入有性繁殖阶段。因此，在治疗球虫病时，应选择作用峰期与球虫致病阶段相一致的抗球虫药物作为治疗性药物。

在临床应用中，球虫极易产生耐药性，耐药虫株会对结构和作用机制相似的药物产生交叉耐药。耐药虫株的出现，与使用球虫药的品种、剂量、浓度等有关。长期小剂量或低浓度使用同一种抗球虫药，不能杀死球虫，只能暂时抑制球虫而使球虫产生耐药性。因此，在临床应用中必须正确合理使用抗球虫药，在治疗球虫病的同时减少或避免耐药虫株的出现。

1）重视抗球虫药物的预防作用。当前使用的抗球虫药，多数是抑杀球虫发育过程中的无性生殖阶段，待出现血便等症状时，球虫基本开始进入有性繁殖阶段，此时已是感染后的 4~5 天，使用预防用抗球虫药已无效。为了更有效地驱除球虫，畜禽场应定期合理地使用预防用抗球虫药，即以预防为主。

2）合理选用不同作用峰期的药物。抗球虫药大多作用于球虫的无性繁殖阶段，掌握抗球虫药物作用的峰期，对正确使用抗球虫药物具有指导意义。常见的作用峰期在球虫感染后第 1~2 天的药物有：盐霉素、莫能菌素等聚醚类离子载体抗生素、氯羟吡啶、氨丙啉等。此类药物作用谱广，对多种球虫有效。但本类药物对宿主的毒性较大，使用时用量必须精确计算，以防中毒。此外，这些药物主要起预防球虫的作用，对球虫的作用较弱，在使用这些药物时要连续使用。而作用峰期在感染后第 3~4 天的药物，主要是三嗪类、二硝基类、磺胺类药物等，主要有氨丙啉、氯苯胍、尼卡巴嗪、托曲珠利、磺胺氯吡嗪、磺胺喹噁啉、磺胺二甲氧嘧啶等。此类药物不影响宿主的免疫力，作用于球虫第一代和第二代裂殖体，其抗球虫作用较强，多作为治疗应用。

3）为减少球虫产生耐药性，应采用轮换用药、穿梭用药或联合用药方案。①轮换用药。轮换用药是定期更换抗球虫药，即使用一种抗球虫药物一段时间后换用另一种药物，一般是每隔 3 个月或一批动物饲养周期轮换用药一次。轮换用药的原则是替换药物和原来使用的抗球虫药物的化学结构或作用方式或作用峰期不同，并且两药之间没有交叉耐药性。一般聚醚类抗生素中的单价离子药物和双价离子药物之间轮换，化学合成药物和聚醚类抗生素之间轮换。轮换用药时，一般应有3~4种以上的药物轮换使用。轮换用药是通过改变不同化学背景的药物来预防和控制球虫病，因而能较大限度地防止球虫产生耐药性，作用效果也较好。②穿梭用药。穿梭用药是在同一饲养期内不同生长阶段交替使用不同药物。穿梭用药原则是先使用作用于第一代裂殖体的药物，再使用作用于第二代裂殖体的药物。穿梭用药使用的抗球虫药物的化学结构和作用方式不能相同。穿梭用药主要针对动物的不同生长阶段，在短时间内有效，长时间使用较易产生耐药性。③联合用药。联合用药法是一个饲养期内同时应用两种或两种以上的抗球虫药物。联合用药可以扩大抗球虫谱，延缓球虫耐药性的产生，提高药效，减少剂量。常见的联合用药为磺胺喹噁啉与氨丙啉联用，氯羟吡啶与苯甲氧喹啉联用，磺胺氯吡嗪和氨丙啉联用，氨丙啉与乙氧酰胺苯甲酯联用等。

4）选择适当的给药方法、合理的剂量、充足的疗程。抗球虫药一般添加在饲料（混饲）或饮水（混饮）中使用。治疗性用药一般宜提倡混饮给药。混饲给药时要掌握饲料中允许使用的抗球虫药品种，搅拌混合均匀使药物剂量准确。此外，为了保证药效和防止耐药性产生，用药疗程一定要充足。

5）注意配伍禁忌。有些抗球虫药与其他药物存在配伍禁忌，如盐霉素与泰妙菌素并用可引起动物体重减轻或死亡，盐霉素与磺胺喹噁啉或磺胺氯吡嗪联用可引起中毒等。常用的抗球虫药有磺胺类（如磺胺喹噁啉、磺胺氯吡嗪）、三嗪类（如地克珠利、托曲珠利）、聚醚类离子载体抗生素（如莫能菌素钠、盐霉素钠等）、二硝基类（如二硝托胺、尼卡巴嗪等），其他的有盐酸氨丙啉、氯羟吡啶、盐酸氯苯胍等。

磺胺喹噁啉

【药理作用】　磺胺喹噁啉是抗球虫专用磺胺药，抗球虫活性峰期是第二代裂殖体，对第一代裂殖体也有一定作用。本品通常与氨丙啉或二甲氧苄啶联合应用，扩大抗虫谱或增强抗球虫效应。磺胺喹噁啉除了具有抗球虫活性外，还有一定的抑菌作用，可防治球虫病的继发感染，主要用于鸡球虫病，对羔羊球虫病也有效。本品与其他磺胺类药之间容易产生耐药性。

目前本药制剂有磺胺喹噁啉二甲氧苄啶预混剂、磺胺喹噁啉钠可溶性粉、复方磺胺喹噁啉钠可溶性粉。

【适应证】　用于球虫病。

【用法用量】　按照不同磺胺喹噁啉制剂说明书的用法用量使用。

【注意事项】

①连续使用不得超过5天，若较大剂量或长时间用药可能引起动物肾脏出现磺胺喹噁啉结晶或中毒，并干扰血液凝固。

②注意不同制剂的磺胺喹噁啉混饲、混饮用量是按制剂本品计算的用量，不同制剂用量不同。

③本品与尼卡巴嗪有配伍禁忌，不宜联用。

磺胺氯吡嗪钠

【**药理作用**】　磺胺氯吡嗪钠为磺胺类抗球虫药，作用与磺胺喹噁啉相似，抗球虫作用峰期是球虫第二代裂殖体时，对第一代裂殖体也有一定作用，多在球虫暴发短期内应用，主要用于禽、兔和羊的球虫病。本品不影响宿主对球虫产生免疫力。

目前本药制剂有磺胺氯吡嗪钠可溶性粉。

【**适应证**】　用于治疗球虫病。

【**用法用量**】　内服：配成 10% 磺胺氯吡嗪钠水溶液，一次量，每千克体重，羊 1.2 mL，连用 3~5 天。

【**注意事项**】

①一般本品连续饮水不能超过 5 天。

②不得在饲料中长期添加本品。

③禁止与酸性药物同时饮水，以免发生沉淀。

④本品与盐霉素联用可引起中毒，与尼卡巴嗪有配伍禁忌，不宜联用。

莫能菌素钠

【**药理作用**】　莫能菌素钠是单价聚醚类离子载体抗球虫药，作用峰值为感染后第 2 天，球虫发育到第一代裂殖体阶段，在球虫感染的第 2 天用药效果最好。莫能菌素钠杀球虫的作用机制是影响虫体的离子平衡，干扰球虫细胞内钾离子及钠离子的正常渗透，使大量的钠离子进入细胞，为了平衡渗透压，大量的水分进入球虫细胞，引起球虫细胞肿胀而造成虫体破裂死亡。莫能菌素钠主要用于防治鸡、羔羊、犊牛的球虫病，并能促进反刍动物生长，对羔羊雅氏艾美尔球虫和阿撒地艾美尔球虫有效；对革兰氏阳性菌如金黄色葡萄球菌、链球菌等也有较强的杀灭作用，并能促进动物生长发育，增加体重和提高饲料转化率。

目前本药制剂有莫能菌素钠预混剂。

【**适应证**】　用于预防球虫病。

【**用法用量**】　混饲：参考相关产品说明书剂量使用。

【**注意事项**】

①本品与泰妙菌素有配伍禁忌，也不宜与其他抗球虫药合用。

②在使用时注意保护使用者的皮肤、眼睛。

拉沙洛西钠

【**药理作用**】　拉沙洛西钠为二价聚醚类离子载体抗球虫药，其抗球虫作用机理与莫能菌素相似。拉沙洛西钠主要用于防治鸡球虫病，也可用于羔羊和犊牛的球虫病。此外，拉沙洛西钠可促进动物生长，增加体重和提高饲料利用率。本品的优点是可以和泰妙菌素或其他促生长剂合用，而且合用效果优于单一用药。

目前本药制剂有拉沙洛西钠预混剂。

【适应证】 用于预防球虫病。

【用法用量】 混饲：参考相关产品说明书剂量使用。

【注意事项】

①应根据球虫感染严重程度和用药的疗效及时调整用药浓度。

②在使用时注意保护使用者的皮肤、眼睛。

（2）抗锥虫药：家畜锥虫病是由寄生于血液和组织细胞间的锥虫引起的一类疾病。常用的抗羊锥虫药有三氮脒、新胂凡纳明等。

三氮脒

【药理作用】 三氮脒对家畜的锥虫、梨形虫等均有作用。用药后血中浓度高，但持续时间较短，本品主要用于治疗，预防效果较差。

目前本药制剂有注射用三氮脒。

【适应证】 用于家畜巴贝斯梨形虫病、泰勒梨形虫病、伊氏锥虫病和媾疫锥虫病，对羊巴贝斯虫等梨形虫效果显著。

【用法用量】 肌内注射：一次量，每千克体重，羊 3~5 mg。临用前配成 5%~7% 溶液。

【注意事项】

①三氮脒毒性较大，用药后家畜常出现不安、起卧、频繁排尿、肌肉震颤等反应。过量使用可引起家畜死亡。

②局部肌内注射本品会产生刺激性，可引起注射部位肿胀，应分点深层肌内注射。

③本品毒性大、安全范围较小。应严格掌握用药剂量，不得超量使用。

④必要时可连续用药，但必须间隔 24 小时，连续用药不得超过 3 次。

⑤注射用三氮脒羊休药期为 28 天。

注射用新胂凡纳明

【药理作用】 本品对伊氏锥虫病有效，感染早期用药效果好，对慢性病不能根治。本品主要用于家畜的锥虫病，也可用于羊传染性胸膜肺炎等。

目前本药制剂有注射用新胂凡纳明。

【适应证】 用于家畜的锥虫病、羊传染性胸膜肺炎等。

【用法用量】 静脉注射：一次量，每千克体重，羊 10 mg（极量 500 mg）。连续使用时，间隔时间应控制在 3~5 天。

【注意事项】

①在注射本品前30分钟,可给动物注射强心药以减轻不良反应,注意注射时不能漏出血管。

②使用本品中毒时，可用二巯基丙醇、二巯基丙磺酸钠等解毒。

③本品易氧化，高温加速氧化，所以使用时应现用现配，禁止加温或振荡，变色禁用。

（3）抗梨形虫药：家畜梨形虫病是一种寄生于红细胞内的原虫病，以前曾被称为焦虫病。该病是以蜱或其他吸血昆虫为媒介传播的疾病。常用的抗羊梨形虫药主要有硫酸喹啉脲、青蒿琥酯、盐酸吖啶黄等，目前盐酸吖啶黄由于毒性强，已少用。

硫酸喹啉脲

【药理作用】 本品对家畜的巴贝斯虫病有效，可用于牛、羊巴贝斯虫病的治疗，但主要用于牛。一般患病动物用药后6~12小时出现药效，12~36小时体温下降，症状改善，外周血中原虫消失。

目前本药制剂有硫酸喹啉脲注射液。

【适应证】 主要用于家畜的巴贝斯虫病。

【用法用量】 肌内注射或皮下注射：一次量，每千克体重，羊 2 mg。

【注意事项】

①本品有较强的副作用，给药时宜肌内注射阿托品，以防止发生副作用。

②本品禁止静脉注射。

青蒿琥酯

【药理作用】 青蒿琥酯主要有抗牛、羊泰勒虫及双芽巴贝斯虫的作用，并能杀灭细胞中的配子体，可减少虫体代谢的致热原作用。

目前本药制剂有青蒿琥酯片。

【适应证】 主要用于牛、羊的泰勒虫病。

【用法用量】 内服：一次量，每千克体重，牛 5 mg。羊参考相关产品用法用量使用。

【注意事项】 孕畜禁用。

3.杀外寄生虫药 杀外寄生虫药是指能杀灭动物体外寄生虫，防治由蜱、螨、虱、蚤、蚊、蝇等动物体外寄生虫引起的皮肤病的一类药物。体外寄生虫病对动物危害较大，可导致动物营养缺乏、发育受阻、饲料利用率降低、增重缓慢，并且皮、毛质量也会受影响，甚至有可能传播多种人畜共患病。一般情况下，所有杀外寄生虫药对哺乳动物均有一定毒性，即使按推荐剂量使用也会出现不同程度的不良反应。因此，选用安全、经济、有效、方便的杀外寄生虫药，采用合理的使用剂量，具有重要的公共卫生意义。

目前，国内控制体外寄生虫病的药物主要有有机磷类、拟除虫菊酯等，阿维菌素也被广泛用于驱除动物体表寄生虫。在使用杀虫药时不能直接将农药作为杀虫药，以免引起中毒。同时使用杀虫药时一定要注意剂量、浓度和使用方法，妥善处理好盛装杀虫药的容器和残存药液，加强人和动物防护。目前常用的杀虫药有有机磷化合物（如敌敌畏、二嗪农、巴胺磷、倍硫磷、精制马拉硫磷等）、有机氯化合物（如氯芬新等）、拟除虫菊酯类化合物（如氰戊菊酯、溴氰菊酯等），以及其他一些类别的杀虫药如升华硫等。

二嗪农

【药理作用】 二嗪农具有触杀、胃毒和熏蒸内吸等作用特点，对疥螨、痒螨、蝇、虱、蜱均有良好的杀灭效果。本品通过干扰虫体神经和肌肉的兴奋传导，使虫体过度兴奋，引起虫体肢体震颤、痉挛、麻痹而死亡。本品喷洒后在皮肤、被毛上的附着力很强，能维持长期的杀虫作用，一次用药的有效期可达 6~8 周。被吸收的药物在 3 天内从尿或奶中排出体外。

目前本药制剂有 25% 二嗪农溶液、60% 二嗪农溶液、二嗪农项圈。

【适应证】 用于驱杀寄生于家畜体表的疥螨、痒螨及蜱、虱等。

【用法用量】 以二嗪农计，药浴：药液按 1 L 水添加 0.25 g 绵羊初液、0.75 g 补充液配制。

【注意事项】

①使用本品中毒时可用阿托品解毒。

②药浴时动物接触药液的时间以 1 分钟为宜，也可用软刷助洗。

③禁止与其他有机磷化合物及胆碱酯酶抑制剂合用。

④怀孕及哺乳期母畜慎用或不用。

⑤二嗪农溶液羊休药期为 14 天，弃奶期为 72 小时。

巴胺磷

【药理作用】 巴胺磷具有触杀、胃毒作用，对螨、蜱、虱和蝇、蚊均有良好的杀灭效果。患痒螨病的羊药浴 2 天后螨虫可全部被杀灭。

目前本药制剂有：巴胺磷溶液。

【适应证】 用于驱杀绵羊体表的螨、蜱、虱等。

【用法用量】 以 40% 巴胺磷溶液计，药浴：药液按 1 000 L 水添加 500 mL 配制（羊）。

【注意事项】

①对严重感染的羊药浴时最好辅助人工擦洗，数天后再药浴一次效果更好。

②禁止与其他有机磷化合物及胆碱酯酶抑制剂合用。

③本品对家禽、鱼类有毒性，使用时应注意。若家禽中毒可用阿托品解毒。

④巴胺磷溶液，羊休药期为 14 天。

精制马拉硫磷

【药理作用】 本品主要以触杀、胃毒和熏蒸杀灭害虫，无内吸杀虫作用，具有广谱、低毒、使用安全等特点，对蚊、蝇、虱、蜱、螨、蚤等均有杀灭作用。马拉硫磷对害虫的毒力较强，在虫体内被氧化生成的马拉氧磷抗胆碱酯酶的活力增强 1 000 倍。本品对昆虫的毒性较大，但对人畜毒性很低。

目前本药制剂有 45% 精制马拉硫磷溶液、70% 精制马拉硫磷溶液。

【适应证】 用于杀灭畜禽体外寄生虫如虱、蜱、螨、蚤等。

【用法用量】 以马拉硫磷计，药浴或喷雾：配成 0.2%~0.3% 的水溶液。

【注意事项】

①本品不可与肥皂水等碱性物质或氧化物质接触。

②本品对眼睛、皮肤有刺激性，使用本品中毒时可用阿托品解毒。

③禁用于 1 月龄以内的动物。

④动物体表用药后数小时内应避免日光照射和风吹，必要时间隔 2~3 周可再用药一次。

⑤精制马拉硫磷溶液休药期为 28 天。

敌敌畏

【药理作用】 敌敌畏为广谱性杀虫、杀螨剂，对多种畜禽外寄生虫具有触杀、胃毒和熏蒸作用。触杀作用比敌百虫效果好，对害虫击倒力强且迅速。

目前兽用本品制剂有 80% 敌敌畏溶液。

【适应证】 用于驱杀寄生于家畜体表的蜱、螨、虱等。

【用法用量】 参考剂量为：喷洒、涂擦时配成 0.2%~0.4% 溶液。

【注意事项】

①家畜对本品敏感，慎用；家畜怀孕和患胃肠炎时禁用。

②中毒时用阿托品与碘解磷定等解毒。

氰戊菊酯

【药理作用】 本品又称速灭杀丁，是目前养殖业中最常用的高效杀虫剂。本品作用以触杀为主，兼有胃毒和驱避作用，对动物多种体外寄生虫和吸血昆虫如螨、虱、蚤、蜱、蚊、蝇、虻等均有良好的杀灭效果，杀虫力强，效力高。动物体表应用氰戊菊酯 10 分钟后其上寄生的螨、虱、蚤就会出现中毒现象，4~12 小时后全部死亡。

目前本品兽用制剂有 20% 氰戊菊酯溶液。

【适应证】 用于驱杀寄生于家畜体表的蜱、蚤、虱等。

【用法用量】 喷雾：加水 1 :（1 000~2 000）稀释。

【注意事项】

①配制本品溶液时水温不能超过 25℃，以 12℃ 为宜，如果配制药液时水温超过 50℃ 时会使药物失效。

②避免使用碱性水配制药物，也不要和碱性药物合用，以免使药物失效。

③使用本品时残液不要污染河流、池塘、桑园、养蜂场地等，本品对蜜蜂、鱼虾、家蚕等毒性较强。

④氰戊菊酯溶液休药期为 28 天。

环丙氨嗪

【药理作用】　环丙氨嗪是一种高效昆虫生长调节剂，它对双翅目昆虫的幼虫——蛆具有杀灭作用。本品对粪便中繁殖的几种常见苍蝇幼虫即蝇蛆均具有较好的抑制和杀灭作用。一般灭蝇药只杀成蝇且毒性较大，本品通过混饲或混饮方式进入动物体内后，绝大部分以原形及其代谢产物的形式随粪便排出体外，从而在粪便中杀灭蝇蛆。本品对人、畜和蝇的天敌无害，对动物的生长繁殖也无影响。

目前本品兽用制剂有 1% 环丙氨嗪预混剂、50% 环丙氨嗪可溶性粉、2% 环丙氨嗪可溶性颗粒等。

【适应证】　用于控制动物厩舍内蝇幼虫的繁殖。

【用法用量】　使用环丙氨嗪可溶性粉时，以本品计。喷洒：10 g 粉剂加入 15 L 水，可喷洒 20 m^2；喷雾：10 g 粉剂加入 5 L 水，可喷洒 20 m^2。使用其他制剂时参考不同制剂说明书用法用量使用。

【注意事项】

①避免儿童触及本品。

②每公顷土地使用含有本品的动物粪便不可超过 9 t，以 1~2 t 为宜。

（三）消毒防腐药

消毒防腐药是指具有杀灭病原微生物或抑制其生长繁殖的一类药物，分为消毒药和防腐药。消毒药是指能杀灭病原微生物的药物，主要用于环境、厩舍、动物排泄物、用具和器械等非生物表面的消毒。防腐药是指能抑制病原微生物生长繁殖的药物，主要用于抑制局部皮肤、黏膜和创伤等生物体表的微生物感染，也用于药品制剂及生物制品等的防腐。与抗生素和其他抗菌药物不同，消毒防腐药没有明显的抗菌谱和选择性，在临床应用达到有效浓度时，也会对动物机体组织产生损伤作用，一般不全身用药。消毒防腐药在防止动物疫病，保证养殖业稳定、健康发展上具有重要意义。

1. 环境、用具、器械用消毒药

（1）酚类：本类消毒防腐药主要有苯酚、甲酚、氯甲酚等。

（2）醛类：本类消毒防腐药主要有复方甲醛溶液、浓戊二醛溶液、稀戊二醛溶液，以及由戊二醛和苯扎氯铵配制而成的复方戊二醛溶液。

（3）碱类：本类消毒防腐药主要有氢氧化钠、氧化钙、碳酸钠等。

（4）过氧化物类：本类常用的主要有过氧乙酸等。

（5）卤素类：本类常用的有含氯石灰、二氯异氰尿酸钠等。

2. 皮肤、黏膜用消毒药

皮肤、黏膜用消毒药主要利用药物与创面或皮肤、黏膜直接接触而起抑菌或杀菌作用，达到预防或治疗感染的目的。在选择皮肤、黏膜消毒药时，注意药物应无刺激性和毒性，不损伤组织，不妨碍肉芽生长，也不引起过敏反应。常用的皮肤、黏膜用消毒药主要有75%乙醇、碘制剂、双氧水、高锰酸钾、新洁尔灭（苯扎溴铵）等。

（四）羊其他用药

羊其他用药在临床中的应用相对于抗微生物药、抗寄生虫药来说使用较少，以下简要说明羊其他用药的适应证和用法用量，具体的药理作用、使用注意事项和休药期参考相关产品的使用说明。

1. 中枢神经系统药物

（1）中枢兴奋药：

1）安钠咖注射液：主要用于中枢性呼吸、循环抑制和麻醉药中毒解救。静脉注射、肌内注射或皮下注射，一次量，羊0.5~2 g。

2）尼克刹米注射液：主要用于中枢性呼吸抑制解救。静脉、肌内或皮下注射，一次量，羊0.25~1 g。

3）戊四氮注射液：主要用于中枢性呼吸抑制解救。静脉、肌内或皮下注射，一次量，羊0.05~0.3 g。

4）硝酸士的宁注射液：主要用于脊髓性不全麻痹。皮下注射，一次量，羊2~4 mg。

5）樟脑磺酸钠注射液：主要用于心脏衰竭和呼吸抑制解救。静脉、肌内或皮下注射，一次量，羊0.2~1 g。

（2）镇静药与抗惊厥药：

1）溴化钙注射液：用于缓解中枢神经兴奋性疾病等。静脉注射，一次量，羊0.5~1.5 g。

2）注射用苯巴比妥钠：用于缓解脑炎、破伤风、士的宁中毒所引起的惊厥。肌内注射，一次量，羊0.25~1 g。

3）硫酸镁注射液：用于破伤风及其他痉挛性疾病。静脉、肌内注射，一次量，羊2.5~7.5 g。

（3）麻醉性镇痛药：盐酸哌替啶注射液：用于缓解创伤性和某些内脏患病的疼痛。皮下、肌内注射，一次量，每千克体重，羊2~4 mg。

（4）全身麻醉药与化学保定药：

1）注射用硫喷妥钠：用于动物的诱导麻醉和基础麻醉。静脉注射，一次量，每千克体重，羊10~15 mg。用前配成2.5%溶液。

2）盐酸氯胺酮注射液：用于全身麻醉和化学保定。静脉注射，一次量，每千克体重，羊2~4 mg。

3）盐酸赛拉嗪注射液：用于化学保定和基础麻醉。肌内注射，一次量，每千克体重，羊0.1~0.2 mg。休药期14天。

4）盐酸赛拉唑、盐酸赛拉嗪注射液：用于化学保定和基础麻醉。肌内注射，一次量，每千克体重，羊盐酸赛拉唑1~3 mg；盐酸赛拉嗪0.1~0.2 mg。

2. 外周神经系统药物

（1）拟胆碱药：

1）氨甲酰胆碱注射液：用于胃肠弛缓、前胃弛缓和胎衣不下、子宫蓄脓。皮下注射：一次量，羊 0.25~0.5 mg。

2）硝酸毛果芸香碱注射液：主要用于胃肠弛缓、前胃弛缓。皮下注射，一次量，羊 10~50 mg。

3）甲硫酸新斯的明注射液：主要用于胃肠弛缓、重症肌无力和胎衣不下。肌内、皮下注射，一次量，羊 2~5 mg。

（2）抗胆碱药：

1）硫酸阿托品注射液：用于有机磷酯类药物中毒、麻醉前给药等。肌内、皮下或静脉注射，一次量，每千克体重，羊有机磷酯类药物中毒 0.5~1 mg；麻醉前给药 0.02~0.05 mg。

2）氢溴酸东莨菪碱注射液：用于解除胃肠道平滑肌痉挛、抑制腺体分泌过多和动物兴奋不安等。皮下注射，一次量，羊 0.2~0.5 mg。

（3）拟肾上腺素药：

1）重酒石酸去甲肾上腺素注射液：用于外周循环衰竭休克时早期急救。静脉注射，一次量，羊 2~4 mg。

2）盐酸肾上腺素注射液：用于心脏骤停的急救、缓解过敏症状、延长局麻药持续时间等。皮下注射，一次量，羊 0.2~1 mL；静脉注射，一次量，羊 0.2~0.6 mL。

（4）局部麻醉药：盐酸利多卡因注射液：用于表面麻醉、浸润麻醉和硬膜外麻醉。传导麻醉配成 2% 溶液，一次量，每个注射点，羊 3~4 mL。

3. 解热镇痛药

（1）解热镇痛抗炎药：

1）阿司匹林片：用于治疗发热性疾病和肌肉关节痛。内服，一次量，羊 1~3 g。

2）对乙酰氨基酚注射液：用于动物发热、肌肉痛、风湿症等。肌内注射，一次量，羊 0.5~2 g。

3）安乃近注射液：用于动物发热、肌肉痛、风湿症等。肌内注射，一次量，羊 1~2 g。

4）安痛定注射液：用于动物发热、关节痛、风湿症等。肌内或皮下注射，一次量，羊 5~10 mL。

5）复方氨基比林注射液：用于动物发热、肌肉痛、关节痛和风湿症等。肌内或皮下注射，一次量，羊 5~10 mL。

6）水杨酸钠注射液：用于风湿症等。静脉注射，一次量，羊 2~5 g。

（2）糖皮质激素类药物：

1）氢化可的松注射液：用于炎症性、过敏性疾病和羊妊娠毒血症。静脉注射，一次量，羊 20~80 mg。

2）地塞米松磷酸钠注射液：用于炎症性、过敏性疾病和羊妊娠毒血症。肌内、静脉注射，一次量，羊 4~12 mg。

4. 消化系统药物

（1）健胃药与助消化药：

1）人工矿物盐：小剂量用于消化不良、前胃弛缓等，大剂量用于早期大肠便秘。以本品计，内服健胃，一次量，羊 10~30 g；缓泻，一次量，羊 50~100 g。

2）稀盐酸：用于胃酸缺乏症。以本品计，内服，一次量，羊 2~5 mL。

3）干酵母片：用于维生素 B_1 缺乏症和消化不良。内服，一次量，羊 30~60 g。

4）稀醋酸：用于消化不良、急性胃扩张和前胃臌胀等。以本品计，内服，一次量，羊 5~10 mL。

（2）瘤胃兴奋药：浓氯化钠注射液，用于前胃弛缓等。以氯化钠计，静脉注射，一次量，每千克体重，家畜 0.1 g。

（3）制酵药与消沫药：

1）芳香氨醑：主要用于瘤胃臌气、胃肠积食和气胀，也可用于急慢性支气管炎。以本品计，内服，2% 芳香氨醑溶液，一次量，羊 4~12 mL。

2）乳酸：用于前胃弛缓等。以本品计，内服，一次量，羊 0.5~3 mL。

3）鱼石脂：用于前胃弛缓、瘤胃臌胀、胃肠胀气、胃肠制酵等。以本品计，内服，一次量，羊 1~5 g。

4）二甲硅油片：用于泡沫性臌胀病。内服，一次量，羊 1~2 g。

（4）泻药与止泻药：

1）干燥硫酸钠：用于导泻。内服，羊 20~50 g。

2）硫酸镁：用于导泻。内服，羊 50~100 g。

3）液状石蜡：用于便秘。内服，羊 100~300 mL。

4）蓖麻油：用于便秘。内服，羊 50~150 mL。

5）鞣酸蛋白：用于腹泻。内服，一次量，羊 3~5 g。

6）碱式碳酸铋：用于胃肠炎及腹泻。内服，一次量，羊 2~4 g。

7）药用碳：用于生物碱中毒、胃肠臌气及腹泻。内服，一次量，羊 5~50 g。

8）白陶土：用于腹泻。内服，一次量，羊 10~30 g。

9）氧化镁：用于胃肠臌气。内服，一次量，羊 2~10 g。

5. 作用于呼吸系统的药物

（1）祛痰镇咳药：

1）氯化铵：祛痰镇咳。内服，一次量，羊 2~5 g。

2）碳酸铵：祛痰镇咳。内服，一次量，羊 2~3 g。

3）碘化钾：用于慢性支气管炎。内服，一次量，羊 1~3 g。

（2）平喘药：氨茶碱注射液，用于缓解气喘症状。肌内、静脉注射，一次量，羊 0.25~0.5 g。

6. 血液循环系统药物

（1）止血药与抗凝血药：

1）亚硫酸氢钠甲萘醌注射液：用于维生素 K 缺乏所致的出血。肌内注射，一次量，羊 30~50 mg。

2）酚磺乙胺注射液：用于内出血、鼻出血和手术出血的预防和止血。肌内、静脉注射，一次量，羊 0.25~0.5 g。

3）安络血注射液：用于毛细血管损伤所致的出血性疾病。肌内注射，一次量，羊 2~4 mL。

（2）抗贫血药：

1）硫酸亚铁：用于缺铁性贫血。内服，一次量，羊 0.5~3 g。

2）维生素 B_{12} 注射液：用于维生素 B_{12} 缺乏所致的贫血、幼畜生长迟缓等。肌内注射，一次量，羊 0.3~0.4 mg。

7. 泌尿生殖系统药物

（1）利尿药与脱水药：

1）呋塞米：用于各种水肿病。内服，一次量，每千克体重，羊 2 mg。肌内、静脉注射，一次量，每千克体重，羊 0.5~1 mg。

2）氢氯噻嗪片：用于各种水肿病。内服，一次量，每千克体重，羊 2~3 mg。

3）甘露醇或山梨醇注射液：用于脑水肿、脑炎的辅助治疗。静脉注射，一次量，羊 100~250 mL。

（2）生殖系统药物：

1）缩宫素注射液：用于催产、产后子宫出血和胎衣不下。皮下、肌内注射，一次量，羊 10~50 U。

2）垂体后叶注射液：用于催产、产后子宫出血和胎衣不下。皮下、肌内注射，一次量，羊 10~50 U。

3）马来酸麦角新碱注射液：用于产后出血和加速子宫复原。皮下、静脉注射，一次量，羊 0.5~1 mg。

4）黄体酮注射液：用于预防流产。肌内注射，一次量，羊 15~25 mg。

5）醋酸氟孕酮阴道海绵：用于绵羊、山羊的诱导发情或同期发情。阴道给药，一次量，羊 1 个，给药后 12~14 天取出。

6）注射用血促性素：用于母畜催情和促进卵泡发育和胚胎移植时的超数排卵。皮下、肌内注射，一次量，催情，羊 100~500 U；超数排卵羊 600~1 000 U。

8. 抗过敏药

（1）盐酸苯海拉明注射液：用于变态反应性疾病，如荨麻疹、血清病等。肌内注射，一次量，羊 40~60 mg。

（2）马来酸氯苯那敏片、注射液：用于过敏性疾病，如荨麻疹、过敏性皮炎、血清病等。内服，一次量，羊 10~20 mg。肌内注射，一次量，羊 10~20 mg。

9. 解毒药

（1）金属络合剂：

1）二巯丙醇注射液：用于解救砷、汞、铋、锑等中毒。肌内注射，一次量，每千克体重，家畜 2.5~5 mg。

2）二巯丙磺钠注射液：用于解救砷、汞中毒，也可用于铅、镉中毒。静脉、肌内注射，一次量，每千克体重，羊 7~10 mg。

（2）胆碱酯酶复活剂：

1）碘解磷定注射液：用于解救有机磷中毒。静脉注射，一次量，每千克体重，家畜 15~30 mg。

2）氯磷定注射液：用于解救有机磷中毒。静脉注射或肌内注射，一次量，每千克体重，家畜 15~30 mg。

（3）高铁血红蛋白还原剂：

亚甲蓝注射液：用于解救亚硝酸盐中毒。静脉注射，一次量，每千克体重，家畜 1~2 mg。

（4）氰化物解毒剂：

1）亚硝酸钠注射液：用于解救氰化物中毒。静脉注射，一次量，羊 0.1~0.2 g。

2）硫代硫酸钠注射液：用于解救氰化物和砷、汞、铋、铅、碘等的中毒。静脉、肌内注射，一次量，羊 1~3 g。

二、临床用药注意事项

临床用药，既要做到有效地防治动物的各种疾病，又要避免对动物机体造成毒性损害或降低动物的生产性能。因此要全面考虑动物的种属、年龄、性别等对药物作用的影响，选择适宜的药物、适宜的剂型、适宜的给药途径、合理的剂量与疗程等，科学合理地加以使用。

（一）诊断正确

首先要诊断正确，只有诊断正确才能合理选择药物，对症治疗，取得理想的治疗效果。缺乏正确诊断，用药失误，会延误病情，耽误疾病治疗。诊断时如有必要应及时请兽医进行诊断治疗，不要乱用药。

（二）合理选择药物

用药要针对羊只的具体病情，选择药效可靠、安全、副作用小、方便、价廉、易得的药品制剂，尤其是病情不明确时不要滥用抗菌药物。滥用容易使病原微生物产生抗药性，给以后的治疗带来不便。能用其他药物可治好的病就尽量不用抗生素，能用一种抗生素治好的病，不要同时用多种抗生素，尤其是不能滥用广谱抗生素。临床治疗一般先用常规抗生素（青霉素、氨苄青霉素、链霉素等），效果不佳或遇特别病症时再用特需抗生素（庆大霉素、卡那霉素、硫氰酸红霉素、恩诺沙星、氟苯尼考等）。任何一种抗菌药物经使用 2~3 次后若症状无明显改善，则要及时换药，最佳的办法是通过药敏试验筛选治疗药品。

（三）注意年龄、性别和个体差异

动物的年龄、性别不同，对药物的反应亦有差异。一般来说，幼龄、老龄动物对药物的敏感性较高，故用量宜适当减少。此外，雌性动物比雄性动物对药物的敏感性要高，雌性动物在发情期和哺乳期用药，除了一些专用药外，使用其他药物必须考虑其生殖特性。泻药、利尿药、子宫兴奋药及其他刺激性强的药物，使用不慎可引起雌性动物流产、早产和不孕等，要尽量避免使用。有些药物如四环素类、氨基糖苷类等可通过胎盘或乳腺进入胎儿或新生动物体内而影响其生长发育，甚至致畸，故妊娠期、哺乳期要慎用或禁用。在年龄、体重相近的情况下，同种动物中的不同个体对药物的敏感性也存在差异，这种差异称为个体差异，如青霉素等药物可引起某种动物的部分个体发生过敏反应。临床用药时应对个体差异予以重视。

（四）注意用药剂量

药物的剂量是决定药物效应的关键因素，临床用药剂量可分为预防量、治疗量和促生长量。治疗量一定要准确，剂量大了易发生中毒，剂量小了则达不到疗效，反而使病原产生耐药性，对今后的防治极为不利。某些毒副作用较大的抗生素（链霉素、庆大霉素、强力霉素等）、磺胺类药、麻醉药、抗寄生虫药、解毒剂等，要严格按体重剂量用药。还有的药物因使用历史较长或长期使用，部分病原体产生了较强的耐药性，临床剂量应高于法定剂量。

（五）注意药物配伍禁忌

药物作用主要有协同和拮抗两种。有协同作用的药物联合使用，既降低使用剂量，又可提高治疗效果并防止抗药性的形成。对于某些需长期治疗的慢性疾病和混合感染疾病，为防止耐药性的出现，提高疗效，可以选用具有协同和相加作用的药剂，采取联合用药进行治疗。同时使用丙磺舒与青霉素可使青霉素的排泄减慢，提高血药浓度，延长半衰期。将青霉素与链霉素合用，磺胺类药物与抗菌增效剂 TMP 或 DVD 配伍，均可使药物的抗菌性增强，抗菌范围扩大，从而使抗菌药需求的剂量减少（至少 1/3）。

有相互拮抗和增加毒性的药物不能同时使用。如青霉素忌与硫酸庆大霉素、林可霉素、四环素配伍；泰乐菌素、泰妙菌素、竹桃霉素忌与莫能霉素、盐霉素、马度霉素等聚醚类抗生素配伍；维生素 B_1、维生素 B_2、维生素 C 的注射液忌与氨苄青霉素、土霉素、强力霉素、链霉素、卡那霉素、林可霉素等配伍；青霉素忌与磺胺类配伍；益生素、乳酶生等活菌制剂不宜与抗菌药物、吸附药、收敛药、酊剂配伍；磺胺嘧啶钠忌与电解液、10% 葡萄糖静脉注射液、氯化钾配伍。

（六）注意给药途径

给药途径的不同，可影响药效出现的快慢和生物利用度。急重症病例需采取静脉注射或肌内注射给药。肾上腺素内服不吸收，必须注射给药。氨基糖苷类抗生素中的链霉素、卡那霉素、庆大霉素因内服难吸收，做全身治疗时必须注射给药，而新霉素因毒性大一般禁止注射给药。红霉素、泰乐菌素肌内注射刺激性强，除口服外宜采用深部肌内注射或使用适量麻醉药物，静脉注射时要缓慢，避免漏出血管外。龙胆、马钱子等苦味健胃药则必须经口服给药等。另外，兽医临床还要结合药物性质考虑用药时间，如苦味健胃、收敛止泻、胃肠解痉、抗胃肠感染、利胆等药物适合饲前服用，驱虫、盐类泻剂等适合空腹或半空腹时服用，而阿司匹林、消炎痛、布洛芬等对肠胃有强刺激性的药物则需饲后服用。

（七）坚持合理疗程

除解热镇痛药、抗寄生虫药等给药一次即可奏效外，兽医临床大多数药物必须按照一定的剂量和时间间隔，多数普通药一天需给药2~3次，而大多长效药物两天给药一次即可达到治疗效果。抗菌药物必须在一定期限内连续给药，这个期限称为疗程，如抗生素一般要求2~3天为一个疗程，磺胺类药物3~5天为一个疗程。疗程不足或症状改善就立刻停止用药，一是易导致病原体产生耐药性，二是疾病易复发。

（八）注意药物残留

在集约化养羊中，药物除了防治羊病外，有些还作为饲料添加剂以促进生长，改善畜产品质量。在产生有益作用的同时，养羊过程中使用的药物往往又残留在畜产品或环境中，直接或间接危害人类健康。药物残留是指动物应用兽药或饲料添加剂后，药物的原形及其代谢物蓄积或贮存在动物组织、细胞、器官或可食性产品中。要注意禁止在饲养过程中添加违禁兽药及化合物品种。抗菌药物在动物性食品中的残留，可能使人类的病原菌长期接触这些低浓度的药物产生耐药性；此外，食品动物食用低剂量抗菌药物作为促生长剂时容易产生耐药性，从而使人和动物临床用药药效降低或无效。

为了保证人类健康，许多国家对用于食品动物的抗生素、合成抗菌药、抗寄生虫药、激素等规定最高残留限量和休药期。最高残留限量（MRL）又称允许残留量，是指允许在动物性食品表面或内部残留药物的最高量。具体是指在屠宰以及收获、加工、贮存和销售等特定时期，直接被人消费时，动物性食品中药物残留的最高允许量。如违反规定，药物残留量超过规定浓度，则将受到严厉处罚。规定休药期，是为了减少或避免药物的超量残留，由于药物种类、剂型、用药剂量和给药途径不同，休药期长短亦有很大差别，应遵守休药期规定停药。尚未提出应用限制的药物，也需注意。

（九）注意观察羊群状态

用药期间应密切注意羊群状态，看疗效怎样，有无不良反应或中毒迹象，如某些羊对四氧化碳过敏。发现异常应及时分析原因并尽快处理。

三、常用的药品贮存方法

一般大多数饲养户都会存放一些常用兽药，但如果兽药存放不当，如久放、高温、混放、受潮等均有可能造成兽药药效降低或失效。因此，必须合理贮存保管兽药。

（一）密封保存

各种兽药受潮后都会发霉、黏结、变色、变形、变味、生虫等。有些兽药极易吸收空气中的水分，而且吸收水分后便开始缓慢分解，对畜禽胃的刺激性增强。因此，饲养户存放兽药，一定注意防潮。装药的容器应当密闭，如是瓶装必须盖紧盖子，必要时用蜡封口。

对易吸潮发霉、变质的药物如葡萄糖、碳酸氢钠、氯化铵等，应在密封干燥处存放；有些含有结晶水的药物，如硫酸钠、硫酸镁、硫酸铜、硫酸亚铁等，在干燥的空气中易失去部分或全部结晶水，应密封阴凉处存放，但不宜存放于过于干燥或通风的地方。此外，散剂的吸湿性比原料药大，一般均应在干燥处密封保存，但含有挥发性成分的散剂，受热后易挥发，应在干燥阴凉处密封保存。除另有规定外，片剂也应密闭在干燥处保存，防止发霉变质。

（二）避光保存

日光中的紫外线对大多数化药类兽药有催化作用，能加速兽药的氧化、分解等，使兽药变质加速。如维生素、抗生素类药物，遇光后都会使颜色加深，药效降低。对这些遇光易发生变化的兽药，要用棕色瓶或用黑色纸包裹的玻璃器包装；需要避光保存的兽药，应贮存在阴凉干燥、光线不易直射到的地方。有些药物如恩诺沙星、盐酸普鲁卡因、阿司匹林、维生素C，以及含有维生素D、维生素E的散剂等，遇光和热可发生化学变化生成有色物质，出现变色变质，导致药效降低或毒性增加，应放于避光容器内，密封于干燥处保存。片剂可保存于棕色瓶内，注射剂可放于避光的纸盒内。

（三）低温保存

兽药的保管方法如下：一般兽药贮存于室温即可；受热易挥发、分解和易变质的兽药，需在4~10 ℃下冷藏保存；易爆易挥发的药品如乙醚、挥发油、氯仿、过氧化氢等，以及含有挥发性药品的散剂，均应密闭于阴凉干燥处存放。其中，"室温"指温度在18~25 ℃，"阴凉处"是指温度不超过20 ℃，"冷藏"是指温度为2~10 ℃。

（四）防过期

储存兽药，应分期、分批储存。如发现贮存的兽药超过保质期，应及时处理和更换，避免使用超过保质期的兽药。

（五）防混放

存放兽药时应做到：内用药与外用药分别贮存；消毒、杀虫、驱虫药物、农药、鼠药等危险药物，不应与普通兽药混放；禁止使用空兽药瓶装其他的兽药或农药、鼠药；且一定要放在儿童接触不到的地方，避免误食。外用药品，最好用红色标签或用红笔书写标记，以便区分，避免内服。名称容易混淆的药品，要注意分别存放，以免发生差错。

（六）防鼠咬虫蛀

对采用纸盒、纸袋、塑料袋等包装的兽药，贮存时要放在其他密闭的容器中，以防止鼠咬及虫蛀。

第二部分

羊病类症鉴别
与诊治

第三章　呼吸系统疾病类症鉴别与诊治

一、羊小反刍兽疫

羊小反刍兽疫（Peste des petits ruminants，PPR）是由小反刍兽疫病毒（图 3.1）引起的小反刍动物的一种急性、烈性、接触性传染病，主要感染山羊、绵羊及一些野生小反刍动物，临床症状以发热、口炎、腹泻、肺炎为特征，被列为必须上报的一类动物疫病。

【流行特点】　该病传染源主要为患病动物和隐性感染动物，处于亚临床型的病羊尤其危险。病畜的分泌物和排泄物均可传播本病。该病主要以直接、间接接触方式传播，呼吸道为主要感染途径。病毒也可经受精及胚胎移植传播。不同品种的羊对该病的敏感性也有差别，通常山羊比绵羊更易感。另外，猪和牛也可感染该病病毒，但通常无临床症状，也不能够将其传染给其他动物。野生动物中，多加瞪羚、努比亚野山羊、长角羚及美国白尾鹿均易感本病。值得注意和警惕的是，这种非靶标动物感染有可能导致小反刍兽疫病毒血清型的改变。本病在多雨季节和干燥寒冷季节多发。

【主要症状】　小反刍兽疫潜伏期为 4~5 天，最长 21 天，急性型体温可上升至 41 ℃，持续 3~5 天。感染动物烦躁不安，背毛无光，口鼻干燥，食欲减退。流黏液脓性鼻漏（图 3.2），呼出恶臭气体。口腔黏膜充血、颊黏膜广泛性损害导致多涎（图 3.3），随后出现坏死性病灶，口腔黏膜出现小的粗糙的红色浅表坏死病灶，以后变成粉红色，感染部位包括下唇、下齿龈等（图 3.4）。严重病例可见坏死病灶波及齿垫、腭、颊部及其乳头、舌头等处。后期出现带血水样腹泻（图 3.5），严重脱水，消瘦，随之体温下降，出现咳嗽、呼吸异常。首次感染发病率高达 100%，在严重暴发时病死率为 100%，在轻度发生时病死率不超过 50%。幼年动物发病严重，发病率和病死率都相对较高。

【主要症状】　剖检可见结膜炎、坏死性口炎和肺炎等病变（图 3.6），皱胃常出现病变，而瘤胃、网胃、瓣胃很少出现病变，病变部常出现有规则、有轮廓的糜烂，创面红色、出血。肠可见糜烂或出血，尤其在结肠、直肠结合处呈特征性线状出血或斑马样条纹（图 3.7）。淋巴结肿大，脾有坏死性病变。在鼻甲、喉、气管等处有出血斑。

【诊断】　根据流行病学、临床症状、病理变化和组织学特征可做出初步诊断。结合病毒分离培养、病毒中和实验（VNT）、酶联免疫吸附试验（ELISA）和反转录聚合酶链反应

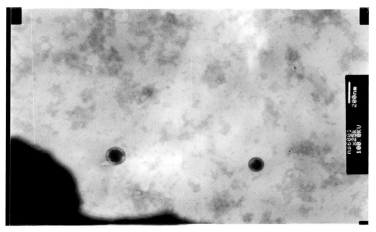

图 3.1 小反刍兽疫病毒粒子电镜

图 3.2 脓性鼻漏

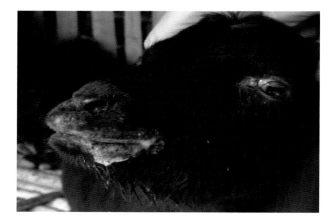

图 3.3 病羊流涎

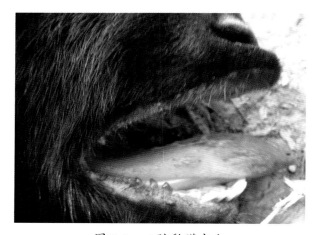

图 3.4 口腔黏膜充血

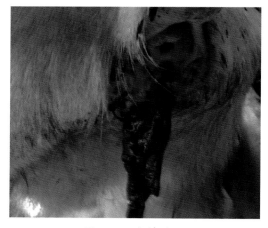

图 3.5 病羊腹泻

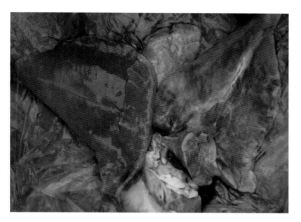

图 3.6　病羊肺炎

图 3.7　结肠、直肠斑马样条纹

（RT-PCR）分子检测技术可确诊。

【鉴别诊断】　由于该病的主要特点是咳嗽、拉稀和高病死率，要和相似症状的疾病如羊蓝舌病、羊急性消化道感染、羊巴氏杆菌病等做出鉴别诊断。

【病原特点】　小反刍兽疫病毒属于副黏病毒科、麻疹病毒属。该病毒只有 1 个血清型，根据基因组序列差异可将其分为 4 个群。病毒颗粒呈多形性，多为圆形或椭圆形，直径 130~390 nm。小反刍兽疫病毒可以在绵羊或山羊胎肾、犊牛肾、人羊膜和猴肾的原代或传代细胞上生长繁殖，也可以在 MDBK、BHK-21 等细胞株（系）繁殖并产生细胞病变效应（CPE）。小反刍兽疫病毒对乙醇、乙醚和一些去垢剂敏感，乙醚在 4 ℃环境中 12 小时可将其灭活。大多数化学消毒剂如酚类、2% 氢氧化钠溶液等作用 24 小时可以灭活该病毒。病毒颗粒 pH 值在 5.85~ 9.5 稳定，在 pH 值在 4 以下或 pH 值在 11 以上很快就被灭活。

【防治措施】　平时的防控应采用包括消毒在内等的综合性生物安全措施，并使用弱毒疫苗进行免疫预防接种。一旦发病应严密封锁疫区，隔离消毒，扑杀患畜，严格按照《重大动物疫病应急条例（2017 修订）》和《国家突发重大动物疫情应急预案》进行处置。

（本病图片提供：张克山）

二、羊传染性胸膜肺炎

羊传染性胸膜肺炎是由多种支原体引起的一种高度接触性羊传染病，以高热、咳嗽及肺和胸膜发生浆液性或纤维素性炎症为特征，呈急性或慢性经过，病死率较高。

【流行特点】　病羊为主要的传染源，患病羊肺组织和胸腔渗出液中含有大量支原体，主要通过呼吸道分泌物向外排菌。耐过病的羊肺组织内的病原体在相当长的时期内具有活力，这种羊具有散播病原的危险性。本病可感染山羊和绵羊，山羊支原体、山羊肺炎亚种只感染山羊，绵羊肺炎支原体可同时感染绵羊和山羊。本病常呈地方流行性，在冬春枯草季节，羊只消瘦、营养缺乏以及寒冷潮湿、羊群拥挤等是该病的诱发因素。

【主要症状】　根据病程分为最急性、急性和慢性三种类型。

最急性型：体温升高达 41~42 ℃，呼吸急促，有痛苦的叫声，咳嗽并流浆液带血鼻液；病羊卧地不起，四肢伸直；黏膜高度充血，发绀；目光呆滞，不久窒息死亡。病程一般不超过 5 天，有的仅 12~24 小时。

急性型：病初体温升高，随之出现短而湿的咳嗽，伴有浆性鼻涕。按压胸壁表现敏感、疼痛、高热稽留不退、食欲锐减，呼吸困难伴有痛苦呻吟；眼睑肿胀，流泪或有黏液、脓性眼屎。孕羊大批（70%~80%）流产。病期多为 7~15 天，有的可达 1 个月左右。

慢性型：多见于夏季，全身症状轻微，体温 40 ℃左右，病羊间有咳嗽和腹泻，鼻涕时有时无，身体衰弱，被毛粗乱无光，极度消瘦（图 3.8）。

【病理变化】　剖检可见一侧肺发生明显的浸润和肝样病变（图 3.9）。肺呈红灰色，切面呈大理石样，肺小叶间质增宽，界线明显。胸膜变厚，表面粗糙不平，肺与胸壁发生粘连，肺脏有纤维性渗出（图 3.10，图 3.11），支气管干酪样渗出（图 3.12）。有的病例中，肺膜、胸膜和心包三者发生粘连。胸腔积有多量黄色胸水（图 3.13）。

【诊断】　根据流行特点、临床表现和病理变化等做出初步诊断，但应与羊巴氏杆菌病相区别，可对病料进行细菌学检查鉴别诊断。实验室诊断包括细菌学检查、补体结合试验（国际贸易指定试验）、间接血凝试验（IHA）、乳胶凝集试验（LAT）。

【鉴别诊断】　本病应与羊巴氏杆菌病进行鉴别诊断。

【病原特点】　引起羊传染性胸膜肺炎的病原体包括丝状支原体山羊亚种、丝状支原体丝状亚种、山羊支原体山羊肺炎亚种和

图 3.8　慢性型羊支原体肺炎，病羊极度消瘦

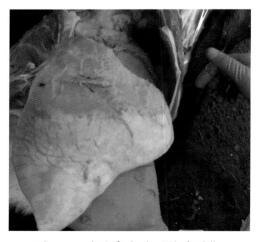

图 3.9　肺脏实变为"橡皮肺"

图 3.10　肺脏和胸腔粘连

图 3.11 肺脏纤维素性渗出

图 3.12 支气管干酪样渗出

图 3.13 胸腔积水

绵羊肺炎支原体。该类病原体属于柔膜体纲，支原体目，支原体科，支原体属。培养特性呈油煎蛋状（图3.14），显微观察呈多形性，球杆状或丝状。革兰氏染色阴性，姬姆萨染色多呈蓝紫色或淡蓝色。该类病原体对理化因子的抵抗力不强，56 ℃环境40分钟能杀灭病原。

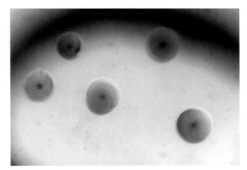
图 3.14 羊支原体分离培养特性，油煎蛋状（中央乳头状突起），中心脐明显

【防治措施】 除加强一般措施外，关键的防治措施是防止引入病羊和带菌羊。新引进羊只必须隔离检疫 1 个月以上，确认健康时方可混入大群，之后使用疫苗进行免疫接种。本病病原对红霉素、四环素、泰乐菌素敏感。对病羊、可疑病羊和假定健康羊分群隔离和治疗，对被污染的羊舍、场地、用具和病羊的尸体、粪便等，应进行彻底消毒或无害处理，在采取上述措施的同时须加强护理对症疗法。

（本病图片提供：张克山）

三、羊巴氏杆菌病

羊巴氏杆菌病是由多杀性巴氏杆菌引起的一种急性、烈性传染疾病，临床表现为败血症和出血性炎症，呼吸困难也是本病的特征之一。

【流行特点】 病羊和带菌羊是本病的主要传染源。本病经呼吸道、消化道和损伤的皮肤感染，也可通过吸血昆虫感染。本病的发生不分季节，但以冷热交替、气候剧变、湿热多雨的春、秋季节发病较频繁，呈内源性感染并呈散发或地方性流行。

【主要症状】 本病多发于羔羊，最急性型多发生于哺乳羔羊，也偶见于成年羊，发病突然，病羊出现寒颤、虚弱、呼吸困难等症状，可在数分钟至数小时内死亡。急性型表现为体温升高到 40~42 ℃，呼吸急促，咳嗽，鼻孔常有带血的黏性分泌物排出；病羊常在严重腹泻后虚脱而死（图 3.15）。慢性型主要见于成年羊，表现为呼吸困难，咳嗽，流黏性脓性鼻液。

图 3.15　巴氏杆菌病羊腹泻

【病理变化】　死羊剖检可见肺门淋巴结肿大、颜色暗红、切面外翻、质脆。肺充血、瘀血、颜色暗红、体积肿大，肺间质增宽（图 3.16），肺实质有相融合的出血斑或坏死灶（图 3.17）。肺胸膜、肋胸膜及心包膜发生粘连；胸腔内有橙黄色渗出液（图 3.18）；心包腔内有黄色浑浊液体，有的羊冠状沟处有针尖大出血点（图 3.19）。

【诊断】　根据流行病学、临床症状、病理变化和组织学特征可做出初步诊断。病原学

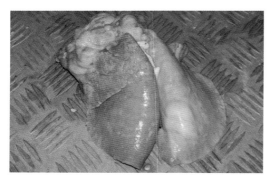

图 3.16　巴氏杆菌肺炎，肺间质增宽

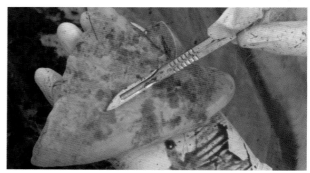

图 3.17　巴氏杆菌肺炎，出血斑或坏死灶

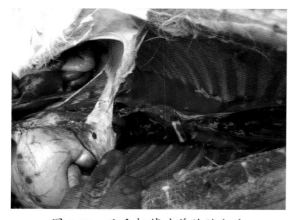

图 3.18　巴氏杆菌病羊胸腔积液

图 3.19　巴氏杆菌病羊心脏冠状沟出血

诊断包括染色镜检、分离培养、生化鉴定等。

【鉴别诊断】 本病应与羊支原体肺炎进行鉴别诊断。

【病原特点】 多杀性巴氏杆菌属于巴氏杆菌科，该菌为两端钝圆、中央微突的短杆菌或球杆菌。常用消毒剂有 3% 苯酚溶液、3% 甲醛、10% 石灰乳、0.5%~1% 氢氧化钠溶液、2% 甲酚皂溶液等。

【防治措施】 加强饲养管理，坚持自繁自养，羊群避免拥挤、受寒和长途运输，消除可能降低机体抗病力的因素，羊舍、围栏要定期消毒。

（本病图片提供：张克山）

四、羊结核病

羊结核病是由结核分枝杆菌引起的一种慢性、人兽共患性传染病，其主要特征是在多种组织器官形成肉芽肿和干酪样、钙化结节病变。

【流行特点】 患有结核病的病羊为主要传染源，病羊排泄物和分泌物含有大量的结核杆菌，如果污染了的饲料和饮水，容易使其他正常羊只感染。结核杆菌可通过呼吸道、消化道或损伤的皮肤侵入机体，引起多种组织器官的结核病灶，通过呼吸道引起羊结核病最多，是该菌入侵的主要途径。羊结核病一般呈散发或地方性流行，季节性不明显，发病程度和羊饲养密度及环境密切相关。同时羊的饲养条件、羊的体况和品种也对结核病的发生有较大影响，奶山羊一般易感结核杆菌病。

【主要症状】 山羊结核病，后期或病重时皮毛干燥，食欲减退，精神不振，全身消瘦。偶排出黄色稠鼻涕，甚至含有血丝，湿性咳嗽，肺部听诊有明显的湿啰音。有的病羊淋巴结发硬、肿大，乳房有结节状溃疡。

【病理变化】 病羊肺脏表面聚集有黄色或白色结节性脓肿（图 3.20），喉头和气管黏膜偶见有溃疡。病羊偶见心包膜内有大小不等的结节，内含有豆渣样的内容物。肝脏表面有大小不等的脓肿，或者聚集成片的小结节（图 3.21）。

【诊断】 在羊群中发现有进行性消瘦、咳嗽、慢性乳腺炎、顽固性下痢以及体表淋巴结肿胀等临诊症状，可做出初步诊断。世界动物卫生组织（OIE）推荐的诊断方法为结核菌素试验。

【鉴别诊断】 本病在临床症状上应与慢性支原体肺炎和慢性巴氏杆菌进行鉴别诊断。

【病原特点】 本病由分枝杆菌属的 3 个种（结核分枝杆菌、牛分枝杆菌和禽分枝杆菌）引起，这三种分枝杆菌，统称为结核杆菌。常用的消毒方法有加热消毒、紫外线消毒和 75% 乙醇消毒。

【防治措施】 对新引进的羊群做结核菌素试验，隔离观察没有问题后再放入大群或者正常羊圈舍饲养，坚决杜绝输入性发病。治疗药物有利福平、乙胺丁醇、异烟肼、链霉素等。

图 3.20 肺脏切面白色结节性脓肿

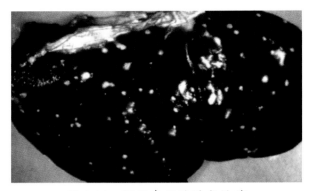

图 3.21 肝脏表面脓肿或结节

（本病图片提供：丁伯良等）

五、羊链球菌病

本病是由链球菌引起的一种急性、热性、败血性传染病，也称羊败血性链球菌病，临床以咽喉部及下颌淋巴结肿胀、大叶性肺炎、呼吸异常困难、出血性败血症、胆囊肿大为特征。

【流行特点】 病羊和带菌羊是本病的主要传染源。该病菌主要经呼吸道或损伤皮肤传播，主要发生于绵羊，山羊次之。新疫区常呈流行性发生，老疫区则呈地方性流行或散发性流行。多在冬、春季节发病，死亡率达 80% 以上。

【主要症状】 最急性型病羊没有明显临床症状，多在 24 小时内死亡。急性型病例表现为病羊体温升高到 41 ℃，精神沉郁，食欲废绝，反刍停止，流涎，呼吸困难，弓背，不愿走动，鼻孔流浆液性、脓性分泌物（图 3.22）。个别病例可见眼睑、面颊及乳房等部位肿胀（图 3.23），咽喉肿胀，颌下淋巴结肿大。病羊死前有磨牙、抽搐等神经症状。病程 1~3 天。亚急性型表现为体温升高，食欲减退，不愿走动，呼吸困难，咳嗽，鼻流黏性透明鼻液，病程 7~14 天。慢性型一般轻度发热，消瘦，食欲减退，步态僵硬，有些病羊出现关节炎或关节肿大（图 3.24），病程 1 个月左右。

图 3.22 羊链球菌性透明鼻涕

图 3.23 羊链球菌性面颊肿胀

【病理变化】　病理变化主要以败血性症状为主；各脏器广泛出血，尤以膜性组织（大网膜、胸膜、腹膜、肠系膜等）最为明显；扁桃体水肿、肠系膜淋巴结肿大（图3.25，图3.26）；咽喉部黏膜高度水肿、出血；上呼吸道卡他性炎，气管黏膜出血；肺实质出血、肝变，呈大叶性肺炎（图3.27），胸腔内有黏性渗出物；肝脏肿大，表面有出血点；胆囊肿大，胆汁外渗；肾脏质地变脆、肿胀、被膜不易剥离。

图 3.24　羊链球菌性关节炎

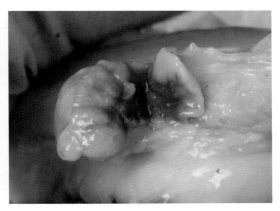

图 3.25　扁桃体水肿

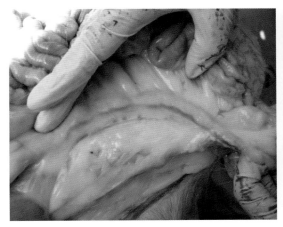

图 3.26　肠系膜淋巴结肿大

图 3.27　羊链球菌性肺炎

【诊断】　结合流行病学资料和咽喉肿胀，颌下淋巴结肿大，有呼吸困难等呼吸道症状，剖检见到全身败血性变化，各脏器浆膜面常覆有黏稠、丝状的纤维素样物质等变化，可初步进行诊断。实验室诊断为细菌镜检、分离鉴定、动物接种试验和聚合酶链反应（PCR）。本病与羊巴氏杆菌病、羊快疫等疾病在临床表现和病理变化上有很多相似之处，应进行鉴别。

【鉴别诊断】　本病在临床症状上应与败血型巴氏杆菌进行鉴别诊断。

【病原特点】　羊链球菌属于链球菌科、链球菌属、马链球菌兽疫亚种。本菌呈球状或卵球状，革兰氏染色阳性（图3.28）。有荚膜，无鞭毛，不运动，不形成芽孢。在血液、脏器等病料中多呈双球状排列，也可单个菌体存在，偶见3~5个菌体相连的短链（图3.29）。

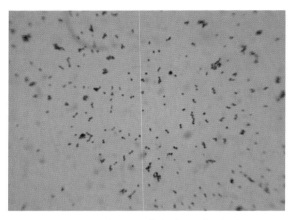 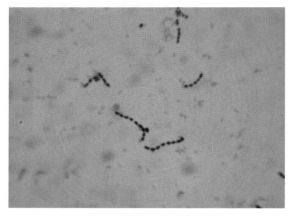

图 3.28　羊链球菌染色观察（1）　　　图 3.29　羊链球菌染色观察（2）

羊链球对外环境抵抗力较强，对一般消毒药抵抗力弱，常用的消毒药如 2% 苯酚溶液、2% 甲酚皂溶液及 0.5% 漂白粉都有很好消毒效果。

【防治措施】　加强饲养管理，不从疫区购进羊和羊肉、皮毛等产品。在每年发病季节到来前，要及时进行疫苗预防接种。对发病羊尽早进行治疗，被污染的围栏、场地、用具、圈舍等用 20% 石灰乳、3% 甲酚皂溶液等彻底消毒，病死羊进行无害化处理。早期可选用磺胺类药物治疗，重症羊可先肌内注射尼可刹米，以缓解呼吸困难，再用盐酸林可霉素、特效先锋等抗菌药物，加入维生素 C、地塞米松，进行静脉注射。对于局部出现脓肿的病羊可配合以局部治疗，将脓肿切开，清除脓汁，然后清洗消毒，涂抗生素软膏。

（除特殊标注外，本病图片提供：张克山）

六、羊梅迪 - 维斯纳病

羊梅迪 - 维斯纳病是由梅迪 - 维斯纳病毒（MVV）引起的一种慢性进行性、接触性传染病，特征是潜伏期长、病程缓慢，临床表现为间质性肺炎或脑膜炎。

【流行特点】　患病动物和带毒动物是本病的主要传染源。经呼吸道、直接接触和胎盘及乳汁传播。多见于 2 岁以上的成年绵羊。一年四季均可发生，在羊群中呈缓慢性散发，饲养密度过大则可加速本病的传播。

【主要症状】　临床症状为肺炎、干咳、喘息和消瘦，病程较慢。听诊时在肺背侧可听见啰音，叩诊时在肺的腹侧发现实音，体温一般正常。

【病理变化】　该病的病理变化以淋巴组织增生为特征。脑组织小动脉和关节出现变性退化。

【诊断】　根据临床症状和流行特点做出初步诊断，实验室诊断主要依据是针对病原 *gag* 和 *pol* 基因的特异性 RT–PCR，以及琼脂扩散试验、补体结合试验、病毒中和试验等。

【鉴别诊断】　临床上应与羊肺腺瘤病进行鉴别诊断。

【病原特点】　梅迪 - 维斯纳病毒在分类上属于反转录病毒科、慢病毒属。该病毒成熟的病毒颗粒呈球状。电子显微镜下观察病毒颗粒为圆形或六角形。病毒颗粒直径为 80~120 nm，本病毒对乙醚、氯仿、乙醇、过碘酸盐和胰酶敏感。病毒可被 2% 甲醛、4% 苯酚和 50% 乙醇灭活。

【防治措施】　应采取综合性生物安全措施，防止引种输入该病，目前尚无特效药物和疫苗可供使用，只能采取对症治疗。

七、绵羊肺腺瘤

绵羊肺腺瘤是由绵羊肺腺瘤病毒（OPAV）引起的一种慢性、进行性、接触性肺脏肿瘤性疾病，以患羊咳嗽、呼吸困难、消瘦、大量浆液性鼻漏、Ⅱ型肺泡上皮细胞和肺部上皮细胞肿瘤性增生为主要特征，又称绵羊肺癌（驱赶病）。

【流行特点】　不同品种、性别和年龄的绵羊均能发病，山羊偶尔发病。病毒通过病羊咳嗽和喘气排出，经呼吸道传播，也有通过胎盘传染而使羔羊发病的报道。羊群长途运输、尘土刺激、细菌及寄生虫侵袭等均可诱发本病的发生。本病可因放牧赶路而加重，故又称驱赶病。3~5 岁的成年绵羊发病较多。

【主要症状】　早期病羊精神不振，被毛粗乱，逐渐消瘦，结膜呈白色，无明显体温反应。出现咳嗽、喘气、呼吸困难等症状。在剧烈运动或驱赶时呼吸加快。后期呼吸快而浅，吸气时常见头颈伸直，鼻孔扩张，张口呼吸。病羊常有混合性咳嗽，呼吸道泡沫状积液是本病的特有症状，听诊时呼吸音明显，容易听到升高的湿性啰音。当支气管分泌物聚积在鼻腔时，则随呼吸发出鼻塞音。若头下垂或后躯居高时，可见到泡沫状黏液和鼻中分泌物从鼻孔流出（图 3.30），严重时病羊鼻孔中可排出大量泡沫样液体（图 3.31）。感染羊群的发病率为 2%~4%，病死率接近 100%。

【病理变化】　剖检变化主要集中在肺脏和气管。病羊的肺脏比正常羊大 2~3 倍（图 3.32，

图 3.30　病羊鼻腔内流出泡沫　　　　图 3.31　病羊鼻腔内流出的液体

图3.33）。在肺的心叶、尖叶和膈叶的下部，可见大量灰白色乃至浅黄褐色结节，其直径1~3 cm，外观圆形，质地坚实，密集的小结节发生融合，形成大小不一、形态不规则的大结节（图3.34）。气管和支气管内有大量泡沫（图3.35，图3.36）。组织学变化可见肺脏胶原纤维增生（图3.37）和肺脏Ⅱ型肺泡上皮细胞大量增生，形成许多乳头状腺癌灶，乳头状的上皮细胞突起向肺泡腔内扩张（图3.38）。

图 3.32　病羊肺脏肿大（1）

图 3.33　病羊肺脏肿大（2）

图 3.34　病羊肺脏可见结节

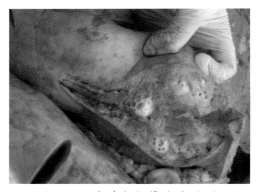

图 3.35　病羊支气管泡沫（1）

图 3.36　病羊气管内泡沫（2）

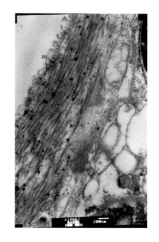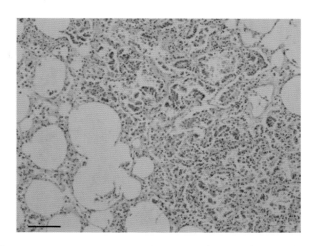

图 3.37　投射电镜下肺脏胶原纤维增生　图 3.38　肺脏Ⅱ型肺泡上皮细胞增生（200×）

【诊断】　根据病史、临床症状、病理剖检和组织学变化可做出初步诊断。病原学诊断包括特异性病原的检测、动物接种试验和 PCR 技术。本病常与羊巴氏杆菌病、蠕虫性肺炎等羊的临床症状相似，应注意鉴别诊断。

【鉴别诊断】　本病应与巴氏杆菌进行鉴别诊断。

【病原特点】　绵羊肺腺瘤病毒属于反转录病毒科、乙型反转录病毒属的 D 型或 B/D 嵌合型反转录病毒。本病毒不易在体外培养，可通过病料经鼻、气管接种易感绵羊，发病后从肺脏及其分泌物中获得病毒。病毒核衣壳直径为 95~115 nm，其外有囊膜（图 3.39，图 3.40）。OPAV 对外界抵抗力不强，对氯仿和酸性环境敏感，56 ℃环境下 30 分钟可将其灭活。

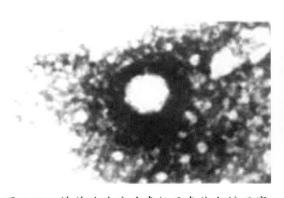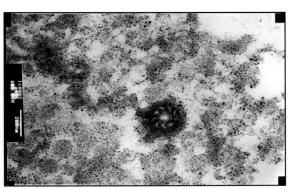

图 3.39　绵羊肺腺瘤病毒粒子负染电镜观察　图 3.40　绵羊肺腺瘤病毒粒子透射电镜观察

【防治措施】　本病目前尚无有效疗法和针对性疫苗。发病时病羊应全部屠宰并做无害化处理。在非疫区，严禁从疫区引进绵羊和山羊。引进种羊时，须严格检疫后隔离，进行长时间观察，做定期临床检查，如无异常症状再行混群。平时应加强饲养管理，注重环境卫生，减少诱发本病的因素。

（本病图片提供：张克山）

八、肺线虫病

肺线虫病是由网尾科网尾属的丝状网尾线虫和原圆科的多种线虫寄生在羊等反刍动物（牛、羊、骆驼等）的气管、支气管、细支气管内至肺实质引起的疾病。该病的主要特征为群发性的咳嗽，咳出的黏液团块中含有虫卵和幼虫，体温一般正常。

丝状网尾线虫虫体较大，其引起的疾病又称大型肺线虫病；原圆科的虫体较小，其引起的疾病又称小型肺线虫病。

【流行特点】 幼虫对热和干燥敏感，炎热季节对其生存不利，干燥和直射阳光下可迅速死亡。幼虫耐低温，在 4~5 ℃时就可发育，且可保持活力达 100 天之久，感染性的幼虫即使在积雪覆盖的环境下仍能生存，成年羊易感性比较高，蚯蚓可做其贮藏宿主。原圆科线虫的第一期幼虫可在粪便和土壤中生存几个月。该病多见于潮湿地区，常呈地方性流行。

【主要症状】 羊群的首发症状是咳嗽，先是个别羊只发生咳嗽，继而成群发作，尤其是羊被驱赶和夜间休息时症状明显，可听到羊群的咳嗽声和拉风箱似的呼吸声。咳出的痰液镜检可见幼虫或虫卵。患羊逐渐消瘦，被毛干枯，贫血，头胸部和四肢水肿，呼吸困难，体温一般不高；当病情加剧和接近死亡时，呼吸困难加剧、干咳、迅速消瘦，死于肺炎或者并发症。羔羊一般症状较为严重，感染轻微的羊和成年羊常为慢性感染，症状不明显。网尾科线虫和原圆科线虫并发感染时，可造成羊群大量死亡。

【病理变化】 剖检可见气管、细支气管中有黏性、脓性并混有血丝的分泌物，其中有白色线虫（成虫、幼虫），支气管黏膜混浊、肿胀，有小豆状出血点。肺有不同程度的气肿，膨胀不全。虫体寄生部位的肺表面隆起，呈灰白色，触诊有坚硬感，切开可见虫体。原圆科线虫的虫卵和幼虫可引起灶状支气管肺炎（图 3.41）。

【诊断】 取痰液或鼻液于显微镜下检查，发现虫卵（图 3.42）或幼虫即可确诊；粪便检查用幼虫分离法，检出第 1 期幼虫即可确诊。第 1 期幼虫头端钝圆，有 1 个扣状结节，尾端细而钝，体内有黑色颗粒。

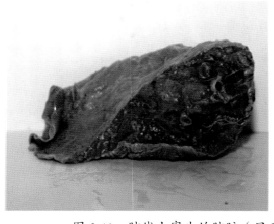

图 3.41 肺线虫寄生的肺脏（显示气管中有线虫，出现管壁增厚）

【**病原特点**】 网尾线虫均呈乳白色丝线状。口囊小，口缘有4个小唇片。交合伞的前侧肋独立，中、后侧肋融合，外背肋独立，背肋分为二枝，每枝末端又分为2~3个小枝。交合刺黄褐色，呈等长短粗的靴状多孔性构造，有一个多泡性构造的椭圆形引器。阴门位于体中部。卵胎生，虫卵无色，椭圆形，内含一幼虫。

丝状网尾线虫寄生于山羊、绵羊、骆驼及一些野生反刍兽支气管及气管和细支气管内，主要危害羔羊。雄虫长30 mm，融合的中、后侧肋末端分叉。雌虫长为35~44.5 mm，虫卵为（120~130）×（70~90）μm。1期幼虫头端有1个小的扣状结节，卵胎生。

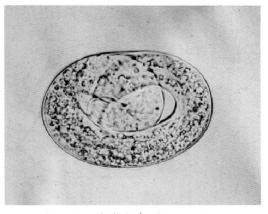

图3.42 肺线虫卵（120~130×70~90μm）含已经发育的幼虫

【**防治措施**】

1. 预防

（1）该病流行区内，每年应对羊群进行两次普遍驱虫，由放牧转舍饲前进行一次驱虫，使羊只安全过冬，2月初再进行一次驱虫。驱虫治疗期应收集粪便进行生物热处理。

（2）实行划区轮牧，羔羊与成羊应分群放牧，避免在低湿沼泽地区牧羊。

（3）饮用流动水或井水，保证饮水清洁。

（4）冬季羊群应适当补饲，补饲期间，每隔1天可在饲料中加入硫化二苯胺或者阿维菌素，让羊自由采食，能大大减少病原感染的机会。

2. 治疗 丙硫咪唑，一次量，每千克体重，羊10~15 mg，口服，该药对各种肺线虫均有良效。苯硫咪唑，每千克体重，5 mg，口服。左旋咪唑，一次量，每千克体重，羊8~10 mg，口服。阿维菌素或者伊维菌素，每千克体重，0.2 mg，口服或者皮下注射。

（本病图片提供：河南农业大学寄生虫学实验室）

九、羊吸入性肺炎

吸入性肺炎是羊将异物吸入肺部从而引起肺局部坏死，坏死组织分解形成所谓坏疽的一种病症，因而该病又称异物性肺炎或坏疽性肺炎。

【**病因**】 本病多因呼吸道中吸入或误咽入异物，如小块的饲料、黏液、血液、脓液、呕吐物、反刍物和其他异物所引起。

投药方法不得当是引起该病的主要原因之一，如投药时头抬得过高、速度过快，造成吞咽困难，使药物误入气管引起发病。

羊吞咽功能失调时也可引起吸入性肺炎。羊患急性咽炎或咽区脓肿等疾患时，若试图采食和饮水，极易将异物吸入呼吸道引起发病。

吸入性肺炎也发生于由尖锐物体引起的肺组织创伤，如肋骨骨折、外伤，以及发生在吞咽尖锐的物体（钉、针）时尖锐外物经创伤侵入肺组织，同时带入腐败细菌等而发生。

此外，药浴驱虫时，如果操作不当，药液吸入气管，投药管投错部位等均可引起本病的发生。

【主要症状】 在临床上主要以呼吸困难、呼出恶臭气体、流脓性味臭的鼻液、听诊出现明显啰音为典型特征。

【诊断】 发病急促，体温迅速升高，达 40 ℃，为弛张热。呼吸困难，脉搏增速，呈腹式呼吸，痛性咳嗽，初期干咳，随着病情的发展转变为湿咳。病羊精神沉郁，食欲减退或废绝。肺部听诊有明显湿啰音，叩诊肺区呈浊音。

鼻腔流出浆液性或黏脓性鼻液，呼出恶臭气体是本病的主要特征之一。流出的鼻液恶臭而污秽，呈褐灰带红或污绿色，当羊低头或咳嗽时鼻液量大，将其收入到大玻璃试管中可分为三层。上层为黏液性的，有气泡；中层是浆液性的并含有絮状物；下层为脓液，混有很多小的或大的肺组织碎块。有时可见吸入的异物。将流出的液体混于 10% 氢氧化钠溶液，煮沸后离心，把沉淀物进行镜检，可看到肺组织内的弹力纤维，这是本病的又一特征。

血液检查时，白细胞总数增多（1.5~2）× 10^{10} 个 /L，嗜中性粒细胞增加，核左移。后期发展为脓毒血症时，造血器官受影响导致白细胞下降，核右移。

X 光检查，可见到被浸润组织轻微局限性阴影。

【预防】 由于该病发病急、病死率高，主要以预防为主。

（1）掌握正确投药方法，投药时要确定胃管进入胃部，方可灌入药液。对有呼吸困难、吞咽障碍病症的患羊，不要经口投药。

（2）经口投药或灌药时，尽量放低头部，速度要缓慢，药量要控制在一定范围，保证羊能一次下咽，防止呛入气管。

（3）绵羊药浴时，药浴池要规范，药液不能太深，头在药液中的时间不宜过长，以防吸入药液。

【治疗】 以排出异物、抗菌消炎、防止肺组织腐败分解为主要治疗原则。

（1）使羊保持安静，尽量站在高坡上头向下，尽最大可能咳出吸入的异物。同时反复注射兴奋呼吸的药物如樟脑制剂，每 4~6 小时一次，并及时注射 2% 盐酸毛果芸香碱，使气管分泌物增加，促使异物的排出。

（2）不论吸入的是何种异物，都要立即应用抗生素，常用的有青霉素 80~160 万 U，链霉素 0.5~1 g，肌内注射 2~3 次 / 天，连用 5~7 天。也可用 10% 磺胺嘧啶钠注射液 20~50 mL，混于 500 mL 糖盐水中，静脉注射 2 次 / 天，连用 5~7 天。

（3）在治疗过程中还要根据病羊的实际病情对症下药，为增强心脏功能而使用樟脑磺酸钠 5~10 mL，皮下注射或肌内注射，连用几天。

（4）对症治疗还包括解热镇痛、调节酸碱和电解质平衡、补充能量等。

羊呼吸系统疾病类症鉴别要点见表 3.1。

表 3.1 羊呼吸系统疾病类症鉴别要点汇总

病名	病原	流行特点	主要临诊症状	特征病理变化	实验室诊断	防治
羊小反刍兽疫	小反刍兽疫病毒	本病多发于多雨季节和干燥寒冷季节。患病动物和隐性感染动物为主要传染来源，也可通过直接、间接接触方式传播，呼吸道为主要感染途径。主要感染山羊、绵羊等小反刍兽，不同品种的羊敏感性有差别，通常山羊比绵羊更易感	感染动物烦躁不安，背毛无光，口鼻干燥，食欲减退。流黏液脓性鼻漏，呼出恶臭气体，口腔黏膜充血，出现坏死性病灶，带血水样腹泻，脱水严重，消瘦，体温下降，出现咳嗽、呼吸异常	剖检可见结膜炎、坏死性口炎和肺炎症状，病变部常出现有规则、有轮廓的糜烂，创面红色、出血。结肠、直肠结合处呈特征性线状出血或斑马样条纹。淋巴结肿大，脾有坏死性病变。在鼻甲、喉、气管等处有出血斑	病毒分离培养、病毒中和实验（VNT）、酶联免疫吸附试验（ELISA）和 RT-PCR 分子检测技术	使用弱毒疫苗进行免疫预防接种。一旦发病应严密封锁疫区，隔离消毒，扑杀患畜
羊传染性胸膜肺炎	丝状支原体	呈地方性流行，接触传染性很强。阴雨连绵，寒冷潮湿，羊群密集、拥挤等因素有利于飞沫传染的发生。该病多发生于圈养舍，发病后病死率高。新疫区暴发，主要是引进带菌羊在羊群传染，发病率和病死率均高	发热、咳嗽、浆液性和纤维蛋白性肺炎及胸膜炎	肺脏可呈现红色、灰白色和黄色，出现特有的大理石样外观。肺脏和胸壁粘连，胸腔和肺脏表面可见干酪样沉积物。慢性病例肺脏发生坏死。肺肝变区机化，结缔组织增生，甚至有包囊化的坏死灶	细菌学检查、补体结合试验、间接血凝试验（IHA）、乳胶凝集试验（LAT）	坚持自繁自养、免疫接种制度。羊的尸体进行彻底消毒和无害化处理
羊巴氏杆菌病	多杀性巴氏杆菌	本病的发生不分季节，但以冷热交替、气候剧变、湿热多雨的春、秋季节发病较频繁，呈内源性感染并呈散发或地方性流行；本病可经呼吸道、消化道和损伤的皮肤感染，也可通过吸血昆虫传染	分为最急性、急性和慢性三种。最急性多见于哺乳羔羊；急性病羊精神沉郁，体温升高，咳嗽，鼻孔常有出血，严重腹泻后虚脱而死；慢性型主要见于成年羊，表现呼吸困难，咳嗽，流黏性脓性鼻液	肺充血、瘀血、颜色暗红、体积肿大、肺间质增宽、肺实质有相融合的出血斑或坏死灶；肺胸膜、肋胸膜及心包膜发生粘连；胸腔内约有橙黄色渗出液	染色镜检、分离培养、生化鉴定	加强饲养管理，坚持自繁自养，羊群避免拥挤、受寒和长途运输，消除可能降低机体抗病力的因素，羊舍、围栏要定期消毒

续表

病名	病原	流行特点	主要临诊症状	特征病理变化	实验室诊断	防治
羊结核病	结核分枝杆菌	呈散发或地方性流行，季节性不明显，发病程度和羊饲养密度及环境密切相关。同时羊的饲养条件、羊的体质和品种也对结核病的发生有较大影响，奶山羊一般易感结核杆菌病。患有结核病的病羊为主要传染源，呼吸道、消化道或损伤的皮肤为主要的传播途径	后期或病重时皮毛干燥，食欲减退，精神不振，全身消瘦。偶排出黄色稠鼻涕，甚至含有血丝，湿性咳嗽，肺部听诊有明显的湿啰音。有的病羊淋巴结发硬、肿大，乳房有结节状溃疡	肺脏表面聚集有黄色或白色结节性脓肿，喉头和气管黏膜偶见有溃疡。病羊偶见心包膜内有大小不等的结节，内含有豆渣样的内容物。肝脏表面有大小不等的脓肿，或者聚集成片的小结节	可通过羊只出现进行性消瘦、咳嗽、慢性乳腺炎、顽固性下痢以及体表淋巴结肿胀等临诊症状做初步诊断，但应与慢性型支原体肺炎和慢性型巴氏杆菌进行鉴别诊断	对新引进的羊群做结核菌素试验，隔离观察没有问题后再放入大群或者正常羊圈舍饲养，坚决杜绝输入性发病。治疗药物有利福平、乙胺丁醇、异烟肼、链霉素等
羊链球菌病	链球菌	主要发生于绵羊，山羊次之。新疫区常呈流行性发生，老疫区则呈地方性流行或散发性流行。多在冬、春季节发病	体温升高、咳嗽，鼻流黏性透明鼻液，关节炎、关节肿大	以败血性症状为主，各脏器广泛出血；肺实质出血，肝变，呈大叶性肺炎	细菌镜检、分离鉴定、动物接种试验和聚合酶链反应	加强饲养管理，不从疫区购进羊和羊肉、皮毛等产品。及时进行疫苗预防接种。对发病羊尽早进行治疗
羊梅迪-维斯纳病	梅迪-维斯纳病毒	主要传染源为患病动物和带毒动物，可经呼吸道、直接接触和胎盘、乳汁传播。一年四季均可发生，在羊群中呈缓慢性散发，多见于2岁以上的成年绵羊，饲养密度过大则有助于本病的传播	临床症状为肺炎、干咳、喘息和消瘦，病程较慢。听诊时在肺背侧可听见啰音，叩诊时在肺的腹侧发现实音，体温一般正常	以淋巴组织增生为特征。脑组织小动脉和关节出现变性退化	可根据临床症状和流行特点初步诊断，实验室诊断主要是针对病原 gag 和 pol 基因的特异性RT-PCR，以及琼脂扩散试验、补体结合试验及病毒中和试验等	采取综合性生物安全措施防止引种输入该病，目前尚无特效药物和疫苗可供使用，只能采取对症治疗
绵羊肺腺瘤	绵羊肺腺瘤病毒	不同品种、性别和年龄的绵羊均能发病，山羊偶发。经呼吸道横向或胎盘垂直传染。长途运输、尘土刺激等不利因素可诱发本病的发生。3~5岁的成年绵羊发病较多	出现咳嗽、喘气、呼吸困难。病羊常有混合性咳嗽，呼吸道泡沫状积液是本病的特有症状，因分泌物聚积在鼻腔而发出鼻塞音。低头可见到泡沫状黏液和鼻中分泌物从鼻孔流出	肺脏扩大、心叶、尖叶和膈叶的下部，可见大量灰白色至浅黄褐色结节及大结节。气管和支气管内有大量泡沫。肺脏胶原纤维增生和肺脏II型肺泡上皮细胞大量增生，形成乳头状腺癌灶	特异性病原体的检测、动物接种试验和PCR技术	尚无有效疗法和针对性疫苗。病羊全部屠宰并做无害化处理。严禁从疫区引进绵羊和山羊。减少诱发本病的各种因素

续表

病名	病原	流行特点	主要临诊症状	特征病理变化	实验室诊断	防治
羊肺线虫病	丝状网尾线虫	多见于潮湿地区，常呈地方性流行	羊群的首发症状是咳嗽，先是个别继而成群发作，羊被驱赶和夜间休息时尤甚。患羊逐渐消瘦，被毛干枯，贫血，头胸部和四肢水肿，呼吸困难；当病情加剧和接近死亡时，呼吸困难加剧、干咳、迅速消瘦，死于肺炎或者并发症	支气管肺炎，肺有不同程度的气肿、肺膨胀不全。虫体寄生部位的肺表面隆起，呈灰白色，触诊有坚硬感，切开可见虫体	痰液或鼻液于显微镜下检查，发现虫卵或幼虫即可确诊；粪便用幼虫分离法检出第1期幼虫亦可确诊	流行期内，预防/治疗性驱虫；轮牧、成幼分牧、避免在低湿地带牧羊。饮用清洁水，冬季适当补饲
羊吸入性肺炎	无特定病原	羊将异物吸入肺部，引起局部坏死、变性等导致的呼吸系统病症	发病急促，体温迅速升高，达40℃，为弛张热。呼吸困难，由干咳发展至湿咳、呼出恶臭或异味的气体，流浆性、脓性鼻液	根据病程长短，从炎症反应到肺坏疽（尖锐异物导致）	听诊出现明显啰音，流出的鼻液处理后可见肺组织内的弹力纤维。血液检测，白细胞总数和中性粒细胞增多	管理细致，投药或者药浴时小心操作，避免发生误入

第四章　消化系统疾病类症鉴别与诊治

一、生物性消化系统病

（一）羊肠毒血症

羊肠毒血症是由 D 型产气荚膜梭菌引起的羊的一种急性传染病，特征为腹泻、惊厥、麻痹和突然死亡，俗称"血肠子病"。

【病原特点】　D 型产气荚膜梭菌，分类上属芽孢杆菌科梭菌属。本菌为革兰氏染色阳性大杆菌，长 2~8 μm，宽 1~1.5 μm，多为单个存在，有时排列成对或短链，具有圆或渐尖末端。该菌严格厌氧，对营养要求不高，厌氧培养生长繁殖极快，呈汹涌发酵状。

【流行特点】　发病羊和带菌羊为本病传染源，D 型产气荚膜梭菌随病羊粪便排到饮水、饲草、饲料中，成为羊患肠毒血症的传染来源。绵羊发生较多，山羊相对较少。本病有明显的季节性和条件性，春初、夏初至秋末多发，多雨季节、气候骤变、地势低洼等都可诱发本病。

【主要症状】　最急性型表现为突然腹泻，随即倒卧在地，目光凝视，呼吸困难，磨牙，口鼻流血，口中流出大量涎水，稀便频繁且量多，四肢僵硬，后躯震颤，呈显著的疝痛症状，一般于 1~2 小时内哀叫死亡，严重者高高跃起后坠地死亡。急性型表现为急剧下痢，粪便呈黄棕色或暗绿色粥状（图 4.1），继而全呈黑褐色稀水。后期表现为肌肉痉挛样神经症状，并有感觉过敏、流涎、上下颌"咯咯"作响等症状。病情缓慢者，起初厌食，反刍、嗳气停止，流涎，腹部膨大，腹痛，排稀粪。粪便恶臭，呈黄褐色，糊状或水样，混有黏液或血丝。

【病理变化】　病羊死后解剖可见胸腔、腹腔、心包积液，心肌松软，心内外膜有出血点，肠鼓气（图 4.2，图 4.3）。以肾脏肿胀柔软呈泥状病变最具特征（图 4.4，图 4.5）。重症者整个肠壁呈红色（图 4.6）。

【诊断】　根据流行特点、临床症状和病理变化可做出初步诊断，确诊需进一步做实验室微生物学检查，以判断肠内容物中有无毒素存在。羊肠毒血症、羊快疫、羊猝狙、羊黑疫等梭菌性疾病病程短促、病状相似，在临床上与羊炭疽有相似之处，应注意鉴别诊断。另外，羊肠毒血症与羔羊痢疾、羔羊大肠杆菌病、沙门氏杆菌病在临床均表现为下痢，也应注意区别。确诊本病需在肠道内发现大量 D 型产气荚膜梭菌，肾脏和其他脏器内发现 D 型产气荚膜梭菌。

图 4.1　病羊拉黄棕色粪便

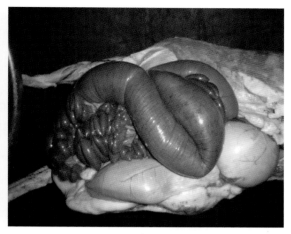

图 4.2　病羊肠鼓气（1）

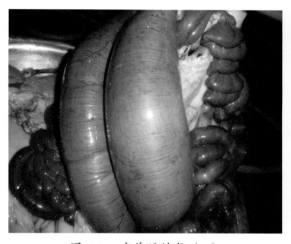

图 4.3　病羊肠鼓气（2）

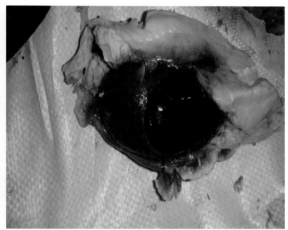

图 4.4　病羊肾脏柔软

图 4.5　病羊肾脏柔软如泥

图 4.6　病羊肠壁出血

ELISA 作为国际公认的检测方法，已在本病的诊断过程中被广泛应用。

【鉴别诊断】 本病在临床症状上应与羊炭疽、羊快疫、羊猝狙、羊黑疫以及羔羊痢疾进行鉴别诊断。

【防治措施】 在本病常发地区，每年 4 月注射 "羊快疫、羊猝狙、羊肠毒血症" 三联菌苗进行预防。一旦发生疫情，首先应用疫苗进行紧急免疫，对发病羔羊可用抗血清或抗毒素治疗。迅速转移牧地，少喂青饲料，多喂粗饲料。同时应隔离病畜，对病死羊要及时进行无害化处理，环境进行彻底消毒，以防止病原扩散。对于病程稍长的羊群可用磺胺咪等药物对症治疗。

（本病图片提供：张克山）

（二）羔羊痢疾

羔羊痢疾是由大肠杆菌引起的一种败血症和严重腹泻性疾病，主要特征为腹泻。

【病原特点】 该病原属肠杆菌科、埃希氏菌属中的大肠埃希氏菌，革兰氏阴性，菌体呈直杆状，两端钝圆，有的近似球杆状（图 4.7）。菌体对一般性染料着色良好，两端颜色略深。菌株体表面有一层具有黏附性的纤毛（图 4.8），这种纤毛是一种毒力因子。

【流行特点】 患病羊和带菌羊是本病的主要传染源，本病可水平传播和垂直传播。本病一年四季均可发生，多发生于出生数天至 6 周龄的羔羊，有些地方 3~8 月龄的羊也偶有发生；呈地方性流行，也有散发的。但是整个羔羊群传染非常快，病死率也很高，对整个母羊群羔羊成活率影响非常大。

【主要症状】 该病多发于 2~8 日龄的羔羊。病初体温升高至 40~41 ℃，不久即下痢，体温降至正常或微热。粪便开始呈黄色或灰色半液状，后呈液状，含气泡，有时混有血液和黏液，肛门周围、尾部和臀部皮肤沾有粪便（图 4.9）。病羔腹痛、背躬、虚弱、严重的脱水、衰竭、卧地不起，有时出现痉挛。如治疗不及时，可在 24~36 小时死亡，病死率 15%~25%。

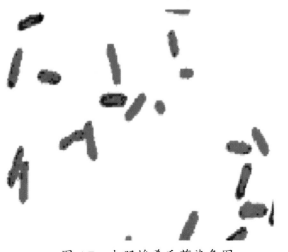

图 4.7　大肠埃希氏菌染色图

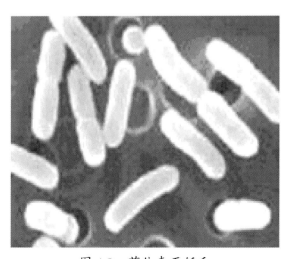

图 4.8　菌体表面纤毛

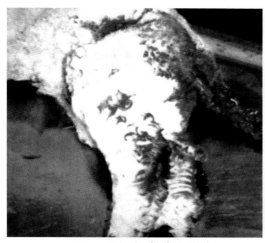
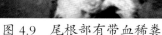

图 4.9 尾根部有带血稀粪

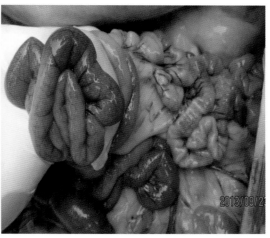

图 4.10 肠黏膜充血

【病理变化】 患病羔羊剖检可见尸体严重脱水，真胃、小肠和大肠内容物呈黄灰色半液状。黏膜充血，肠系膜淋巴结肿胀发红（图 4.10）。有的肺脏呈初期炎症病变。从肠道各部可分离到致病性大肠杆菌。

【诊断】 根据流行病学、临床症状可做出初步诊断，确诊需进行实验室细菌学检查。
在临床症状上本病应与羊肠毒血症进行鉴别诊断。

【防治措施】 加强饲养管理，搞好环境卫生，做好羊圈的清洁和消毒工作。在母羊分娩前，对产房、产床及接产用具进行彻底清洗消毒。配种前和产前母羊使用疫苗进行免疫接种。治疗时除使用抗生素外还要调整胃肠机能，纠正酸中毒，防止脱水及时补充体液。

（除特殊标注外，本病图片提供：张克山）

（三）羊球虫病

羊球虫病又称出血性腹泻，是由艾美尔属球虫寄生于羊肠道及肠道上皮细胞内引起的一种原虫病，山羊和绵羊均可感染，其中山羊更容易感染，羔羊极易感染。发病羊呈现食欲减退，粪不成形或下痢，消瘦，贫血，发育不良等症状，严重的由于高度贫血导致衰竭而死。该病主要为害羔羊。1~3 月龄的山羊羔发病率和病死率较高。尽管多年来实施以预防为主的防治措施，有效地控制了羊球虫病的暴发和流行，但由于球虫容易对抗球虫药产生耐药性，而近年来该病的防治并没有预期的理想，在生产中还是造成了巨大危害。

资料记载，羔羊可感染 14 种球虫病，致病力最强的有浮氏艾美尔球虫、阿氏艾美尔球虫、错乱艾美尔球虫和雅氏艾美尔球虫 4 种（图 4.11，图 4.12）。

【病原特点】 球虫隶属于顶复门、孢子虫纲、球虫亚纲、真球虫目、艾美尔亚目、艾美尔科、艾美尔属。寄生于绵羊和山羊的球虫种类较多，各有 13~14 种，不同种球虫卵囊的形态、大小等存在差异。较小的球虫如小型艾美尔球虫，卵囊平均大小为 17 μm×14 μm；较大的球虫如错乱艾美尔球虫，卵囊大小为 50 μm×40 μm。

【流行特点】 该病广泛分布于世界各地。土壤、饲料或饮水中的感染性的卵囊被羊摄

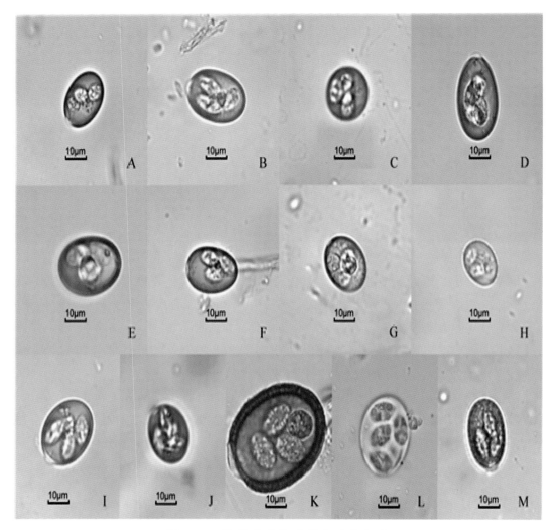

图 4.11　绵羊孢子化艾美尔球虫卵囊

A. 阿撒他艾美尔球虫（*E. ahsata*，400×）　B. 巴库艾美尔球虫（*E. bakuensis*，400×）　C. 小型艾美尔球虫（*E. parva*，400×）　D. 贡氏艾美尔球虫（*E. gonzalezi*，400×）　E. 苍白艾美尔球虫（*E. pallida*，400×）　F. 颗粒艾美尔球虫（*E. granulose*，400×）　G. 温布里吉艾美尔球虫（*E. weybridgensis*，400×）　H. 类绵羊艾美尔球虫（*E. ovinoidalis*，400×）　I. 马尔西卡艾美尔球虫（*E. marsica*，400×）　J. 槌形艾美尔球虫（*E. crandallis*，400×）　K. 错乱艾美尔球虫（*E. intricate*，400×）　L. 浮氏艾美尔球虫（*E. faurei*，400×）　M. 斑点艾美尔球虫（*E. punctata*，400×）

入后，子孢子在消化道内脱囊逸出，进入肠道上皮细胞吸取营养，发育为第一代裂殖体，经分裂而成为第一代裂殖子，第一代裂殖子进入新的上皮细胞，再发育为第二代裂殖体，进而产生第二代裂殖子，这些裂殖子重新进入新的上皮细胞内生长发育。如此不断反复，可使羊肠道黏膜上皮细胞遭受严重破坏，导致疾病发生。经两个或多个世代后，一部分裂殖子发育为大配子母细胞，最后发育为大配子；另一部分发育为小配子母细胞，继而生成许多带有两根鞭毛的小配子。活动的小配子钻入大配子体内（受精），成为合子。合子迅速由被膜包围

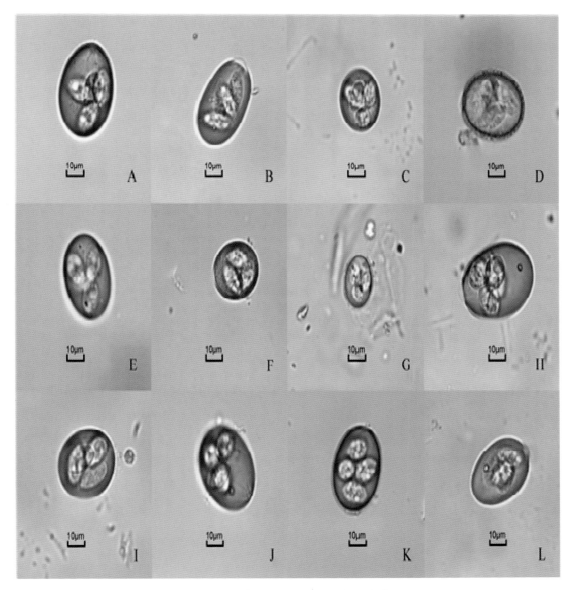

图 4.12 山羊孢子化艾美尔球虫卵囊图
A. 阿普艾美尔球虫（*E.apsheronica*, 400×） B. 阿氏艾美尔球虫（*E.arloingi*, 400×） C. 艾丽艾美尔球虫（*E.alijevi*, 400×） D. 斑点艾美尔球虫（*E.punctata*, 400×） E. 苍白艾美尔球虫（*E.pallida*, 400×） F. 山羊艾美尔球虫（E.caprina, 400×） G. 柯察艾美尔球虫（*E.kocharli*, 400×） H. 克氏艾美尔球虫（*E.christenseni*, 400×） I. 妮氏艾美尔球虫（*E.ninakohlyakimovae*, 400×） J. 山羊艾美尔球虫（*E.caprina*, 400×） K. 羊艾美尔球虫（*E.caprovina*, 400×） L. 约奇艾美尔球虫（*E.jolchijevi*, 400×）

而成为卵囊，随粪便排出体外，在适宜的温度、湿度条件下完成孢子发育后便具有感染性。成年羊一般都是带虫者。流行季节多为春、夏、秋潮湿季节。冬季气温低，不利于卵囊发育，很少感染。羊舍不卫生、草料、饮水和哺乳母羊的奶头被粪便污染，都可传播此病。在突然变更饲料和羊抵抗力降低的情况下也易诱发本病。

【**主要症状**】 1 岁以内的患病羔羊表现的症状最为明显。病羊表现精神不振，食欲减退或废绝，饮欲增加，被毛粗乱，可视黏膜苍白（图 4.13）。重症者发病初期体温升高，后下降。主要症状为急剧下痢，排出黏液血便，恶臭，并含有大量卵囊。时见病羊肚胀，被毛脱落，眼和鼻处黏膜有卡他性炎症，贫血、迅速消瘦，常发生死亡。病死率通常在 10%~25%。急性经过为 2~7 天，慢性的可延到数周。耐过羊可产生免疫力，不再感染发病。

图 4.13　感染球虫的患病羊

【**病理变化**】 羊球虫病病变主要发生在肠道、肠系膜淋巴结、肝脏和胆囊等组织器官。小肠壁可见白色小点、平斑、突起斑和息肉，以及小肠壁增厚、充血、出血，有大量的炎性细胞浸润，肠腺和肠绒毛上皮细胞坏死，绒毛断裂，黏膜脱落等（图 4.14）。肝脏可见轻度肿大、瘀血，肝表面和实质有针尖大或粟粒大的黄白色斑点，胆管扩张，胆汁浓厚呈红褐色，内有大量块状物。胆囊壁水肿、增厚，整个胆囊壁有单核细胞浸润，固有层有小出血点，绒毛短粗，腺和绒毛上皮细胞有局部性坏死，有小裂殖体和配子体寄生。

图 4.14　肠道出血，浆膜面灰白色病灶
（图片提供，安徽湖羊场梁先生）

【诊断】　本病易与羊肠毒血症、副结核、羔羊痢疾等肠道感染疾病相混淆，应注意鉴别诊断，诊断要点如下：

羊肠毒血症是由魏氏梭菌（D 型产气荚膜梭菌）在羊肠道内大量繁殖并产生毒素所引起的绵羊急性传染病。发病以绵羊较多，山羊较少。通常以 2~12 月龄、膘情好的羊为主；病羊呈现全身颤抖、磨牙，头颈后仰等精神症状。病死后的肾脏如软泥样，故称之"软肾病"。

羔羊痢疾是由多种病原微生物引起的，其中主要是大肠杆菌、产气荚膜梭菌、沙门氏菌、轮状病毒、牛腹泻病毒等。本病主要为害 7 日龄以内的羔羊，其中又以 2~3 日龄羔羊的发病最多，7 日龄以上的很少患病。病羊初期表现为剧烈腹泻，粪便恶臭，有的粪便稠如面糊，有的稀薄如水，后期有的粪便还含有血液，甚至呈血便。病羊初期有的出现神经症状。剖检症状以消化道病变为主，常见胃肠黏膜出血、水肿、溃疡或坏死。

羊副结核病又称副结核性肠炎、稀尿痨，是牛、绵羊、山羊的一种慢性接触性传染病，分布广泛。在青黄不接、草料供应不上、羊只体质不良时，发病率上升。转入青草期，病羊症状减轻，病情大见好转。病羊腹泻反复发生，稀便呈卵黄色、黑褐色，带有腥臭味或恶臭味，并带有气泡。腹泻开始为间歇性，逐渐变为经常性而又顽固的腹泻，后期腹泻时粪便呈喷射状排出。病变局限于消化道，回肠、盲肠和结肠的肠黏膜整个增厚或局部增厚，形成皱褶，像大脑皮质的回纹状，肠系膜淋巴结坚硬，色苍白，肿大呈索状。

实验室诊断可应用饱和盐水漂浮法检查新鲜羊粪，能发现大量球虫卵囊。死后确诊必须通过剖检，对小肠内容物及肠黏膜蚀斑处刮取物涂片，显微镜下检查可见大量卵囊或不同发育阶段的裂殖体、配子体。

【防治措施】　应采取隔离、卫生和预防性治疗等综合防治措施。

（1）分群饲养：成年羊是球虫的散播者，最好将羔羊隔离饲养。

（2）消毒及无害化处理：羊球虫具有孢子化卵囊，对外界的抵抗力很强，一般消毒药很难将其杀死，对圈舍和用具，最好用 3% 氢氧化钠溶液消毒，经常保持圈舍及周围环境的卫生，通风干燥，及时清除粪便，进行堆积生物热消毒。

（3）药物预防：可提前使用抗球虫药物进行预防，但应特别注意抗药性的产生，必须经常更换药品，以免影响防治效果。

（4）治疗：常采用的药物有磺胺二甲基嘧啶、呋喃西林、氨丙啉、金霉素、莫能霉素等。呋喃唑酮（痢特灵）按每千克体重 7~10 mg，口服，连用 7 天；磺胺二甲嘧啶按每千克体重第 1 天为 0.2 g，以后改为 0.1 g，连用 3~5 天，对急性病例有效；磺胺与甲氧嘧啶加增效剂按 5∶1 比例配合，每天按每千克体重 0.1 g 剂量内服，连用两天有治疗效果；磺胺喹噁啉按每千克体重 12.5 mg，配成 10% 溶液灌服，每天 2 次，连用 3~4 天；氨丙啉按每天每千克体重 20 mg，连用 5 天；鱼石脂 20 g，乳酸 2 mL，水 80 mL，配成溶液，内服，每次每只羊 5 mL，每天 2 次；硫化二苯胺：每千克体重 0.2~0.4 g，每天 1 次，内服，使用 3 天后间隔 1 天；氯霉素：按每天每千克体重 0.33~1 mg，连用 2~3 周有效。

（除特殊标注外，本病图片提供：河南农业大学寄生虫学实验室）

（四）隐孢子虫病

隐孢子虫病（cryptosporidiosis）是人类、家畜、伴侣动物，以及鸟类、爬行动物和鱼类等野生动物感染一种或多种隐孢子虫而引起的一种疾病。隐孢子虫可造成哺乳动物（尤其是牛、羊和人）的严重腹泻，该病已被列入世界最常见的6种腹泻病之一。隐孢子虫在艾滋病（AIDS）患者中的感染率很高，引起的腹泻症状也很严重，是艾滋病患者的重要致死因素之一。为此，世界卫生组织（WHO）将该病列为艾滋病的怀疑指标之一。该病是一个严重的公共卫生问题，同时给畜牧业造成了巨大的经济损失，所以成为世界性的研究热点。

目前，共命名了40多个隐孢子虫有效种和70多个基因型。寄生于羊的有效种有8个，即微小隐孢子虫（*C. parvum*）、人隐孢子虫（*C. hominis*）、泛在隐孢子虫（*C. ubiquitum*）、肖氏隐孢子虫（*C. xiaoi*）、费氏隐孢子虫（*C. fayeri*）、猪隐孢子虫（*C. suis*）、安氏隐孢子虫（*C. andersoni*）和种母猪隐孢子虫（*C. scrofarum*）；基因型1个，即sheep genotype。隐孢子虫卵囊呈圆形、卵圆形或椭圆形，内含4个裸露的子孢子，不含孢子囊。卵囊大小3.94~8.3 μm。抗酸染色后，隐孢子虫卵囊染成玫瑰红色，背景为淡绿色；经饱和蔗糖溶液漂浮后，隐孢子虫卵囊呈淡粉色或淡紫色（图4.15）。

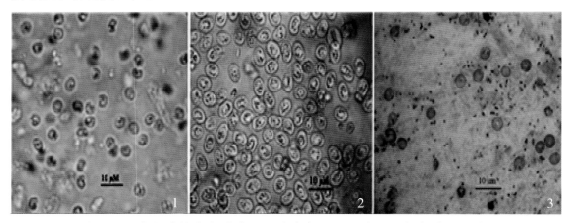

图4.15　饱和蔗糖溶液漂浮和抗酸染色后的隐孢子虫卵囊（400×）
1. 饱和蔗糖溶液漂浮后的微小隐孢子虫卵囊；　2. 饱和蔗糖溶液漂浮后的安氏隐孢子虫卵囊；3. 抗酸染色后的人隐孢子虫卵囊

【病原】　隐孢子虫分类上隶属于原生动物界、顶复门、球虫亚纲、艾美尔亚目、隐孢子虫科、隐孢子虫属。隐孢子虫卵囊呈圆形、卵圆形或椭圆形，内含4个裸露的子孢子，不含孢子囊。卵囊大小3.94~8.3 μm。抗酸染色后，隐孢子虫卵囊呈玫瑰红色，背景为淡绿色；经饱和蔗糖溶液漂浮后，隐孢子虫卵囊呈淡粉色或淡紫色。

【流行病学】　隐孢子虫为单宿主生活环。卵囊经口感染，子孢子逸出，发育为裂殖体，经两代裂体生殖，发育为大、小配子，然后结合为合子，再形成卵囊。潜伏期为2~14天，通常为5~12天，可持续排卵囊2~33天。患有隐孢子虫病的山羊和带虫山羊可以从粪便排出大量感染性卵囊污染牧草、饲料、饮水和周边环境，成为隐孢子虫病的感染源。在卫生条件较差的地区或较差的饲养条件下,经消化道感染可造成本病的流行。隐孢子虫病的季节性不明显,一年四季均有发生,但以温暖多雨的季节发病率较高。隐孢子虫病的地域分布较广,澳大利亚、美国、英国、比利时、突尼斯、意大利、波兰、西班牙、土耳其和韩国都有报道羊隐孢子虫病感染病例。我国青海、贵州、河南、吉林、黑龙江等省份相继发现羊隐孢子虫病,平均感染率为 10.2%,其中山羊隐孢子虫感染率为 14.6%(215/1471),绵羊为 6.7%(125/1868)。在感染种类上,存在地理区域性差异。在澳大利亚,少见羊感染微小隐孢子虫,相反,牛隐孢子虫和泛在隐孢子虫在绵羊感染中最为常见。在英国和西班牙,在羔羊中几乎全部为微小隐孢子虫感染或至少微小隐孢子虫是优势感染虫种。在我国,绵羊隐孢子虫种类分布存在明显的年龄相关性,泛在隐孢子虫感染所有年龄群,而肖氏隐孢子虫仅发现于羔羊,安氏隐孢子虫发现于母羊。

【主要症状】 动物感染隐孢子虫的临床表现与动物的品种、年龄、免疫状态以及所感染的隐孢子虫种类有关。对多数动物,隐孢子虫感染常不表现临床症状或仅表现为急性、自限性疾病。微小隐孢子虫病是引起仔畜、未断奶家畜,包括犊牛、羔羊、山羊羔和羊驼腹泻的原因。幼龄动物腹泻最常见,但断奶和成年家畜也可被感染。感染动物一般在症状出现 2 周后恢复。除非发生时与其他肠道病原如轮状病毒混合感染,否则病死率很低。老龄动物可以持续感染并且排出卵囊,能传播给其他易感宿主。

【病理变化】 肠道型隐孢子虫病主要见于小肠远端肠绒毛萎缩、融合,表面上皮细胞转生为低柱状或立方形细胞,肠细胞变性或脱落,微绒毛变短。单核细胞、嗜中性细胞侵润固有层。盲肠、结肠和十二指肠也可感染。所有部位隐窝扩张,内含坏死组织碎片或淋巴细胞。这些病变减少维生素 A 和碳水化合物的吸收。

【诊断】 由于隐孢子虫感染多呈隐性感染经过,感染病畜可以只向外界排出卵囊,而不表现出任何临床症状。即使有明显的症状,也常常属于非特异的,故不能用以确诊。因此,确切的诊断只能依靠实验室诊断。

病原学诊断采取粪便,用饱和蔗糖溶液漂浮法收集粪便中的卵囊,再用显微镜检查,往往需要 1 000 倍的油镜观察。在显微镜下可见到圆形或椭圆形的卵囊,内含 4 个裸露的、香蕉形的子孢子和 1 个较大的残体。由于隐孢子虫卵囊很小,往往容易被忽视,检出率低,所以此种方法要求操作者要有丰富的经验。另一种方法是把粪样涂片,用改良酸性染色法染色镜检,隐孢子虫卵囊被染成红色,此法简单,检出率高。

免疫学检查方法,近年国外已广泛应用多种免疫学方法诊断隐孢子虫病,但国内报道较少。免疫学诊断方法主要用于检测特异性 IgG、IgM、IgA 抗体,或隐孢子虫卵囊抗原,并显示出高度的敏感性和特异性,适用于临床诊断。具体方法有酶联免疫吸附实验(ELISA)、免疫荧光试验(IFA)、免疫印迹技术(ELIB)、流式细胞仪(FC)免疫检测技术等。

PCR 已成为开发新一代诊断方法的基础,用于检测临床样本和环境水样本的隐孢子虫,优点是敏感、特异、能分辨基因型、简便易行。PCR 不但为病原体含量过低的样本检测提供了强有力的工具，也为隐孢子虫及其卵囊的分类定型提供了可靠的手段，已成为当前隐孢子虫病诊断学研究的热点。

【防治措施】 防治羊隐孢子虫病的流行应采取综合性措施。

（1）预防性的定期驱虫，搞好养殖场环境卫生，并定期地对圈舍和运动场地进行消毒；及时清理粪便，并进行无害化处理，防止污染环境，散播病原。

（2）加强饲养管理：保持饲草料、饮水的清洁卫生；增加营养，增强机体免疫力，提高动物抗病能力。

（3）采取措施消灭传播媒介：尽力消灭养殖场内的鼠类和苍蝇等，因为鼠类可感染多种隐孢子虫种类（基因型），容易造成交叉传播，而苍蝇等节肢动物可机械性传播隐孢子虫。

（4）治疗：隐孢子虫病的治疗尚无特效药。动物治疗药物的筛选主要集中于反刍动物隐孢子虫，特别是微小隐孢子虫。一些研究显示，硝唑尼特、巴龙霉素、拉沙洛菌素、常山酮、磺胺喹噁啉、环糊精和地考喹酯在抗反刍动物微小隐孢子虫感染上具有一定效果。然而，多数药物的所谓疗效是在实验动物中进行，比如小鼠、兔和仓鼠等，田间试验效果尚待进一步验证。1999年，常山酮乳酸盐被一些国家批准用于治疗和预防犊牛隐孢子虫感染。犊牛预防性用量为：犊牛出生后24~48小时，使用8 mL（35~45 kg体重）或12 mL（45~60 kg体重）的常山酮乳酸盐，连用7天。

（本病图片提供：河南农业大学寄生虫学实验室）

（五）毛圆线虫病

羊毛圆线虫病是由毛圆线虫寄生于胃肠道内引起消化道功能紊乱的寄生虫病，临床上以呕吐、腹泻甚至死亡等为主要特征。毛圆线虫种类多，往往呈混合感染，分布遍及全国各地，危害十分严重。

【病原特点】 毛圆线虫虫卵呈椭圆形，壳薄。虫体细小，一般不超过7 mm，呈淡红或褐色，缺口囊和颈乳突。排泄孔位于靠近体前端的一个明显的腹侧凹迹内。雄虫交合伞的侧叶大，背叶极不明显，腹肋特别细小，常与侧腹肋成直角。侧腹肋与侧肋并行，背肋小，末端分小支。交合刺短而粗，常有扭曲和隆起的脊，呈褐色。有引器。雌虫阴门位于虫体的后半部内，子宫一向前，一向后。无阴门盖，尾端钝。常见种有蛇形毛圆线虫、艾氏毛圆线虫、突尾毛圆线虫等。虫卵呈椭圆形，卵壳薄，粪检常见发育到桑葚胚期（图4.16）。

【流行特点】 毛圆线虫主要侵害绵羊和山羊，特别是断乳后至1岁的羔羊。母羊往往是羔羊的感染源。3期幼虫在土壤中可存活3~4个月，且耐低温，可在牧地上过冬，越冬的数量足以使动物春季感染发病，故有春季高潮现象，但对高温、干燥环境比较敏感。常分布于农村，有一定的地区性。

【主要症状】 轻度患羊表现食欲减退，生长受阻，消瘦，贫血，皮肤干燥，排软便及腹泻与便秘交替发生；严重感染的可急性发作，表现腹泻，急剧消瘦，体重迅速减轻，死亡。

【病理变化】 急性病例除胃肠道外，其他器官无损伤，黏膜肿胀，特别是十二指肠，

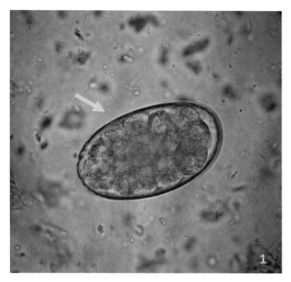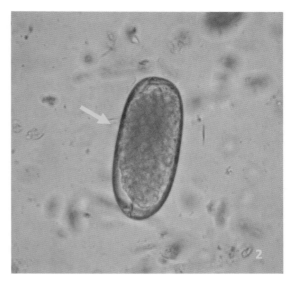

图 4.16　不同发育阶段的圆线虫卵（10×）

轻度充血，覆有黏液，刮取物于镜下可见到发育受阻和发育中的幼虫。慢性病例可见羊只消瘦、贫血，肝脏脂肪变性，黏膜肥厚、发炎和溃疡。

【诊断】　粪便检查常用饱和盐水漂浮法，镜下见到毛圆线虫虫卵即可确诊，亦可用培养法查幼虫。诊断过程中应注意与钩虫和粪类圆线虫的虫卵或丝状蚴相区别。

【防治措施】　一般应在春、秋两季各进行一次驱虫。北方地区可在冬末春初进行驱虫，可有效防止"春季高潮"。对计划性驱虫和治疗性驱虫后排出的粪便应及时清理，进行发酵，以杀死其中的病原体，消除感染源。加强饲养管理，提高营养水平，尤其在冬、春季，合理补充精料、矿物质、多种维生素，以增强抵抗力。注意饲料、饮水清洁卫生，放牧时尽量避开潮湿地及幼虫活跃时间，减少感染机会。有条件的地方可实行划区轮牧或畜种间轮牧。

治疗可用丙硫苯咪唑，20~25 mg/kg，1 次 / 天，连服 3 天；甲苯咪唑，20 mg/kg，1 次 / 天，连服 3 天；左旋咪唑，10 mg/kg，1 次 / 天，连服 3 天；伊维菌素，0.2 mg/kg，口服或皮下注射；另外可配合补液、补碱、强心、止血、消炎等对症治疗。

（图片提供：河南农业大学寄生虫学实验室）

（六）食道口线虫病

食道口线虫病，又名结节虫病。是由多种食道口线虫的幼虫及其成虫寄生于反刍动物的大肠引起的以消化道功能紊乱为特征的寄生虫病。临床上常以持续性腹泻、血便甚至死亡为主要特征。常见的食道口线虫有哥伦比亚食道口线虫、微管食道口线虫、粗纹食道口线虫、辐射食道口线虫、甘肃食道口线虫等。

【流行病学】　感染主要发生在春、秋季，尤其在清晨、雨后和多雾天气放牧时易受感染。羊只摄入被感染性幼虫污染的青草和饮水而遭感染。环境温度低于 9℃时虫卵不能发育。当牧场上的相对湿度为 48%~50%，平均温度为 11~12℃时，虫卵可生存 60 天以上。第 1、2 期幼虫对干燥环境很敏感，极易死亡。第 3 期幼虫有鞘，为感染性幼虫，在适宜条件下可存活 10 个月左右，冰冻可致死。温度在 35℃ 以上时，所有幼虫均迅速死亡。

【主要症状】 急性病例的病羊腹泻于感染后第 6 天开始。表现明显的持续性腹泻，粪便呈暗绿色，表面带有很多黏液，有时带血。在慢性病例中，则表现为便秘与腹泻交替发生，进行性消瘦，下颌间可能发生水肿，最后多因机体衰竭死亡。

【病理变化】 剖检可见在大肠壁上有很多结节，结节直径 2~10 mm，含淡绿色脓汁，有小孔与肠腔相通，引起溃疡性和化脓性结肠炎。在新结节中可发现虫体，有时可发现结节钙化。结节在肠的浆膜面破溃，可引起腹膜炎。

【诊断】 粪便检查采用饱和溶液漂浮法，查到结节虫虫卵即可确诊。虫卵和其他一些圆线虫卵（特别是捻转血矛线虫卵）很相似，不易鉴别。结节虫虫卵呈椭圆形，灰白色或无色，卵壳厚，含 8~16 个深色胚细胞。大小为（70~74）μm×（45~57）μm。捻转血矛线虫虫卵呈短椭圆形，灰白色或无色，卵壳薄。大小为（75~95）μm×（40~50）μm。

【病原】 食道口线虫的口囊成小而浅的圆筒形，其外周为一显著的口领，口缘有叶冠，有颈沟，其前部的表皮常膨大形成头囊（图 4.17）。颈乳突位于颈沟后方的两侧。有或无侧翼。雄虫的交合伞发达，有 1 对等长的交合刺。雌虫阴门位于肛门前方附近，排卵器发达，呈肾形。

图 4.17 粗纹食道口线虫

【防治措施】 定期驱虫，加强营养，合理处理粪便，饮水和饲草须保持清洁，保证牧场和饲养环境的清洁。可用噻苯达唑、左旋咪唑、氟苯达唑或伊维菌素等药驱虫，亦可选用 0.5% 福尔马林溶液灌肠；病情较重的羊只，除应用上述药物治疗之外，还应根据具体情况进行对症治疗。

（本病图片提供：河南农业大学寄生虫学实验室）

（七）仰口线虫病

仰口线虫病又称为钩虫病，是羊仰口线虫寄生于羊的小肠引起的以贫血为主要特征的寄生虫病。该病广泛流行于我国各地，对羊危害很大，并可以引起死亡。

【病原特点】 羊仰口线虫为钩口科，仰口属。虫体呈乳白色或淡红色。口囊底部的背侧生有一个大背齿，背沟由此穿出；底部腹侧有 1 对小的亚腹侧齿。雄虫长 12.5~17 mm，交合伞发达。背叶不对称，右外背肋比左面的长，并且由背干的高处伸出。交合刺等长，褐色。无引器。雌虫长 15.5~21 mm，尾端钝圆。阴门位于虫体中部前不远处（图 4.18）。

【流行病学】 仰口线虫病分布于全国各地，在比较潮湿的草场放牧的牛、羊流行更为严重。该病多呈地方性流行感染，一般为秋季感染，春季发病。成虫寄生于小肠，虫卵随宿

图 4.18　羊仰口线虫浸渍标本和压片标本

主粪便排出体外，在适宜的温度下，发育成第 1 期幼虫，经 2 次蜕化发育成为感染性幼虫，经口或皮肤感染宿主，其中经皮肤感染为主要途径。感染性幼虫在夏季牧场能存活 2~3 个月，在春季和秋季生活的时间较长一些。严冬寒冷的气候对幼虫具有杀灭的作用。

【主要症状】　病羊常表现为进行性贫血，严重消瘦，下颌水肿，顽固性下痢，粪便带血。幼畜发育受阻，有时出现神经症状，如后躯萎弱和进行性麻痹，且病死率很高。

【病理变化】　剖检可见尸体消瘦，贫血，水肿，皮下有浆液性浸润；血液色淡，水样，凝固不全；肺有瘀血性出血和小出血点；心肌松软，冠状沟水肿；肝呈淡灰色，松软，质脆；肾呈棕黄色；十二指肠和空肠有大量虫体游离于呈褐色或血红色的肠内容物中，或附着在发炎的肠黏膜上，肠黏膜发炎并有出血点和小齿痕。

【诊断】　粪便检查采用饱和溶液漂浮法，镜检见到钩虫虫卵即可确诊。虫卵大小为（79~97）μm×（47~50）μm，胚细胞大而数少，内含暗黑色颗粒，两端钝圆，一边较直，一边中部稍凹陷，形态特殊，很容易识别。

【防治措施】

（1）预防：根据钩虫的流行特点，主要在春秋两季进行驱虫。对为害严重的地区，可依据当地钩虫的发病季节动态，高峰期每月进行 2 次（间隔 1 周）预防性驱虫，连续进行 3 个月。驱虫后粪便集中发酵进行无害化处理，并对羊圈加强消毒处理。

（2）治疗：左旋咪唑按每千克体重 7.5 mg，内服或用灭菌蒸馏水溶解后肌内注射；伊维菌素或阿维菌素按每千克体重 200 μg，皮下注射或口服；还可用噻苯唑、苯硫咪唑或者丙硫苯咪唑等药驱虫。

（本病图片提供：河南农业大学寄生虫学实验室）

（八）片形吸虫病

片形吸虫病是由肝片吸虫或大片吸虫寄生于牛、羊等反刍动物的肝脏胆管中而引起的寄生虫病。临床上多呈慢性经过，表现消瘦，发育障碍，生产力下降。急性感染时引发急性或慢性肝炎和胆管炎，并表现全身性中毒现象和营养障碍，可导致羔羊等大批死亡，严重威胁养羊业的发展。

【病原】 病原主要为片形属的肝片吸虫和大片形吸虫。肝片吸虫被覆扁平，呈两侧对称的叶片状，新鲜虫体呈棕红色，固定后为灰白色，虫体长 21~41 mm，宽 9~14 mm，虫体前端突出呈锥形，称头锥（图 4.19）。头锥基部较宽似"肩"，从"肩"往后逐渐变窄。口吸盘位于头锥前端，腹吸盘在肩部水平线中部。生殖孔位于腹吸盘前方。睾丸有两个呈分枝状，前后排列于虫体的中后部。卵巢呈鹿角状，位于腹吸盘后方右侧。虫卵呈椭圆形，黄褐色，长 133~157 μm，宽 74~91 μm。前端较窄，有一个不明显的卵盖，后端较钝。卵壳较薄、半透明，卵内充满卵黄细胞和一个胚细胞。

大片吸虫呈长叶状，虫体长 25~75 mm，宽 5~12 mm。大片吸虫与肝片吸虫的区别在于虫体前端无明显的头锥突起，肩部不明显；虫体两侧缘几乎平行，前后宽度变化不大，虫体后端钝圆；腹吸盘较口吸盘大 1.5 倍；虫卵呈深黄色，卵长 150~190 μm，宽 75~90 μm。

【流行特点】 肝片吸虫呈世界性分布，我国部分地区十分普遍，呈地方性流行。大片吸虫病主要分布于热带、亚热带地区，我国主要见于南方地区。片形吸虫的终末宿主主要为反刍动物，中间宿主是椎实螺科的淡水螺类。片形吸虫主要感染牛、羊、鹿、骆驼等反刍动物，绵羊较敏感，猪、马属动物、兔及一些野生动物和人也可感染。

片形吸虫病在 7~9 月高发。这个时期雨水多，螺体易繁殖，虫卵易落入水中进行孵化，放牧时羊吃了附着有囊蚴的水草而感染。

【主要症状】 临床症状根据虫体多少、羊的年龄，以及感染后的饲养管理情况而不同。绵羊较山羊易感，症状有急性型和慢性型之分。急性病例多见于春末和夏秋季节，病羊精神沉郁，体温升高，食欲减退甚至废绝，严重贫血，腹胀，腹围增大，叩诊肝区疼痛、羊躲闪，偶尔表现腹泻，常在 3~5 天内发生死亡。冬春季节，羊渐进性消瘦，贫血，眼结膜、口黏膜苍白，被毛粗乱无光泽，下颌及胸腹部水肿，顽固性拉稀，最后因极度衰竭而死亡。该类病情持续时间可达 20 多天甚至数月。

【病理变化】 急性病例病理变化表现为肠壁和肝组织的严重损伤、出血及肝脏肿大，肝包膜有纤维素沉积。慢性感染时，常引起慢性胆管炎、慢性肝炎和贫血现象。肝实质萎缩、褪色、变硬、边缘钝圆，小叶间结缔组织增生，胆管肥厚，扩张呈绳索样突出于肝脏表面；胆管内膜粗糙，有磷酸盐沉积，胆管内充满虫体和污浊的棕褐色液体。幼虫期虫体移行的机械性损害并带入其他病原，从而引起急性肝炎，可见肝大，包膜上有纤维素沉积、出血和虫道，虫道内有凝血块、童虫或成虫（图 4.20，图 4.21）。有的可见腹膜炎。成虫期虫体的机械性刺激和毒素作用，可引起慢性肝胆管炎，肝硬化、萎缩，胆管扩张、变粗，呈黄白色绳索样凸出于肝表面；胆管壁增厚，内壁有磷酸钙、镁盐类沉积，粗糙，刀切有沙沙声；胆管管腔变窄甚至堵塞。胆囊亦肿大。胆管和胆囊内胆汁污浊浓稠，切开可见内有灰绿色虫体。尸体

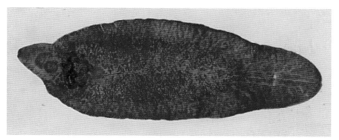

图 4.19　肝片吸虫全虫（卡红染色）

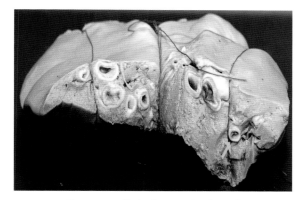

图 4.20　感染片形吸虫的肝脏
（显示肝脏胆管腔增大，管壁增厚，管腔内
有虫体寄生）

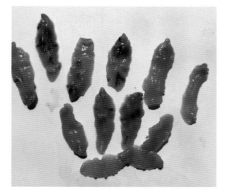

图 4.21　刚从病羊肝脏分离到的新鲜
肝片吸虫
（图片提供：邵庆勇）

消瘦、贫血、水肿。

【诊断】　根据是否存在中间宿主等流行病学资料，结合临床症状进行初步诊断，通过粪便检查和剖检发现虫体可确诊。生前诊断：可根据流行病学资料和临床症状进行初诊，粪便检查到虫卵可确诊。羊每克粪便中虫卵量达 300~600 个时即为较重感染，应考虑及时驱虫。死后诊断：结合剖检的典型病理变化，肝实质内查到童虫或胆管、胆囊内查到成虫可确诊。

【防制措施】　应采取综合性预防措施，包括对病畜的及时治疗性驱虫和定期预防性驱虫。放牧羊群每年进行 3 次驱虫，可有效地降低幼畜体内的载虫量和外界环境中虫卵的感染。驱虫后必须注意环境卫生，妥善处理羊粪便，垫草、粪便堆积发酵，杀灭虫卵以减少感染源。放牧要避开潮湿或有积水的牧地。注意环境卫生，圈舍定期清扫和消毒，粪便堆积发酵、生物热处理，杀灭虫卵，防止病原散布。用生物法比如养殖水禽或化学药物法消灭中间宿主。

预防性和治疗性驱除羊片形吸虫，选用下列药物之一使用即可：芬苯哒唑（苯硫咪唑），每千克体重 50~60 mg，1 次喂服，即可杀灭各发育阶段的片形吸虫；三氯苯咪唑（肝蛭净），每千克体重 10 mg，1 次喂服，对成虫和童虫均有良效；阿苯哒唑（丙硫咪唑，抗蠕敏），每千克体重 20 mg，1 次喂服，对成虫有效，对童虫效果较差；硝氯酚（拜耳 9015），每千克体重 4~5 mg，1 次喂服，对早期童虫效果较差；氯氰碘柳胺钠，片剂或混悬液，每千克体重 8~10 mg，1 次喂服；注射液，每千克体重 5~10 mg，1 次皮下注射或肌内注射。

（本病图片提供：河南农业大学寄生虫学实验室）

（九）阔盘吸虫病

阔盘吸虫病是由歧腔科、阔盘属的数种吸虫寄生于牛、羊等反刍动物的胰管中所引起的一种寄生虫病。病原偶可寄生于胆管和十二指肠。本病除发生于牛、羊等反刍动物外，还可感染猪、兔、猴和人等。羊患此病后，表现为下痢、贫血、消瘦和水肿等症状，严重时可引起死亡。阔盘吸虫属世界性分布，我国的东北、西北牧区及南方各省都有本病流行。

【病原】 寄生于牛、羊等反刍动物的阔盘吸虫主要有胰阔盘吸虫、腔阔盘吸虫和支睾阔盘吸虫，其中以胰阔盘吸虫最为常见。胰阔盘吸虫虫体扁平，较厚，呈长卵圆形，棕红色，大小为（8~16）mm×（5.0~5.8）mm（图4.22a）。口吸盘大于腹吸盘。咽小，食道短。两个睾丸呈圆形或稍分叶，位于腹吸盘水平线的稍后方。生殖孔位于肠管分支处稍后方。卵巢分3~6瓣，位于睾丸之后，体中线附近。卵黄腺呈颗粒状，成簇排列，分布于虫体中部两侧。子宫弯曲，充于虫体后部。两条排泄管沿肠管外侧走向于虫体两侧。虫卵呈黄棕色或深褐色，椭圆形，两侧稍不对称，一端有卵盖，大小为（42~50）μm×（26~33）μm。卵壳厚，内含一个椭圆形的毛蚴。

腔阔盘吸虫虫体较为短小，呈短椭圆形，体后端有一个明显的尾突，大小为（7.48~8.05）mm×（2.73~4.76）mm（图4.22b）。卵巢多呈圆形，少数有缺刻或分叶。睾丸大都为圆形或椭圆形。虫卵大小为（34~47）μm×（26~36）μm。

支睾阔盘吸虫虫体呈前尖后钝的瓜子形，（4.49~7.90）mm×（2.17~3.07）mm。口吸盘略小于腹吸盘睾丸大面分枝，卵巢分叶5~6瓣。虫卵大小为（45~42）μm×（30~34）μm。

【流行特点】 成虫寄生于终宿主牛、羊、猪、骆驼和人的胰管中，有时也寄生于胆管和十二指肠内。需两个中宿主，第一中间宿主为蜗牛，第二中间宿主为草螽和针蟋。因此，山羊阔盘吸虫病流行的地区及受感染的情况，均与本类吸虫两个中间宿主的分布、滋生栖息

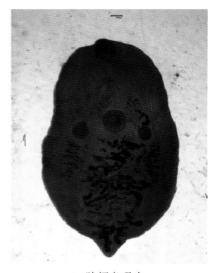

a. 胰阔盘吸虫　　　　　　　　　　　　　　b. 腔阔盘吸虫

图 4.22　阔盘吸虫

地点、受感染情况以及山羊放牧习惯等密切相关。国内各省区都有蜗牛存在，但草螽和针蟋就不一定普遍存在，尤其针蟋只局限分布在一些山区林带。有针蟋分布的地方，其数量密度达到足以充当传播媒介作用的程度时，这种地点才有枝睾阔盘吸虫病流行。蜗牛在一流行区中常因当地自然地理生态环境条件不同，而有其一定的滋生栖息地。只有在适宜的季节（一般在夏、秋季），蜗牛（贝类宿主）、昆虫宿主及羊、牛三者联系在一起的地点，才是病原传播、山羊受感染的地点。由于阔盘吸虫在中间宿主体内发育期长，而草螽、针蟋又是一年生的昆虫，所以一个地区本吸虫病感染的季节受当地的自然气候所影响，也与当地阳性蜗牛排出成熟子胞蚴较多及昆虫宿主带有成熟囊蚴的季节密切相关。在南方，感染季节有 5~6 月及 9~10 月两个高峰期；而在北方，感染的高峰期只在 9~10 月。

【临床症状】 阔盘吸虫大量寄生时，由于虫体刺激和毒素作用，使胰管发生慢性增生性炎症，使胰管管腔窄小，甚至闭塞。胰消化酶的产生和分泌及糖代谢机能失调，引起消化及营养障碍。患羊表现消化不良、消瘦、贫血、颌下及胸前水肿、衰弱、下痢，粪中常有黏液，严重时可引起死亡。病死羊剖检发现的扩盘吸虫（图 4.23）。

【病理变化】 尸体消瘦，胰腺肿大，胰管因高度扩张呈黑色蚯蚓状突出于胰脏表面，胰管增厚，管腔黏膜不平，呈乳头状小结节突起，并有点状出血，胰管内含大量虫体，慢性感染时，则因结缔组织增生而导致整个胰脏硬化、萎缩，胰管内仍有数量不等的虫体寄生（图 4.24）。

【诊断】 用水洗沉淀法检查粪便中的虫卵，或剖检发现大量的虫体可确诊。

【防治措施】 本病流行地区应在每年初冬和早春各进行 1 次预防性驱虫。有条件的地区可实行划区放牧，以避免感染。应注意消灭其第一中间宿主蜗牛（其第二中间宿主草螽在牧场广泛存在，扑灭甚为困难。平时加强饲养管理，以增加畜体的抗病能力。

治疗用六氯对二甲苯，每千克体重 400 mg，口服 3 次，每次间隔 2 天。还可选用砒喹酮，

图 4.23 病死羊剖检发现的扩盘吸虫
（图片提供：郭廷军）

图 4.24 胰管高度扩张呈黑色蚯蚓状突出
于胰脏表面，红色为虫体
（图片提供：菅复春）

每千克体重 65~80 mg，口服；肌内注射或腹腔注射时，剂量按每千克体重 50 mg，并以液状石蜡或植物油（灭菌）制成 20% 油剂。腹腔注射时应防止注入肝脏或肾脂肪囊内。

（除特殊标注外，本病图片提供：河南农业大学寄生虫学实验室）

（十）歧腔吸虫病

歧腔吸虫病是由矛形歧腔吸虫和中华歧腔吸虫等寄生于家畜肝脏的胆管和胆囊内所引起的疾病（图 4.25）。该病在全国各地均有发生，尤其在我国西北、东北地区及内蒙古最为常见。虫体可寄生于绵羊、山羊、牛、鹿、骆驼、猪、马属动物、犬、兔、猴等，也偶见于人。本病主要危害反刍动物，能引起胆管炎、肝硬化，并导致代谢障碍和营养不良，牛、羊严重感染时甚至会导致死亡。

【病原】 矛形歧腔吸虫，也称枝歧腔吸虫。呈矛形，棕红色，大小为（6.67~8.34）mm ×（1.61~2.14）mm，肠管简单。腹吸盘大于口吸盘。睾丸圆形或边缘具缺刻，前后排列或斜列于腹吸盘后。雄茎囊位于肠分叉与腹吸盘之间。生殖孔开口于肠分叉处。卵巢圆形，居于后睾之后。卵黄腺简单。子宫位于后半部。虫卵似卵圆形，褐色，具卵盖，大小为（34~44）μm ×（29~33）μm，内含毛蚴。

中华歧腔吸虫，与矛形歧腔吸虫相似，但虫体较宽扁，其前方体部呈头锥形，后两侧做肩样突，大小为（3.54~8.96）mm ×（2.03~3.09）mm。睾丸两个呈圆形，边缘不整齐或稍分叶，左右并列于腹吸盘后。虫卵大小为（45~51）μm ×（30~33）μm。

【流行特点】 本病的分布几乎遍及世界各地，多呈地方性流行。在我国主要分布于东北、华北、西北和西南诸省和自治区，尤其以西北各省、区和内蒙古较为严重。宿主动物极其广泛，宿主动物中现已记录的哺乳动物达 70 余种，除牛、羊、骆驼、鹿、马和兔等家畜外，许多野

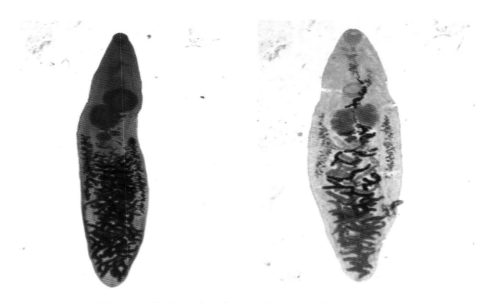

图 4.25 矛形歧腔吸虫（左）、中华歧腔吸虫（右）

生的偶蹄类动物均可感染。歧腔吸虫在其发育过程中，需要两个中间宿主参加，第一中间宿主为陆地螺（蜗牛），第二中间宿主为蚂蚁。在温暖潮湿的南方地区，第一、二中间宿主蜗牛和蚂蚁可全年活动，因此，动物几乎全年都可感染；而在寒冷干燥的北方地区，中间宿主要冬眠，动物的感染明显具有春秋两季特点，但动物发病多在冬春季节。动物随年龄的增加，其感染率和感染强度也逐渐增加，感染的虫体数可达数千条甚至上万条，这说明动物获得性免疫力较差。虫卵对外界环境条件的抵抗力较强，在土壤和粪便中可存活数月，仍具感染性。虫卵和在第一、二中间宿主体内的各期幼虫均可越冬，且不丧失感染性。

【临床症状】 羊歧腔吸虫病的症状与片形吸虫病症状相似。多数牛、羊在感染歧腔吸虫初症状轻微或无症状。严重感染时，尤其在早春，就会表现出严重的症状，此时一般表现为慢性消耗性疾病的临床特征，如病羊精神沉郁，食欲减退，眼结膜黄染，消化紊乱，颌下水肿，出现血便，顽固性腹泻，异嗜，贫血，逐渐消瘦，病羊粪便有血腥味，体温升高，肝区触诊有痛感等。症状特别严重时可导致死亡。

【病理变化】 剖检所见主要病变为胆管出现卡他性炎症，管壁增生、肥厚，胆汁暗褐色，胆管周围结缔组织增生，肝脏有虫体移行的痕迹，肠系膜严重水肿，腹腔、心包积液，胆囊、胆管内有（0.5~1.5）cm×（0.15~0.25）cm的半透明吸虫。胆管和胆囊内有大量棕红色狭长虫体。寄生数量较多时，可使肝脏发生硬变、肿大，肝表面形成瘢痕，胆管呈索状。

【诊断】 采集新鲜粪便用沉淀法查出虫卵，或对病死羊进行剖检，在胆管、胆囊内找出虫体即可确诊。

【防治措施】

（1）定期驱虫：可用吡喹酮，一次量，每千克体重，绵羊 50 mg，牛 35~45 mg，油剂腹腔注射。还可用丙硫苯咪唑，一次量，每千克体重，绵羊 30~40 mg，牛 10~15 mg，配成 5% 混悬液，灌服。

（2）消灭中间宿主：采取措施，结合改良牧场，除去杂草、灌木丛等，以消灭中间宿主陆地螺。也可以用人工捕捉或养鸡等方法除螺，阻断病原的传播途径及传染来源。

（3）加强饲养管理：选择开阔干燥的牧草地放牧。加强羊群的饲养管理，以提高其抵抗力。

（4）治疗：对病羊可选用下列药物治疗。

1）海涛林：该药是治疗歧腔吸虫病最有效的药物，安全范围大，对妊娠母羊及初产羔均无不良影响。剂量按每千克体重，羊 40~50 mg，配成 2% 悬浮液，口服。

2）丙硫咪唑：可用于驱除动物线虫、绦虫、肝片吸虫等，但驱除双腔吸虫剂量要加大。剂量按每千克体重，羊 30~40 mg，口服。

3）六氯对二甲苯（血防 846）：剂量按每千克体重，羊 200~300 mg，一次口服，驱虫率可达 90% 以上，连用 2 次，可达 100%。

4）吡喹酮：剂量按每千克体重，羊 65~80 mg，口服。

5）噻苯唑：剂量按每千克体重，羊 150~200 mg，口服。

（本病图片提供：河南农业大学寄生虫学实验室）

（十一）前后盘吸虫病

前后盘吸虫病又名同端吸盘虫病、胃吸虫病或瘤胃吸虫病，是指由前后盘科的吸虫寄生于瘤胃引起的疾病。成虫寄生在羊的瘤胃和网胃壁上，危害不大；幼虫则因在发育过程中移行于真胃、小肠、胆管和胆囊，可造成较严重的疾病，甚至导致死亡。该病遍及全国各地，南方较北方更为多见。这是绵羊的一种急性寄生虫病，早期以十二指肠炎与腹泻为特征。

【病原】 该病病原为前后盘吸虫。该虫虫体深红或灰白色，呈圆柱状、梨状、圆锥状或瓜子状等，大小数毫米到20几毫米。腹盘显著大于口盘；口盘位前端，腹盘位后端，故称前后盘吸虫（图4.26，图4.27）。缺咽。食道短，两条盲肠不分支。卵巢位于腹盘前方，卵黄腺位于虫体两侧。两个睾丸椭圆或分叶，前后纵列于卵巢前方。生殖孔开口于肠叉后方。虫卵卵圆形，深灰或无色，有卵盖，内含一个胚细胞和多个卵黄细胞，但卵黄细胞不充满虫卵，一端较拥挤，另一端留有空隙。虫卵大小因种而异。羊前后盘吸虫卵大小为（114~176）μm×（73~100）μm，虫体为淡红色，圆锥形，长5~11 mm，宽2~4 mm。背面稍拱起，腹面略凹陷，有口吸盘和后吸盘各一。后吸盘位于虫体后端，吸附在羊的胃壁上。口吸盘内有口孔，直通食道，无咽。有盲肠两条，弯曲伸达虫体后部。有两个椭圆形略分叶的睾丸，前后排列于虫体的中部。睾丸后部有圆形卵巢。子宫弯曲，内充满虫卵。卵黄腺呈颗粒状，散布于虫体两侧，从口吸盘延伸到后吸盘。虫卵的形状与肝片吸虫很相似，灰白色，椭圆形，卵黄细胞不充满整个虫卵，只在一方面集结成群。长菲策吸虫虫体为深红色，长圆筒状，前端稍尖，长10~23 mm，宽3~5 mm。体腹面具有楔状大腹袋。两分叉的盲管仅达体中部。有分叶状的两个睾丸，斜列在后吸盘前方。圆形的卵巢位于两侧睾丸之间。卵黄腺呈小颗粒状，散布在虫体的两侧。子宫沿虫体中线向前通到生殖孔，开口于肠管分叉处的前方。虫卵和羊前后盘

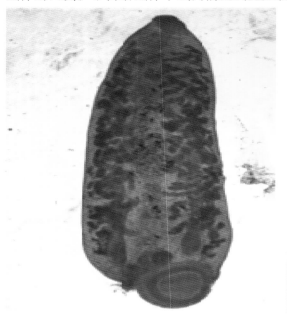

图4.26　前后盘吸虫

图4.27　收集的前后盘吸虫成虫

吸虫相似。

【流行特点】 前后盘吸虫的中间宿主为多种淡水螺蛳。除平腹吸虫成虫寄生于牛、羊盲肠中外，其他种的成虫寄生在牛、羊等反刍兽的瘤胃和网胃壁上。终宿主牛、羊因吃入含囊蚴的水草而感染，在肠内童虫逸出，在小肠、胆管、胆囊和真胃内移行并寄生数十天，最后上行至瘤胃或网胃发育为成虫。此外，在腹腔、腹水、大肠、肝、肾和膀胱等处也可见童虫，但均不能发育成熟而停留于童虫阶段。前后盘吸虫病呈世界性分布，我国各地都有不同程度的流行。该病多发于夏秋两季，特别是在多雨或洪涝年份，若长期在湖滩地放牧，采食水淹过的青草的羊群最易感染，感染羊群中吃草猛、食量大的青壮龄羊常发病较重，病死率较高。该病对牛、羊的危害主要是幼虫期虫体移行，当大量幼虫寄生和移行时可引起严重症状，甚至造成牛、羊大批死亡。

【临床症状】 该病成虫危害不大，但大量幼虫寄生可引起严重症状甚至造成牛、羊大批死亡。在童虫大量入侵十二指肠期间，病羊精神沉郁，厌食，消瘦，被毛粗乱，数天后发生顽固性拉稀，粪便呈粥状或水样，恶臭，混有血液。发病羊急剧消瘦，高度贫血，黏膜苍白，血液稀薄，血红蛋白含量降到40%以下，白细胞总数稍增高，出现核左移现象。体温一般正常。病至后期，发病羊精神萎靡，极度虚弱，眼睑、颌下、胸腹下部水肿，最后常因恶病质而死亡（图4.28）。成虫引起的症状也是消瘦、贫血、下痢和水肿，但病程缓慢。

图 4.28 被前后盘吸虫寄生的病羊：身体消瘦、精神沉郁

【病理变化】 剖检可见尸体消瘦，皮下脂肪消失，淋巴结肿大，真胃、小肠黏膜水肿，有大量出血点，有时可见坏死灶；大肠含有大量液体，混有血液；十二指肠肿胀、出血，可能含有大量幼虫。成虫寄生部位发炎，结缔组织增生，形成米粒大的白色小结节。瘤胃绒毛脱落，瘤胃和网胃内可见虫体（图4.29，图4.30）。

【诊断】 病原学检查为其重要的实验室检查手段。成虫寄生时，可用水洗沉法在粪便中查找虫卵，虫卵的形态与肝片吸虫很相似，但颜色不同；童虫引起的疾病，其生前诊断主要是结合症状，根据流行病学资料做出推断；用驱童虫的药物试治，如果在粪便中找到相当

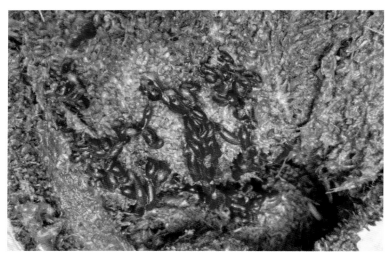

图 4.29 前后盘吸虫在瘤胃寄生部位
（图片提供：王大山）

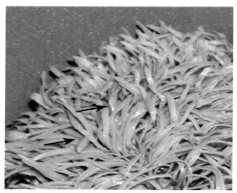

图 4.30 前后盘吸虫寄生的胃：
在胃绒毛中可看到大量的前后盘吸虫（见黑色箭头指示）

数量的童虫或者症状好转，即可做出判断；死后诊断可根据病变及大量童虫或成虫的存在做出确诊。

【防治措施】

（1）定期驱虫：驱虫的次数和时间必须与当地的具体情况及条件相结合。如每年进行一次驱虫，可在秋末冬初进行；进行两次驱虫，另一次驱虫可在翌年的春季。

（2）杀灭虫卵：及时对畜舍内的粪便进行堆积发酵，以便利用生物热杀死虫卵。尽可能避免在沼泽、低洼地区放牧，以免感染囊蚴。动物饮水最好用自来水、井水或流动的河水，并保持水源清洁卫生，有条件的地区可采用轮牧方式，以减少病原的感染机会。

（3）消灭中间宿主：可结合水土改造，以破坏螺蛳的生活条件。流行地区应用药物灭螺时，可选用 20 mg/L 的硫酸铜溶液或 2.5 mg/L 的血防 67 对螺蛳进行浸杀或喷杀。

（4）治疗：硫双二氯酚，每千克体重，80~100 mg，1 次灌服；硝硫氰醚（7804），每千克体重，35~55 mg，配制成悬浮液，1 次灌服；氯硝柳胺（灭绦灵），每千克体重，75~

80 mg，1 次灌服。

（除特殊标注外，本病图片提供：河南农业大学寄生虫学实验室）

（十二）细颈囊尾蚴病

细颈囊尾蚴病是由泡状带绦虫的幼虫细颈囊尾蚴，寄生于绵羊、山羊、黄牛、猪等多种家畜的肝脏浆膜、网膜及肠系膜所引起的一种绦虫蚴病。临床以引起家畜尤其是羔羊的生长发育受阻、体重减轻、出血性肝炎、腹痛为主要特征。成虫寄生于犬、狼、狐等肉食动物的小肠内。本病在全国各地均有不同程度的发生，羊发病多见于与犬接触较为密切的广大牧区。

【病原】　病原为泡状带绦虫的中绦期细颈囊尾蚴，属带科带属。细颈囊尾蚴俗称水铃铛，形状类似苦胆，生于腹腔脏器的网膜上，呈乳白色，囊泡状，囊内充满透明液体，大小如鸡蛋或更大，直径约 8 cm，囊壁薄，在其一端的延伸处有一白结，即其头结所在（图 4.31）。头节上有两行小钩，颈细而长。在脏器中的囊体，体外还有一层由宿主组织反应产生的厚膜包围，故不透明，颇易与棘球蚴相混。成虫为泡状带绦虫，呈乳白色或稍带黄色，体长可达 5 m，头节的顶突有 26~46 个角质小钩，虫体孕卵节片的子宫内含有大量圆形的虫卵，虫卵内含有六钩蚴。

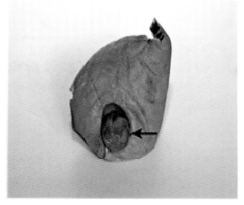 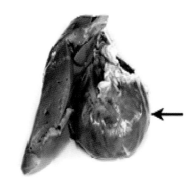

图 4.31　羊肝脏寄生的细颈囊尾蚴（箭头所示）

【流行特点】　感染泡状带绦虫的犬、狼等动物排出的粪便中有绦虫的节片或虫卵，它们随着终宿主的活动污染了牧场、饲料和饮水而使猪、羊等中间宿主遭受感染。蝇类是不容忽视的重要传播媒介。本病呈世界性分布，在我国各地普遍流行，猪感染最普遍，牧区绵羊感染严重，小羊也可感染，牛感染较少。潜伏期为 51 天，成虫在犬体内可生活 1 年之久。童虫寄生在猪、牛、羊等家畜的肠系膜、网膜和肝等处。成虫寄生于犬的小肠。虫卵抵抗力很强，在外界环境中长期存在，导致本病极易广泛散布。

【临床症状】　本病无特异性症状，轻度感染时不表现临床症状。对羔羊、仔猪等为害较严重。多数幼畜表现为虚弱、不安、流涎、不食、消瘦、腹痛和腹泻。有急性腹膜炎时，体温升高并有腹水，按压腹壁有痛感，腹部体积增大。严重时，有童虫大量从肝脏向腹腔移行，可引起出血性肝炎、腹膜炎、贫血、消瘦等症状，但不易察觉。

【病理变化】　病变主要在肝脏、瘤胃浆膜和小肠黏膜上。症状主要表现为血液稀薄、无黏滞性肝脏肿大，质地稍软，被膜粗糙，被覆大量灰白色纤维素性渗出物，并可见散在的出血点。肝脏被膜下和实质可见直径为 1~2 mm 的弯曲索状病灶，初呈暗红色，后转为黄褐色。肝脏腹侧壁、瘤胃的腹侧壁、小肠系膜处分别见鸡蛋大小的"水铃铛"，囊壁薄而透明，内含透明液体，内囊壁上附有一个乳白色、细长的颈部头节。有的羊小肠黏膜上隔 3~5 cm 可见乳白色的头节附着（图 4.32）。

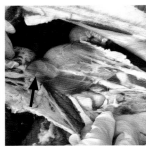

图 4.32　羊腹腔脏器浆膜上寄生的细颈囊尾蚴（箭头所示）

（图片提供：菅复春）

【诊断】

（1）粪便检查：新鲜粪便处理后，用直接涂片检查法和集卵法制玻片，将载玻片置于显微镜下检查。

（2）病原学观察：将脏器上的泡囊小心摘下，剪破囊壁，把乳白色结节置于载玻片上，压片镜检，仔细观察。如发现顶端中央有顶突、顶突上三对小钩成排排列，即六钩蚴结构，即可确诊。

【防治措施】　把好屠宰检疫和病料深埋关，对羊只要集中屠宰，做好兽医卫生检疫，发现羊细颈囊尾蚴病，将其病料和其他废弃物集中深埋。凡患有羊细颈囊尾蚴病的肝、肺等脏器，严禁喂犬，应一律销毁。对犬进行定期投药、驱虫，驱虫药可用吡喹酮丙硫苯咪唑等。饲草、饮水防止被犬粪污染，对给药犬拉出的粪便进行烧毁或深埋。养成良好的生活卫生习惯，患病动物的器官、胴体不随意弃置，应深埋或焚烧，不给犬喂生的动物脏器，应煮熟煮透后再投喂。加强屠宰检疫力度，严禁患病动物脏器上市，对感染严重的胴体坚决销毁。

吡喹酮对细颈囊尾蚴病有一定疗效，治疗时可按每千克体重给药 100 mg，用无菌液体石蜡将吡喹酮配成 10% 的混悬液，分两天两次肌内注射。对犬进行定期驱虫，可用药物有吡喹酮、氯硝柳胺。

（除特别标注外，本病图片提供：河南农业大学寄生虫学实验室）

（十三）棘球蚴病

棘球蚴病（包虫病）是一种人畜共患的寄生虫病。棘球蚴成虫寄生在犬、狼、猫等肉食动物（终末宿主）的小肠内，中绦期寄生于绵羊和山羊的肝脏、肺脏和心脏等组织中。临床以脏器萎缩和功能障碍为该病的主要特征。该病在世界范围内流行，我国是棘球蚴病发病率最高的国家之一，尤其在我国甘肃、青海、宁夏、新疆、西藏和内蒙古等省（自治区）流行。棘球蚴病严重为害人体健康，妨碍畜牧业生产。

【病原】　棘球蚴病病原是扁形动物门绦虫纲、多节亚纲、圆叶目带科、棘球属的棘球绦虫的幼虫。在我国，常见的棘球绦虫有细粒棘球绦虫和多房棘球绦虫。细粒棘球绦虫很小，仅有 2~7 mm 长，由 1 个头节和 3~4 个节片组成。头节上有 4 个吸盘，顶突钩 36~40 个，虫卵大小为（32~36）μm×（25~30）μm（图 4.33）。细粒棘球蚴为包囊状，内含液体。形状一般似球状，直径为 5~10 cm。游离于囊液中的育囊、原头蚴和子囊统称为棘球砂（图 4.34）。多房棘球绦虫与细粒棘球绦虫相似，长仅 1.2~4.5 mm。多房棘球蚴，又称泡球蚴，由无数个小的囊泡聚集而成。

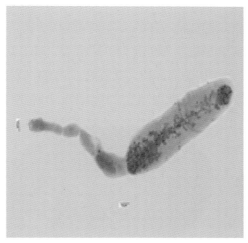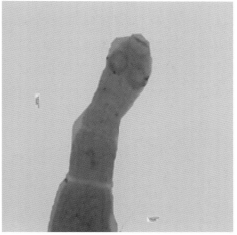

图 4.33　细粒棘球蚴虫（20×）和头节（50×）

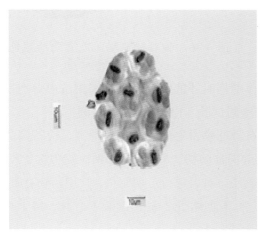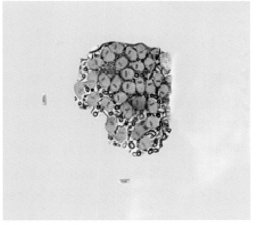

图 4.34　细粒棘球砂（4×）

【流行特点】　棘球蚴病呈世界性分布，以牧区为多。国内主要流行于新疆、甘肃、青海、内蒙古等地，其他地区零星分布。绵羊感染率最高，分布面积最广。

【临床症状】 棘球蚴可引起机械性压迫、中毒和过敏反应等症状，其严重程度主要取决于棘球蚴的大小、数量和寄生部位。机械性压迫使周围组织发生萎缩和功能障碍，代谢产物被吸收后，周围组织易发生炎症或全身过敏反应，严重者死亡；棘球蚴若寄生在浅表位置，可在体表形成肿块，触之坚韧而富有弹性，叩诊时可有棘球蚴震颤。绵羊对棘球蚴较敏感，病死率也较高，严重感染者表现为消瘦、被毛逆立、脱毛、倒地不起。

【病理变化】 棘球蚴的囊泡常见于肝和肺。单个囊泡大多位于器官的浅表，凸出于器官的浆膜上。有时会出现无数个大小不一的囊泡，常紧靠在一起，直径一般为5~10 cm，小的仅黄豆大小，大的直径可达50 cm，可以完全遮盖器官的表面，囊泡之间仅残留窄条状器官实质。囊泡为灰白色或浅黄色，呈球状、卵圆状或其他不规则的形状，能波动（因含大量液体），有弹性，迅速切开或穿刺时，可流出透明的囊液。囊膜由两层构成，外层为角质层，内层为胚层，是头节的来源。棘球蚴的外面常由肉芽组织形成的光滑、发亮的包囊所围绕。肉芽组织包囊和棘球蚴囊膜之间仅由少量浆液分开，两者虽极为靠近，但并未融合，切开后，棘球蚴易于脱出。棘球蚴常常变性，液体被吸收，剩余浓稠的内容物，囊萎陷、皱缩；胚层变性，仅保留角质层。变性坏死和萎陷的棘球蚴可继发感染，或发生钙化（图4.35、图4.36）。

图4.35　被棘球蚴侵害的肺脏浸渍标本

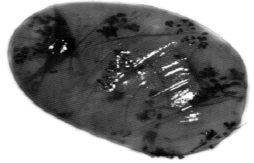

图4.36　细粒棘球蚴（包囊内的黑色斑点为原头蚴和子囊）

【诊断】 生前诊断比较困难，往往在尸体剖检时才能发现，也可采用皮内变态反应检查法、间接血球凝集试验（IHA）以及酶联免疫吸附试验（ELISA）进行诊断。

【防治措施】 加强肉品卫生检验工作，有棘球蚴寄生的内脏不可喂犬，应按肉品卫生检验规程进行无害化处理。加强管理，捕杀野犬等肉食动物。人与犬接触时，应注意个人卫生。保持畜舍、饲草、饮水的卫生，防止环境被犬粪污染。对犬进行定期驱虫，常用药物有吡喹酮，每千克体重5 mg，疗效100%；氢溴酸槟榔碱，每千克体重2 mg；盐酸丁奈脒，每千克体重25 mg。驱虫后，特别要注意犬粪的无害化处理。

常用吡喹酮和丙硫咪唑对患羊进行治疗。

（除特殊标注外，本病图片提供：河南农业大学寄生虫学实验室）

（十四）羊绦虫病

羊绦虫病是羊主要的寄生虫病，通常是由寄生于羊小肠内的莫尼茨绦虫、曲子宫绦虫和无卵黄腺绦虫等数种绦虫引起的，其中莫尼茨绦虫为害较为严重。该病主要为害羔羊，影响幼畜生长发育，严重感染时可导致死亡。

【病原】　本病的病原是绦虫，寄生在羊小肠内的绦虫有 3 个属，即莫尼茨绦虫属、曲子宫绦虫属和无卵黄腺绦虫属。它们在外观上颇相似，头节小，近似球状，上有 4 个吸盘，无顶突和小钩。虫体扁平，呈乳白色带状，分为头节、颈节、体节 3 个部分。绦虫雌雄同体，全长 1~5 m，每个体节上都包括 1~2 组雌雄生殖器官，自体受精。莫尼茨绦虫的子宫呈网状（图 4.37，图 4.38）。曲子宫绦虫的子宫管状横行，呈波状弯曲，几乎横贯节片的全部。无卵黄腺绦虫子宫在节片中央，无卵黄腺和梅氏腺。虫卵近似圆形、三角形或者四角形，卵内有特殊的梨形器，器内含六钩蚴。

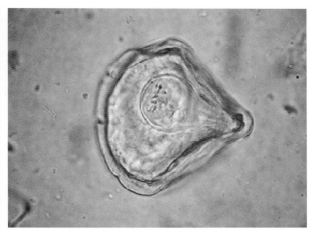

图 4.37　扩展莫尼茨绦虫成虫孕间节片　　　图 4.38　扩展莫尼茨绦虫虫卵（40×）
　　　　　　（10×）

【流行特点】　该病可感染各种品种的羊，不同日龄的羊均可发病，一般 1 岁以内的幼羊多发，青年羊也会发病或死亡，2 岁以上的羊发病率较低，这和其已经获得的免疫力有关。该病的流行具有明显的季节性，呈地方性流行。羊一般 2~3 月被感染，4 月发病，5~7 月感染达最高峰，8 月以后逐渐下降。在春夏秋温暖的季节，地螨滋生繁殖，尤其在草地、森林以及灌木丛生的地方，于早晨、黄昏或阴雨天，地螨密集在植物的茎叶上，羊吃草时同时会食入地螨而导致地方性发病流行。莫尼茨绦虫和曲子宫绦虫分布于全国各地，无卵黄腺绦虫主要分布在高寒、干燥地区。莫尼茨绦虫多感染羔羊，曲子宫绦虫对各种年龄的羊均可感染，而无卵黄腺绦虫则主要感染成年羊。

【临床症状】　羊感染后的症状因感染强度、年龄而异。一般病羊体温变化不大，病程长，明显消瘦，腹泻，排带有黄白色节片的稀粪，转圈，磨牙。在轻度感染时，病羊症状不甚明显或偶有消化不良的表现。当寄生数量较多时，症状加重，尤其是幼年羊只症状最明显。

此时病羊常精神不振、食欲减退、消化紊乱、发育迟滞、饮水增加、消瘦、贫血、水肿、脱毛、被毛粗乱、失去光泽，腹部疼痛和鼓气，下痢和便秘交替出现，淋巴结肿大。粪便中混有乳白色的绦虫节片，有时体温升高，躺卧不起，黏膜苍白。被毛干枯无光泽，体重迅速下降。有时发生抽搐、旋回运动、痉挛、转圈等神经症状。有的病羊因虫体成团引起肠阻塞而产生腹痛甚至发生肠破裂。病程后期病羊因机体衰竭而卧地不起，头仰向后方，并经常做空口咀嚼动作，口周围有泡沫，精神萎靡，对外界反应迟钝，甚至反应消失，最后因恶病质衰竭而死亡。

【病理变化】 对病死羊进行尸检，尸体消瘦、黏膜苍白、贫血。胸腔渗出液增多。肠有时发生阻塞或扭转。肠系膜淋巴结、肠黏膜、脾增生。肠黏膜出血，肠内有绦虫（图4.39）。注意要与片形吸虫病、阔盘吸虫病、捻转血矛线虫病等寄生虫病进行鉴别诊断。

【诊断】 观察粪便中有无绦虫节片，最好是每天清晨检查畜舍内的新鲜粪便，或做粪便中的虫卵检查，可用饱和盐水漂浮法或沉淀法。

图 4.39　病死黑山羊剖检发现的肠道绦虫（羊体表白色条带状的）
（图片提供：王大山）

【防治措施】

（1）实行科学放牧：避免夏秋季节、雨后或早晚有露水时放牧。可采取圈养或轮牧的方式，以减少羊吞食地螨而感染。另外，在饲料中加入微量元素和多种维生素等，避免羊缺乏某些微量元素和维生素而啃食泥土，进而染病（寒冷季节地螨大都钻入土壤腐殖层中越冬）。

（2）定期科学驱虫：一般每年5~6月应对羊群进行成虫前期的驱虫，驱虫后的羊群必须转入清洁的草场和圈内。6月下旬至7月上旬对带虫羊进行成虫期驱虫。在舍饲改放牧前也要对羊群驱虫，放牧1个月内驱虫2次，1个月后第3次驱虫。如果发现羊感染莫尼茨绦虫时，应立即对所有的羊只进行全面驱虫。驱虫后，经10~15天后检查如仍有莫尼茨绦虫，可进行第2次驱虫。

（3）科学饲养管理：在羊莫尼茨绦虫病多发地区，要加强饲养管理。如及时清除粪便，并做好粪便的发酵处理工作，特别是驱虫后的羊粪便要及时集中堆积发酵，至少2~3个月才能杀灭虫卵。经过驱虫的羊群，要及时转移到无污染的牧场；可采取深耕土壤、开垦荒地、种植牧草、更新牧地等方式减少地螨的繁衍，减少羊莫尼茨绦虫病的发生。

（4）一旦发现羊感染莫尼茨绦虫发病时，应及时进行治疗处理。治疗莫尼茨绦虫病的药物很多，可选择使用以下药物：硫双二氯酚，每千克体重，75~100 mg；氯硝柳胺（灭绦灵），每千克体重，80~100 mg；丙硫咪唑，每千克体重，10 mg；吡喹酮，每千克体重，8~15 mg。

以上药物配成悬浮液一次口服，1周后重复用药1次。

二、非生物性消化系统病

（一）口腔炎症

口腔炎症又名口疮，是口腔黏膜炎症的总称，包括舌炎、腭炎和齿龈炎。口腔炎症类型较多，各种家畜都可发生，尤以羊多发，羔羊多见。

【病因】 该病病因主要是机械损伤，如采食粗硬有芒刺的饲草（麦秸、玉米秸秆、向日葵头、狼针草等），饲草中混有各种尖锐外物（如骨头、铁丝、碎玻璃、疫苗注射器针头）等。误食高浓度的刺激性药物（水合氯醛、醋酸、铵盐、酒石酸锑钾等）或有毒植物（毛茛科植物、白芥等），维生素缺乏，采食冰冻、发霉的不良饲草料，牙齿磨面不正，也可引起本病的发生。

【症状】 病羊采食缓慢，食欲减少或拒食，口流灰白色恶臭黏液，颊部、齿龈、舌、咽等处发生假膜性炎症或糜烂坏死性溃疡；舌、齿龈易出血；颌下淋巴结及唾液腺呈轻度肿胀；有时体温升高。如不及时治疗，会因继发感染而死亡。

检查口腔，可见口黏膜发红、肿胀、增温、疼痛，有时可见创伤、水疱、溃疡和糜烂等。溃疡和糜烂有时遍及牙龈（图4.40，图4.41，图4.42）。临床上主要表现为流涎、采食、

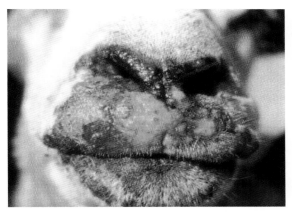

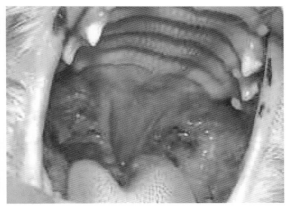

图4.40 羊口鼻周围的假膜性炎症　　　　图4.41 患病羊的口腔黏膜发红

咀嚼困难。

【诊断】 患畜食欲减少或废绝，拒食粗硬饲草料，流涎，常选择植物的柔软部分小心咀嚼，或略微咀嚼又从口中成团吐出，由于炎症，致唾液分泌增加。每次咀嚼时，口角附着白色泡沫或有大量唾液呈丝状从口中流出是各类型口炎的典型特征。病羊常拒绝检查口腔，口腔黏膜充血、红肿、疼痛及口温升高，口腔恶臭是其共同的临床特征。

口腔炎症发病原因比较复杂，若出现群发性的口腔炎症，就要考虑是否是传染病所致。首先应立即采集口腔新鲜水疱皮，保存在50%甘油中，送当地动物疾病防控中心进行鉴别确诊，并做好相应的预防措施。

【预防】 加强饲养管理，按照免疫程序，定期进行疫苗注射，合理调配饲草料，防止带刺异物、有毒植物混入饲料，不喂发霉、变质和冰冻的饲草料。严格按要求使用带有刺激性或腐蚀性的药物。对羔羊的饲养要特别注意饲料质量，多喂柔软青嫩的牧草，适当补充多种维生素，特别是瘤胃消化功能尚未健全时，应注意补充维生素 B 和维生素 C。定期检查口腔，牙齿不齐时及时修整。对饲槽用具、圈舍环境等定期进行消毒，控制病原菌的繁殖，防止疫病的发生和流行。

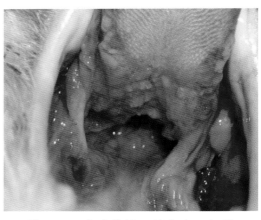

图 4.42 患病羊的口腔充血、红肿

【治疗】 消除病因，拔出芒刺，除去锐齿，不喂霉败饲料，给予易消化的饲料和清洁的饮水等。

炎症初期，用 0.1% 雷佛诺尔或 0.1% 高锰酸钾溶液冲洗口腔，也可用 20% 盐水冲洗；发生糜烂及渗出时，可用 2% 的明矾液冲洗；口腔黏膜有溃疡时，可用碘甘油、5% 碘酊、甲紫溶液冲洗，或用磺胺软膏、四环素软膏等涂布患处。

如继发细菌感染，病羊体温升高时，可用青霉素 40 万 ~80 万 U、链霉素 100 万 U 肌内注射，每天 2 次，连用 3~5 天，也可内服或注射磺胺类药物等。

（除特殊标注外，本病图片提供：高娃）

（二）羊食管阻塞

食管阻塞是羊食道因草料团或异物阻塞而引起吞咽障碍的一种急性疾病，俗称"草噎"。本病常发于舍饲育肥羊。

【病因】 该病主要是由于羊抢食、贪食，食物或异物未经咀嚼便囫囵吞下所致。在垃圾堆放处放牧，羊采食了菜根、萝卜、塑料袋、地膜等阻塞性食物也会引起该病。继发性阻塞见于异食癖、食管狭窄、扩张、憩室、麻痹、痉挛及炎症等病程中。

【主要症状】 采食中突然发病，停止采食，惊恐不安，头颈伸展，空嚼吞咽，大量流涎，呼吸急促，当异物进入气管时还会引起咳嗽、流泪。食管完全阻塞时，吞咽的饲料残渣、唾液等有时从鼻孔逆出，颈左侧食管沟阻塞上部呈圆桶状膨隆，触压有波动感（图 4.43）。若阻塞发生在颈部食管，可触到很硬的阻塞物，并易发瘤胃臌气。不完全阻塞则不见瘤胃臌气。当用胃管探诊时，插到阻塞处，有抵抗感觉，如果强行插入，病羊有疼痛表现。向胃管灌水，能缓慢流入的为不完

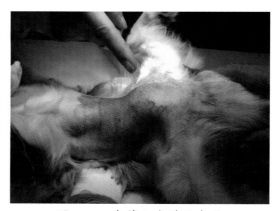

图 4.43 食管阻塞羊的食道

全阻塞，反之为完全阻塞。

【诊断】　依据胃管探诊和 X 射线检查可以确诊。若阻塞物部位在颈部，可用手触诊能摸到。阻塞时如果鼻腔分泌物吸入气管还可引起异物性气管炎和异物性肺炎。咽炎、瘤胃臌胀和一些口腔疾病的临床症状与食管阻塞有相似之处，要鉴别诊断。

【防止措施】　加强管理，防止羊偷吃到未加工的块根饲料，补充维生素和微量元素添加剂，经常清理羊舍周围的废弃物，以消除隐患。

对该病的治疗原则上是以解除阻塞、消除炎症、预防并发症的发生为主。一般情况下排除阻塞物后该病症状立即消失，但羊常伴发急性瘤胃臌气，或引起窒息死亡。因而要尽早确诊，及时处理，降低病死率。

阻塞物如果是草料团，可将羊固定好，插胃管后用橡皮球吸水注入胃管，在阻塞物上部或前部软化，反复冲洗，边注入边吸出，反复操作，直到食管畅通。当阻塞物易碎、表面光滑且阻塞在颈部食道，可在阻塞物两侧垫上软垫，将一侧固定，在另一侧用木槌或拳头砸（用力要均匀）使其破碎后咽入瘤胃。当阻塞物在食管下部靠近贲门部位时，可用植物油或石蜡油 30 mL 通过胃管送到阻塞部位，静止 10~12 分钟，再把阻塞物推进瘤胃。如果阻塞物无法推进瘤胃，就要考虑实施食管切开术，取出阻塞物。若阻塞物为塑料制品（地膜、食品袋等），也要考虑手术取出，但预后多不良。当发生瘤胃臌气时，要及时放气，以免羊死亡。

（本病图片提供：高娃）

（三）前胃弛缓

前胃弛缓是指前胃（瘤胃、网胃和瓣胃）神经兴奋性降低，肌肉收缩和兴奋能力减弱，饲料在前胃不能正常消化和向后移动，因而饲料在瘤胃中腐败分解，产生有毒物质引起消化机能障碍和全身机能紊乱的一种疾病。本病多见于山羊，绵羊较少发病。

【病因】　饲养管理不当是引起原发性前胃弛缓的主要诱因，如精饲料饲喂过多；食入过多不易消化的粗饲料；饲喂发霉、变质、冰冻的饲草料；饲料突然发生改变；维生素及微量元素、矿物质缺乏（特别是缺钙，易导致神经 – 体液调节机能紊乱）；饲喂草料后，剧烈运动而使羊得不到休息和反刍；圈舍阴冷，长期缺乏光照、狭小和拥挤等。所有上述这些管理兼饲草料条件变化，均足以严重破坏前胃的正常消化反射，导致前胃机能紊乱。

继发性前胃弛缓通常被看成是其他疾病在临床上呈现的消化不良的一种综合征。常见于某些寄生虫病，如肝片吸虫、血孢子虫病等，以及一些传染病，如结核、布鲁氏菌病、传染性胸膜肺炎等。一些普通疾病也可继发本病，如口炎、瘤胃臌气、创伤性网胃炎、肠胃炎、瓣胃阻塞、骨软症、酮病及齿病等。

【主要症状】　临床上以消化障碍、食欲减退、反刍减缓，胃蠕动减慢或停止为典型特征，严重时可造成家畜死亡。此病为反刍动物最常见的疾病之一，特别是舍饲状态下的育肥老羊发病率较高。

【诊断】　该病分为急性和慢性两种类型。急性型表现为：食欲降低、反刍减少或消失，胃肠蠕动减慢，排出带有暗红色黏液的干燥粪便，精神沉郁，瘤胃内容物腐败发酵，气体大量增加，左腹膨隆，触诊有柔软感，体温、脉搏基本正常（图4.44）。瘤胃液酸度增高，pH值降至5.5以下，纤毛虫数量减少、活力降低，消化能力减弱。慢性型病程长，病羊体况日渐消瘦，被毛粗乱，便秘、腹泻交替进行，症状严重的病羊出现全身反应，甚至引起死亡。

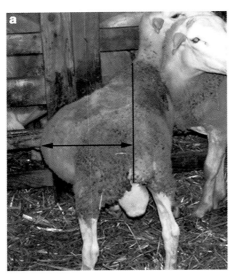

图4.44　前胃弛缓羊，左腹膨隆

本病还应与创伤性网胃腹膜炎、瘤胃积食加以区别。创伤性网胃腹膜炎有姿势异常、体温升高现象，触诊网胃区出现疼痛反应。瘤胃积食有瘤胃内容物充满、坚硬的表现。

【预防措施】　预防本病加强饲养管理是关键。平时应不饲喂腐败、变质、冰冻的饲料；配制全价日粮；羊进料要定时定量，以保证有充足的运动时间和休息时间。

治疗时以缓泻、止酵、促进瘤胃蠕动为原则。疾病初期先禁食1~2天，每天按摩瘤胃数次，每次8~15分钟，并少量饲喂易消化的多汁饲料。瘤胃内容物过多时，投服缓泻剂，常用的有液体石蜡100~200 mL或硫酸镁20~30 g。为了促进瘤胃蠕动，增强神经兴奋性，皮下注射氨甲酰胆碱0.2~0.4 mg或毛果芸香碱5~10 mg，也可用大蒜酊20 mL、龙胆末10 g、豆蔻酊10 mL，加水适量，一次口服。

临床上证明静脉注射促反刍液（通常用5%氯化钠溶液150 mL，5%氯化钙溶液150 mL，安钠咖0.5 g，1次静脉注射）或10%~20%的高渗盐水（每千克体重0.1 g）内加10%安钠咖20 mL，一次静脉注射，也有良好的效果。当发生酸中毒时，静脉注射25%葡萄糖200~500 mL，碳酸氢钠溶液200 mL，或口服碳酸氢钠10~15 g，但治疗效果不如静脉注射。

中药可用党参、白术、陈皮、木香各15 g，麦芽、健曲、生姜各30~45 g，研末冲服。

（本病图片提供：高娃）

（四）瘤胃积食

瘤胃积食又称急性胃扩张，是反刍动物采食过多难消化、易膨胀的精料或粗纤维饲料及难以消化的毛发及其他化学纤维（图 4.45），致使瘤胃体积增大，胃壁扩张，运动机能紊乱，胃内容物滞留引起的一种严重消化不良性疾病。中兽医上称为"畜草不转"。本病以舍饲羊常发。

【**病因**】 瘤胃积食主要是过食所致，饲料的适口性较好常引起过食。另外，采食过多难消化的粗纤维饲料或易膨胀的干饲料也会引发本病。

运动过量或缺乏，体质虚弱，饮水不足，突然变换饲料等都是本病发生的诱因。瓣胃阻塞、创伤性网胃炎、真胃炎等也可继发本病。

【**主要症状**】 以反刍、嗳气停止，瘤胃坚实，腹痛，瘤胃蠕动减弱或消失为典型特征。

【**诊断**】 根据过食病史常常可做出初步确诊。一般情况下表现为：发病急，发病初期食欲减退或废绝，反刍、嗳气减少或很快停止，腹痛不安，努责，弓背，后蹄踏地或踢腹，瘤胃扩张（图 4.46），腹部膨大，尤以左肷部明显。触诊瘤胃饱满、坚实，有痛感。听诊初期瘤胃蠕动音增强，后期减弱或消失。病羊呼吸困难，结膜发绀，心跳急促，排便不畅，初期排出少量干而色暗并带有黏液的粪便，偶尔亦可排出少量恶臭的稀便，尿少或无尿，体温多无太大变化。

图 4.45 羊瘤胃内发现大量误食的塑料袋和难以消化的毛发及其他化学纤维
（图片提供：菅复春）

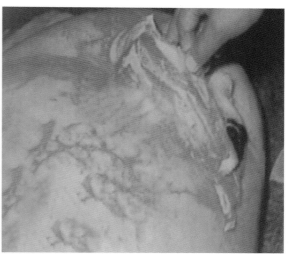

图 4.46 瘤胃积食而导致的瘤胃扩张

过食豆谷类引起的瘤胃积食，通常呈急性。大量采食豆谷类饲料后，12 小时就出现症状，而采食豆类饲料则需要 48~72 小时才出现临床症状。粪便中可发现未消化的豆谷颗粒。瘤胃听诊可听到漉漉的气体发生音，有时可出现腹泻或胃肠臌气，继而出现视力障碍，盲目直走或转圈；严重者病羊狂躁不安，头顶墙壁或冲击人畜或嗜睡不起，出现严重的脱水、酸中毒是豆谷积食的主要特征，最后因窒息或心脏衰竭而死亡。

轻型病例甚至不加治疗可于 1~2 天康复。一般病程为 7~10 天，常有反复，时好时坏。若积食与弛缓合并发生往往呈慢性经过。急性病例 12 小时左右就出现症状，24~72 小时死亡率最高。6~10 天内没有任何好转的征兆甚至病情有急性发展等往往预后不良；如果出现食欲增加，反刍和瘤胃蠕动并有嗳气和粪便排出，表示病情好转。

【防治措施】 加强饲养管理，防止过量采食，合理放牧。

治疗时以排出瘤胃内容物，止酵，防止自体中毒和提高瘤胃兴奋性为原则。病情较轻的可禁食 1~2 天，勤喝水，经常按摩瘤胃，每次 10~15 分钟，可自愈。如能结合按摩并灌服大量温水则效果更好。

消导下泻可用盐类和油类泻剂混合后灌服，通常使用的有硫酸镁或硫酸钠 50 g、液体石蜡 80~100 mL，加水溶解后一次内服。止酵防腐，可用甲酚皂溶液 3 mL 或福尔马林 1~3 mL，或鱼石脂 1~3 g，加水适量内服。促进瘤胃蠕动，可用 10% 盐水 100~200 mL，或促反刍液 200 mL，静脉注射有良好效果。发生酸中毒时，可用 5% 碳酸氢钠溶液 100 mL，5% 葡萄糖溶液 200 mL，静脉注射。发生心衰时，用 10% 安钠咖 5 mL，或 10% 樟脑磺酸钠 4 mL，肌内注射。

积食严重时，需采取手术措施，取出瘤胃内容物，同时静脉注射抗生素（青霉素钠）和糖盐水，防止继发感染。

（除特殊标注外，本病图片提供：高娃）

（五）瘤胃臌胀

瘤胃臌胀又称瘤胃臌气，是羊采食了大量易发酵的饲草料，在瘤胃微生物的参与下饲草过度发酵，迅速产生大量气体，机体对气体的吸收与排出发生障碍，致瘤胃容积急剧增大，胃壁发生急剧扩张而引起反刍、嗳气障碍及消化系统机能紊乱的一种常见疾病。本病绵羊多发，山羊少见。

【病因】 在牧草丰盛的季节，羊采食了大量易发酵的饲草料；或者是在霜冻季节，羊采食了带霜的青绿饲料，霉败、变质的青贮饲料，有毒植物、豆类等。这些饲料会导致羊的瘤胃内在短时间内生成大量气体，气体不能通过嗳气充分排出，在瘤胃内积聚。这是引起原发性瘤胃膨胀的主要病因。

继发性瘤胃臌胀主要是食管阻塞、前胃弛缓、创伤性网胃炎及真胃积食等疾病过程中，由于嗳气障碍而继发引起。

【主要症状】 急性瘤胃臌气初期，病羊表现不安，回头顾腹，弓背伸腰，肷窝突起，有时左肷向外突出高于髋结节或中背线。反刍和嗳气停止。触诊腹部有弹性，叩诊呈鼓音。听诊瘤胃蠕动音减弱。黏膜发绀，心率加快，呼吸困难，严重者张口呼吸、步态不稳、卧地不起，如不及时抢救，会迅速发生窒息或心脏停搏而死亡。

【诊断】

（1）原发性瘤胃臌胀：发病迅速，常于采食易发酵饲草料后 15~30 分钟出现臌气，很快伴有精神萎靡，食欲废绝，反刍、嗳气停止，左腹部急剧膨胀，严重时高过脊背，腹壁紧张，触诊有弹性，叩诊呈鼓音或金属音，听诊瘤胃蠕动音初期增强，以后逐渐减弱至停止，体温正常，呼吸急促，可视黏膜发绀，运动失调，最后倒地呻吟而死（图 4.47）。

图 4.47 因瘤胃臌胀而死亡的羊

（2）泡沫性瘤胃臌胀：表现为张口流涎，常有泡沫状唾液从口腔中溢出或喷出，臌胀发展非常迅速，病症严重，发病几小时就可引起窒息死亡。非泡沫性瘤胃臌气通过胃管或放气针可从胃内排出大量酸臭气体，膨胀显著减轻；而泡沫性瘤胃臌胀仅排出少量气体，或间断性地向外排气，常常堵塞放气针头，膨胀减轻不明显，病程往往预后不良。

（3）继发性瘤胃臌胀：多由继发性疾病发展而来，病程发展缓慢，常在采食或饮水后反复发生，病畜逐渐消瘦，常出现间歇性腹泻和便秘。以非泡沫性瘤胃臌胀居多，治疗多愈后不良。

【防治措施】 加强饲养管理，牧草茂盛时，严格控制饲草饲喂量，特别是优质牧草。平时不喂腐败、变质的青贮饲料，控制发酵饲料的采食量，更换饲料时要渐次进行。

本病的治疗原则为排气减压，消除病因，恢复前胃机能。

（1）病初或轻症病羊，先进行瘤胃按摩，促进瘤胃蠕动、嗳气，并将病羊头抬高，帮助瘤胃内气体排出，同时灌服一些消气健胃的药物（甲酚皂溶液 3 mL、福尔马林 1~3 mL 或鱼石脂 1~3 g，加水适量内服；消气健胃散 100~200 g/ 次，每天 1 剂，开水冲调，候温加食用油灌服。3 天为一疗程）。

（2）重症病羊，要立即采取急救措施，用套管针或胃导管排气、放气。具体方法在左肷部膨胀的最高点或左侧髋关节与最后肋骨连线的中点用套管针穿刺放气，放气速度不要太快，以防引起病羊大脑贫血和昏迷。放气后可通过针管投入药物，胃导管通过口腔进入瘤胃放气、投药（主要投一些消气止酵、防止窒息、对症治疗的药物）。

（3）对采食腐败饲料引起该病的病羊，同时可服泻下剂，如硫酸钠 30~50 g、鱼石脂 10~20 g、干姜末 3~4 g，温水混合，一次灌服。

（4）对于泡沫性瘤胃臌胀以消胀为目的，宜内服表面活性剂药物，如二甲基硅油 0.5~ 1 g；消胀片（含二甲基硅油 25 mg，氢氧化铝 40 mg）25~50 片 / 次；松节油 10 mL，液体石蜡 30 mL，加适量的水一起内服。

（本病图片提供：高娃）

（六）创伤性网胃 – 腹膜炎

羊创伤性网胃 – 腹膜炎（图 4.48）在集约化饲养条件下较易发生，本病多见于山羊，绵羊偶尔发生。

图 4.48　创伤性网胃－腹膜炎

【病因】　该病的发生主要是羊误食了混在饲料中的尖锐金属异物，如铁丝、钢丝、卡子、针头或其他金属片等，从屠宰场现场调查证明，许多生前临床上表现正常的健康动物，网胃中可能发现各种各样的金属异物，但多数不引起网胃壁的损伤，最多导致前胃弛缓。个别金属异物在网胃的收缩过程中，会刺破胃壁引起损伤和发生炎症，当异物穿透横膈膜刺入心包后，就会发生心包炎，当异物穿透胃壁损伤肝、脾等脏器时，可引起腹膜炎和脏器的化脓性炎症。

【主要症状】　本病发病初期临床症状表现不明显，随着病程的加长，病羊开始表现出食欲减退，精神萎靡，反刍减少，瘤胃蠕动减弱或停止，持续性嗳气，排粪减少，粪便干燥，常覆盖一层黏稠的黏液，有时可发现潜血。用手冲击创伤性网胃区及心区，或用拳头顶压剑状软骨区时，病畜表现疼痛、呻吟、躲闪。站立时，肘关节外展，不愿意走下坡路或急转弯，体温一般无异常，但个别略有升高。当发生创伤性心包炎时，体温急剧升高、心跳加快，颈静脉扩张，颌下、胸前区出现水肿。听诊心浊音区扩大，有心包摩擦音和排水音。病情严重时，常发生腹膜粘连、心包化脓和脓毒败血症。急性病例初期血液检查，白细胞总数高达 14 000~20 000 个 /mm^3，白细胞分类初期核左移，嗜中性白细胞高达 70%，淋巴细胞则降至 30% 左右。

【诊断】　根据临床症状和病史，结合进行金属探测仪及 X 光透视拍片检查，确诊本病并不困难。金属探测器检查对网胃和心包内金属异物可获得阳性结果，但对胃内的游离异物难以鉴别，因为凡是探测阳性者未必已造成穿孔；而其他非金属的尖锐物也可造成穿孔，但探测结果阴性。因而金属探测器检查必须结合病情分析才具有实际临床诊断意义，或与 X 线结合进行，可弥补二者的不足。

【预防措施】　加强饲养管理。经常清除饲草料中的金属异物。有条件的牧场应在饲草料加工设备出口处安放磁铁以清除异物，不要在场内乱丢各种铁丝、金属异物等。免疫注射或治疗后一定要注意收集不用的针头，放到指定的垃圾点进行处理。严格禁止危险的金属异物存放在圈舍或饲料加工场所，饲养员禁止佩戴危险饰品。

该病的治疗主要是采取保守疗法，疾病初期，尽量减少活动或放牧，减少草料饲喂量，以降低腹腔脏器对网胃的压力，必要时采取消炎措施如青霉素、链霉素肌内注射，剂量为青霉素 80 万 U，链霉素 0.5 g，1 次 / 天，疗程 1 周。

另外常用的还有站台疗法，将病畜放在一个站台上，使其前躯升高，以减轻网胃承受的压力，促使异物由胃壁退回，有一定的疗效。

病情严重时，可进行瘤胃切开术取出异物，这是治疗本病的一种有效方法，但治疗成本高。可根据羊的经济价值选择进行手术或淘汰。

（本病图片提供：高娃）

（七）皱胃阻塞

皱胃阻塞又称皱胃积食，主要病因是迷走神经调节机能紊乱或受损，导致皱胃内积累大量食糜，胃壁扩张，进而体积增大形成阻塞（图 4.49）。皱胃阻塞同时可继发瓣胃秘结，引起消化机能极度障碍、瘤胃积液、自体中毒和脱水等严重的病理过程，常常导致病畜死亡。

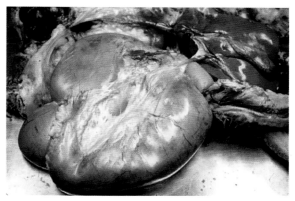

图 4.49　皱胃阻塞

【病因】　原发性皱胃阻塞的根本病因是饲养管理不当。北方各省每年的冬春季节，青绿饲草缺乏，羊长期饲喂谷草、麦秸、玉米秸秆配合谷物精料，同时饮水不足，极易引起本病的发生。

此外，由于羊消化机能和代谢机能紊乱，发生异嗜，喜舔食砂石、水泥、毛球、麻线、破布、木屑、刨花、塑料薄膜甚至食入胎盘等，可引起机械性皱胃阻塞。

继发性皱胃阻塞主要是由前胃弛缓、创伤性网胃炎、皱胃炎、皱胃溃疡、小肠秘结等疾病引起。

【主要症状】　该病发展较慢，初期主要表现出前胃弛缓的症状，具体为食欲减退或不食，反刍减少，部分病羊喜饮水；瘤胃蠕动音减弱，腹围变化不明显，尿量减少，粪便干燥。

随着病情的不断发展，病羊精神萎靡，鼻镜干燥或干裂，食欲废绝，反刍停止，腹围明显增大，瘤胃蠕动音消失，肠音微弱，经常出现排粪姿势，但排出的粪便稀少、糊状、有恶臭味，并混杂少量黏液或紫黑色血丝和血凝块。

当瘤胃大量积液时，冲击式触诊呈现波动或有水响音。按压右侧中下腹部肋骨弓的后下方皱胃区，病羊表现不安，并触到皱胃体积增大而坚硬，若提取皱胃内容物检测，pH 值为 1~4，呈酸性。

【诊断】　根据病羊的临床症状及触诊可以诊断此病。

皱胃阻塞的临床病症与前胃弛缓、皱胃变位或肠扭转的症状有很多相似之处，临床上往往误诊，应加以鉴别。前胃弛缓：右腹部皱胃区往往不隆起，听诊、叩诊没有钢管叩击声。皱胃变位：瘤胃蠕动音虽然低沉但不消失，并且从左腹肋到肘后水平线位置，可以听到由皱胃发出的一种高朗的叮铃声或潺潺的流水声。肠扭转：病畜有明显的肚腹疼痛表现。

【防治措施】 加强饲养管理是预防本病的关键。羊群要定时定量饲喂饲草料，提供优质牧草，保证充足清洁的饮水，并供给全价饲料。

本病治疗原则为消积化滞，促进皱胃内容物排出，防止脱水和酸中毒。

（1）疾病早期，可用25%硫酸镁溶液50 mL、甘油30 mL、生理盐水100 mL，注入皱胃中，注射部位在皱胃区，右腹下肋骨弓处胃体突起的部位。注射8~10小时后，用吡噻可灵2 mL，皮下注射，效果明显。

（2）疾病发展到中期时，主要以改善神经调节功能，提高胃肠运动机能，强心补液为主，同时为了防止继发感染还可使用一些抗生素，具体可用10%氯化钠注射液20 mL，20%安钠咖注射液3 mL，静脉注射。维生素C 10 mL，肌内注射。

（3）到了后期，为了防止脱水和自体中毒，主要以补液为主，5%葡萄糖生理盐水500 mL，20%安钠咖注射液3 mL，40%乌洛托品注射液3 mL，静脉滴注。

（4）中药治疗：加味大承气汤，大黄8克、厚朴3克、枳实8克、芒硝40克、莱菔子12克、生姜12克，水煎，候温，一次灌服。或大黄、郁李仁各8克，牡丹皮、川楝子、桃仁、白芍、蒲公英、双花各10克，当归12克，一次煎服，连服3剂。

皱胃阻塞药物治疗往往疗效不佳，必要时需进行瘤胃切开术，取出阻塞物，冲洗瓣胃和皱胃，达到治疗目的。

（本病图片提供：高娃）

（八）胃肠炎

胃肠炎是指发生在动物真胃和肠黏膜及其深层组织的炎性病变。临床上很多胃炎和肠炎往往相伴发生，故合称为胃肠炎。

【病因】 原发性胃肠炎主要是饲养管理不当所致，如饲喂霉败饲料或不洁的饮水，采食了蓖麻、巴豆等有毒植物，误咽了酸、碱、砷、汞、铅、磷等有强烈刺激或腐蚀的化学物质，食入了尖锐的异物损伤胃肠黏膜后被链球菌、金黄色葡萄球菌等化脓菌感染等，均可导致胃肠炎的发生。

畜舍阴暗潮湿，卫生条件差，气候骤变，车船运输，过劳，过度紧张，动物机体处于应激状态，容易受到致病因素侵害等，也会致使胃肠炎的发生。

此外，滥用抗生素，一方面细菌产生抗药性，另一方面在用药过程中造成肠道的菌群失调引起二重感染，引起胃肠炎。

继发性胃肠炎主要见于急性胃肠卡他、肠便秘、肠变位、幼畜消化不良、化脓性子宫炎、瘤胃炎、创伤性网胃炎、炭疽、病毒性肠炎及大肠杆菌病等。

【主要症状】 本病临床上多以消化功能紊乱、发热、腹痛、腹泻和自体中毒为典型特征，胃肠道主要出现瘀血、出血、化脓、坏死等病理变化（图 4.50）。

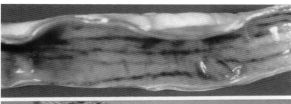
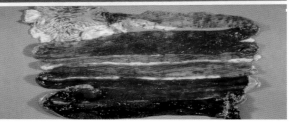

图 4.50 典型出血性胃肠炎的肠道病理变化

【诊断】 发病初期病羊主要表现消化不良，精神沉郁，口渴喜水，食欲及反刍减少至废绝，腹痛，肠蠕动音由渐强到渐弱甚至消失。随后出现剧烈腹泻，粪便呈水样，恶臭，并混有黏液，有时还夹杂血液。病至后期，肛门松弛，排粪失禁。病羊肢体消瘦，皮肤弹性减退，血液浓稠，尿量减少。随着病情恶化，病畜体温降至正常温度以下，四肢厥冷，出冷汗，脉搏微弱甚至脉不感手，出现脱水症状。当肠内发酵及腐败物被吸收时，机体出现中毒现象，精神高度沉郁，昏睡或昏迷直至死亡。

【防治措施】 加强饲养管理是防止本病发生的关键，坚决杜绝饲喂发霉、变质的饲草料，不喂冰冻、有毒饲料，饮用水要清洁，发现病羊及时隔离治疗、淘汰，可有效防止疾病蔓延。

该病治疗原则为清理胃肠道，消炎灭菌，止泻，补液解毒。

（1）清除肠道内有毒物质，可用液体石蜡 50~100 mL，或菜油 100~200 mL，灌服。

（2）抗菌消炎，可用诺氟沙星（氟哌酸），每千克体重 10 mg，每天 2 次，连用 3~5 天；或用乳酸环丙沙星注射液，每千克体重 2.5~5 mg，肌内注射。盐酸黄连素片，0.2~0.5 g，口服，3~5 天为一疗程。庆大霉素 20 万 U，肌内注射，每天 2 次，连用 3~5 天。

（3）为防止脱水要进行补液，可用复方氯化钠注射液或 5% 葡萄糖注射液 300~500 mL，静脉注射；或用 10% 樟脑磺酸钠 4 mL，维生素 C 100 mg，混合溶解后，静脉注射，每天 1 次。

（4）当发生自体中毒时，要进行解毒，可用 25% 葡萄糖注射液 200 mL、5% 碳酸氢钠 50~100 mL、40% 乌洛托品 10 mL，混合后静脉注射，每天 1 次。

（5）当病畜粪稀如水，频泻不止，腥臭气不大，不带黏液时，应止泻。可用炭 10~25 g 加适量清水，内服；或者用鞣酸蛋白 2~5 g、碳酸氢钠 5~8 g，加水适量，内服。

（6）中药可用黄连 4 g，黄芩、黄檗各 10 g，白头翁、砂仁各 6 g，枳壳、茯苓、泽泻各 9 g，水煎去渣，候温灌服。

（本病图片提供：吴树清）

（九）羊酮病

羊酮病又称酮尿病、酮血病、绵羊妊娠病、双羔病，是由于体内碳水化合物及挥发性脂肪酸代谢紊乱，而引起全身性功能失调的一种代谢性疾病，其主要特征为血液、乳汁、尿中酮体含量增高，血糖浓度降低，消化功能紊乱，机体消瘦，有时还有神经症状。该病多见于营养好的母羊、高产母羊及妊娠羊，病死率高。

【病因】 反刍动物通过瘤胃微生物酵解大量纤维素生成挥发性脂肪酸（主要是丙酸），经糖异生途径转化为葡萄糖，给机体提供能量。凡是引起瘤胃内丙酸生成减少的因素，都可引起酮病发生。

酮病的形成受两种饲养条件影响。一种情况是采食高蛋白和高脂肪饲料，而碳水化合物饲料供应不足；另一种情况是采食低蛋白和低脂肪饲料，而碳水化合物饲料也明显供应不足。不论哪一种情况均可引起羊的酮病发生。

另外，因丙酸经糖异生合成葡萄糖必须有维生素 B_{12} 参与，当动物微量元素钴缺乏时，直接影响瘤胃微生物合成维生素 B_{12}，也可影响前胃消化功能，导致酮病产生。

肝脏是反刍动物糖异生的主要场所，肝脏原发性或继发性疾病，都可能影响糖异生作用而诱发酮病。

创伤性网胃炎、前胃弛缓、真胃溃疡、子宫内膜炎、胎衣滞留、产后瘫痪及饲料中毒等均可导致消化机能减退，也是酮病的继发原因。

【主要症状】 本病在临床上一般表现为食欲减退，前胃蠕动减弱，出现消化不良现象，便秘、腹泻交替进行，可视黏膜苍白或黄染。病初呈现兴奋不安，磨牙，颈肩部肌肉痉挛。随后出现站立不稳或站立不起，对外界刺激缺乏反应，呈半昏睡状（图 4.51）。体温稍低于正常，脉搏、呼吸数减少。呼出的气体、排出的尿液和分泌的乳汁由于含有酮体而发出丙酮气味或烂苹果味，此项具有一定的诊断意义。尿液易形成泡沫，pH 值下降，应用亚硝基铁氰化钠法检验尿液，呈现阳性。

图 4.51　酮病羊
（图片提供：马玉忠）

【诊断】 本病临床表现通常很不一致，单独从现场做出诊断比较困难，根据饲养特点、产羔时间（分娩前 10~20 天多发），结合临床症状及血酮、尿酮、血糖等测定结果可以确诊。葡萄糖的特异性治疗反应可以证实本病的诊断。

血液检查表现为血糖浓度降低，从正常的 3.33~4.99 mmol/L 降到 0.14 mmol/L，血清酮体浓度可从正常的 5.85 mmol/L 升高到 5.47 mmol/L，β– 羟丁酸从正常的 0.47 ± 0.06 mmol/L 升高到 8.50 mmol/L。

【防治措施】 加强饲养管理，特别是妊娠母羊后期的饲养管理，日粮搭配要合理，提供营养全面且富含维生素和微量元素的全价饲料。孕羊产前圈舍加强防寒措施，注意保温，分娩前母羊要适当运动。

治疗方法：

（1）50% 葡萄糖 100 mL 静脉注射，对大多数患畜有明显补糖效果，但须重复注射，否则有复发的可能。也可用 25% 葡萄糖 100~200 mL，5% 碳酸氢钠液 100 mL，静脉注射，连用

3~5 天。必须注意的是口服形式补糖效果不佳或无效，因为反刍动物瘤胃中的微生物使糖分解生成挥发性脂肪酸，其中丙酸量很少，因此治疗意义不大。

（2）丙酸钠 20~60 g，口服，2 次 / 天，连用 5~6 天，也可用乳酸钠、乳酸钙、乳酸铵，这些药物都是葡萄糖前体，有生糖作用。

（3）丙二醇或甘油拌料也有很好的治疗效果，一天两次。每次 50 g，连用 2 天，随后每天一次，用量减半。

（4）尽快解除酸中毒，口服碳酸氢钠 20 g，一天两次，或 5% 碳酸氢钠液 100~150 mL，静脉注射。

（5）肌内注射氢化泼尼松 75 mg 和地塞米松 25 mg，并结合静脉补糖，其成活率可达 85% 以上。

（6）加强对病羊的护理，适当减少精料的饲喂量，增喂碳水化合物和富含维生素的饲料。羊适当运动，可增强胃肠消化功能。

（十）羊佝偻病

羊佝偻病是处在生长期的羔羊由于维生素 D 和钙、磷缺乏，或饲料中钙磷比例不合理，引起的一种慢性骨营养不良的代谢性疾病。该病特点是生长骨骼钙化不全，软骨持久性肥大，骺端软骨增大和骨骼弯曲变形。

【病因】 快速生长中的羔羊当阳光照射不足或其他原因造成维生素 D 缺乏，导致钙磷吸收障碍，即使饲料中有充足的钙、磷，也可酿成本病的发生。饲料中钙、磷缺乏或钙、磷比例失调也容易引起佝偻病的发生，一般情况下只要有足够的维生素 D，饲料中钙、磷含量和比例稍有偏差时不会造成佝偻病，只有维生素 D 缺乏或处在生理需要临界线时，钙、磷含量和比例出现偏差或幼畜生长速度过快，则可发生佝偻病。羔羊出现消化紊乱时，就会影响钙、磷及维生素 D 的吸收，内分泌腺的机能紊乱，影响钙的代谢。这也是佝偻病发生的主要原因之一。

【主要症状】 本病临床上以消化紊乱、异食癖、肋骨下端出现佝偻病性念珠状物、跛行、呈罗圈腿或八字形外展状为主要症状。

【诊断】 病羔食欲减退，消化不良，精神沉郁。多出现异食癖，经常见啃食泥土，食砂石，食毛发，食粪便。生长发育非常缓慢或停滞不前，机体消瘦，站立困难，经常卧地，不愿行走。下颌骨肥厚，牙齿钙化不足，排列不整，齿面凸凹不平。管状骨及扁骨的形态渐次发生变化，关节肿胀，肋骨下端出现佝偻病性念珠状物，膨起部分在初期有明显疼痛。跛行，四肢可能呈罗圈腿或八字形外展状，运动时易发生骨折（图 4.52，图 4.53）。病情严重的羔羊，口腔不能闭合，舌突出、流涎，不能正常进食，有时还出现咳嗽、腹泻、呼吸困难和贫血，瘫痪在地。X 线检查可见骨髓变宽和不规则。

【预防措施】 羊舍应该通风良好，有日光照射，羔羊要有足够的户外活动，饲养上注意给予青嫩草料，日粮内的钙、磷比例要适宜。要供给富含维生素 D 的饲料，如鱼粉、青干

图 4.52　患羊跛行，四肢呈八字形外展状
（图片提供：马玉忠）

图 4.53　佝偻病羊四肢呈罗圈腿，运动时易
发生骨折
（图片提供：马玉忠）

草等，这些都有助于防止羔羊佝偻病的发生。

治疗：维生素 D 制剂是治疗本病的主要药物。维丁胶性钙 1~2 mL，肌内注射。维生素 D_2 注射液（40 万 U/mL）0.2~0.5 mL，内服或肌内注射。用含维生素 A 和 D 的鱼肝油制剂进行治疗。羔羊每日内服含维生素 A 10 000U 与维生素 D_2 1 000U 的鱼肝油丸 3~5 粒，连续 10~20 天。或用维生素 A、D 注射液，肌内注射。

（十一）羊食毛症

羊食毛症是羊异食癖中的一种，它是由于羔羊的代谢机能紊乱，味觉异常引起的一种非常复杂的多种疾病的综合征。舍饲的羔羊在秋末春初易发生本病，病羔喜欢啃食羊毛，因而常伴发臌气和腹痛。

【病因】　本病的发病原因较复杂，一般认为以下因素是主要病因。

（1）饲养原因：主要是母羊和羔羊饲料中矿物质和微量元素，如钠、铜、钴、钙、铁、硫等缺乏；钙、磷不足或比例失当；长期食喂酸性饲料；羔羊缺乏必需的蛋白质，这些因素都会引起本病的发生。某些 B 族维生素的缺乏或合成不足时，导致体内代谢机能紊乱，也会引发本病。

（2）环境及管理因素：圈舍拥挤，饲养密度过大，饲养环境恶劣，羊群互相舔食现象严重。圈舍采光不足，运动场狭小，户外运动缺乏，导致阳光照射严重不足，降低了维生素 D 的转化能力，严重影响钙的吸收。这些因素都会导致发病。

（3）寄生虫病因素：药浴不彻底或患疥螨严重而引起脱毛，当羊互相拥挤、啃咬时吞下羊毛。

【主要症状】　该病主要发生在早春，饲草青黄不接时易发，且多见于羔羊。病初啃食母羊的被毛，或羔羊之间互相啃咬股、腹、尾部的毛和被粪尿污染的毛，并采食脱落在地上的羊毛及舔墙、舔土等（图 4.54、图 4.55），同时逐渐出现其他异食现象。当食入的羊毛在胃内形成毛球，且阻塞幽门或嵌入肠道造成皱胃和肠道阻塞时，羔羊出现被毛粗乱，生长迟

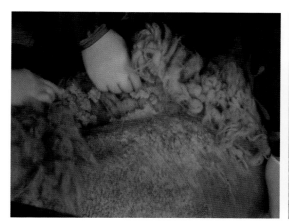

图 4.54　被毛大量脱落或被啃掉

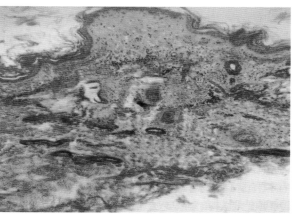

图 4.55　皮肤角化明显，表皮薄，真皮毛囊
萎缩（HE×100）
（图片提供：陈怀涛）

缓，消瘦，下痢及贫血等临床症状，特别是幽门阻塞严重时，则表现出腹痛不安、拱腰、不食、排便停止、气喘等。

【诊断】　根据临床症状和病史，确诊本病不困难。腹部触诊可在胃及肠道摸到核桃大的硬块，可移动，指压不变形。

【防护措施】

（1）预防：必须在病原学诊断的基础上，对母羊加强饲养管理，改善饲料质量，根据土壤、饲料的具体情况，补充相应营养素。有条件的地方应增加放牧时间，增加运动量，延长光照时间。

对羔羊要供给富含蛋白质、维生素及微量元素的饲料，饲料中的钙、磷比例要合理，食盐要补足。及时清理圈内及母羊乳房周围的羊毛，并给羔羊喂食一定量的鸡蛋或其他蛋白质（代乳粉）增加营养，防止羔羊食毛症的发生。

加强羔羊的卫生，防止羔羊互相啃咬食毛。

（2）治疗：治疗本病可采取手术疗法，通过手术取出阻塞的毛球，但往往由于治疗价值不高而不被畜主采纳。

（除特殊标注外，本病图片提供：高娃）

（十二）羊直肠脱出

羊直肠脱出是直肠末端的一部分向外翻转，或其大部分经由肛门向外脱出的一种疾病。

【病因】　肛门括约肌脆弱及机能不全，直肠黏膜与其肌层的附着弛缓或直肠外围的结缔组织弛缓等，均可促使本病的发生。直肠脱出多见于长期便秘、顽固性下痢、直肠炎、母羊分娩时的强烈努责，或久病体弱，或受某些刺激因素的影响，使直肠的后部失去正常的支持固定作用而引起。

【主要症状】　病羊病初仅在排粪或卧地后有小段直肠黏膜外翻，排粪后或起立后自行缩回。如果长期反复发作，则脱出的肠段不易恢复，形成不同程度的出血、水肿、发炎（图4.56），甚至坏死穿孔等。病羊排粪十分困难，体况逐渐衰退。

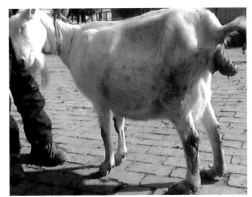

图 4.56 产后山羊直肠脱出

【诊断】 根据病羊临床症状及脱出的肠段来判断本病。

【防治措施】 首先要排除病因，及时治疗便秘、下痢、阴道脱出等原发病。提高饲养管理水平，多喂青绿饲料及各种营养丰富的柔软饲料，并注意适当饮水，这是预防发病和提高疗效的重要措施。

（1）病初，若直肠脱出体外的部分不多，应用 1% 明矾水或 0.5% 高锰酸钾水充分洗净脱出的部分，然后再提起患羊的两后腿，用手指慢慢送回体内。

（2）脱出时间较长，水肿严重时，可用注射针头刺激水肿的黏膜，用纱布衬托，挤出炎性渗出液。对脱出部的表面溃疡、坏死的黏膜，应谨慎除去，直至露出新鲜组织为止。注意不要损伤肠管肌层，然后轻轻送回体内。为了防止复发，可在肛门上下左右分四点注射 1% 普鲁卡因乙醇溶液 20 mL；也可在肛门周围做烟包袋口状缝合，缝合后宜打以活结，以便能随意缩紧或放松。

（3）对黏膜水肿严重及坏死区域较广泛的病羊，可采用黏膜下层切除术。在距肛门周缘 1 cm 处，环形切开直达黏膜下层，向下剥离，翻转黏膜层，将其剪除，最后将顶端黏膜边缘用丝线做结节缝合，整复脱出部分，肛门口再做烟包袋口状缝合。术后注意护理，并结合症状进行全身治疗。

（本病图片提供：宁长申）

（十三）羊黄脂病

羊黄脂病是以羊体内脂肪组织呈现黄色为特征的一种色素沉积性疾病，俗称"黄膘"、"黄脂肪病"或"营养性脂膜炎"。本病主要症状为脂肪黄染，病死率较高。本病可分为胆汁过多形成的黄疸病和代谢型的黄膘病。

【病因】

（1）饲料铜含量过高，导致胆汁分泌过多，脂肪颜色变黄，粪便黑色；尿素过高也可引起肝胆功能失常，肝质脆而无弹性、胆囊增大。

（2）食盐或小苏打添加量太大，导致钠离子过高，钠钾离子不平衡，屠宰后水分随血液流出，肉色变黄。

（3）精料饲喂量过高，小苏打比例低，导致瘤胃产酸过高引起酸中毒，胆汁分泌过多，肾脏长期排放弱酸性尿液，刺激发炎或尿潴留，部分尿液窜入皮下，引起黄染。此时羊尿频、尿少，呼气酸臭。

（4）精料组成单一，长期饲喂玉米、米糠等高脂肪、易酸败的原料，使机体中维生素 E 消耗量大增，引起机体内维生素 E 相对缺乏，加上其他抗氧化剂不足的共同作用，导致抗酸色素在脂肪组织中沉积，呈黄色。

（5）长期饲喂胡萝卜、棉籽饼、亚麻油饼、油渣、维生素 B_{12} 等。

（6）肝脏发生病变疾病、寄生虫、血液原虫病都可引起羊黄脂病。

【诊断】　羊只表现食欲减退，甚至食欲消失，精神萎靡，呆立不动，被毛粗糙，增重缓慢，结膜色淡，眼内有大量的分泌物，个别病羊突然死亡；胴体外观检查，脂肪组织呈黄色，有鱼腥味；剖检体内肠系膜上的脂肪厚、重且呈黄色，肾脏周围有大量脂肪（图 4.57）。

图 4.57　剖检病变

黄疸和黄脂病可通过胆红素测定法鉴别，取一片脂肪放入氢氧化钠－乙醚液中浸泡，数小时后液体出现黄色为黄疸，否则为黄脂病。

【预防措施】 合理调制饲草料的配比，严禁饲喂发霉变质饲料，对黄曲霉菌污染严重的饲槽圈舍必须彻底清扫、换土和消毒。加强养羊饲养管理。

发病后根据病因采取相应措施。如是饲料原因，应立即停喂致病饲草料，给予易消化的青绿饲料和优质干草。可用高渗葡萄糖溶液和维生素 B_1 静脉注射；也可口服葡醛内酯片或肌苷片等。病畜兴奋不安时用安溴注射液静脉注射或内服水合氯醛，还可选用抗真菌类药，如制霉菌素、克霉唑等。

（本病图片提供：刘晓松）

（十四）羊瘤胃酸中毒

羊瘤胃酸中毒即羊谷物酸中毒。羊大量采食谷物或富含碳水化合物的精饲料，长期大量饲喂酸度过高的青贮饲料，致使瘤胃内容物异常发酵，产生大量乳酸，瘤胃微生物及纤毛虫活性降低，从而导致急性代谢性酸中毒的发生。临床上以消化障碍、精神高度兴奋或沉郁，瘤胃兴奋性降低，蠕动减慢或停止，瘤胃内容物 pH 值降低，脱水，衰弱为典型特征。本病呈散发性、冬春季多发，该病常引起死亡。

【病因】 饲养管理差是发生本病的根本原因。当羊采食大量的玉米、大麦、小麦、稻谷、高粱等富含碳水化合物的饲料，或日粮中精饲料比例过大，长期饲喂酸度高的青贮饲料或过量采食含糖量高的青玉米、马铃薯、甜菜、甘薯等，导致瘤胃内容物乳酸产生过剩，pH 值迅速降低，酸度增高，其结果造成瘤胃内的细菌、微生物群落数量减少和纤毛虫活力降低，引起严重的消化紊乱，使胃内容物异常发酵，导致酸中毒（图4.58）。

【主要症状】 该病最急性病例往往在过量采食后几小时内突然死亡而无任何临床症状，或仅有精神沉郁、昏迷等症状。

急性病例的主要症状有行动缓慢、站立不稳、喜卧、四肢强直、心跳加快（每分钟100次以上）、呼吸急促、气喘（每分钟40~60次）等，常于发病后1~3小时死亡。

病情较缓的病羊，表现为精神高度沉郁，食欲废绝，反刍停止，鼻镜干燥，无汗，眼球下陷，肌肉震颤，走路摇晃。有的排黄褐色或黑色、黏性稀粪，粪便中有时含有血液，少尿或无尿；有的病羊卧地不起，此种类型多发生于分娩后3~5小时，初卧地时多呈犬坐姿势，不久即横卧地上，开始时头尚能抬起，但不久即放下，四肢强直，双目紧闭，头有时向背部弯曲或甩头、呻吟、磨牙，体温正常或稍高（39.5℃左右），心跳加快，伴发肺气肿。瘤胃液pH值降低，瘤胃酸中毒导致胃黏膜极易脱落（图4.59）。还有些病例有视觉障碍。

【诊断】 根据以上病史和临床症状，可诊断为瘤胃酸中毒。应与以下相关病例加以区别：急性胃肠炎伴有体温升高；母羊产后瘫痪无臌胀等全身症状；单纯瘤胃臌气发病急，腹围显著臌胀，叩诊呈鼓音。

【预防措施】 加强饲养管理是防止本病发生的关键。具体措施为，供给充足的粗饲料，

图 4.58　瘤胃酸中毒羊
（图片提供：宁长申）　　　　图 4.59　瘤胃酸中毒导致胃黏膜极易脱落
（图片提供：菅复春）

严格控制精饲料的饲喂量，禁止过量采食谷物，当青贮饲料酸度过高时，可适当进行碱化处理后再饲喂，母羊产前产后精料添加的比例较高，要进行动物尿样检测，当发现尿液 pH 值下降、酮体阳性时要马上调整和治疗。

该病主要进行以下对症治疗。

（1）手术疗法：对发病急、病情严重的可实行瘤胃切开术，排出胃内容物，并用 3% 碳酸氢钠溶液或温水反复冲洗胃壁，以除去残留的乳酸。

（2）中和胃酸：用 5% 的碳酸氢钠溶液或石灰水（生石灰 1 000 g，加水 5 000 mL，充分搅拌，取上清液）用胃管灌入胃部反复冲洗，直至胃液呈碱性为止。

（3）强心补液：5% 葡萄糖盐水 100~200 mL，10% 樟脑磺酸钠 2 mL，混合静脉注射。

（4）健胃：可应用一些中草药进行健胃轻泻，如大黄苏打片 10~15 片、橙皮酊 10 mL、豆蔻酊 5 mL、液体石蜡 100 mL，加水，一次口服。

（5）控制和消除炎症：可注射抗生素，如青霉素、链霉素、四环素等。

（6）病羊不安，严重气喘或休克：静脉注射山梨醇或甘露醇，剂量为 150~250 mL，每天早晚各 1 次。

（7）病羊全身中毒症状减轻，脱水有所缓解，但仍卧地不起：可适当注射水杨酸类和低浓度（5% 以内）的钙制剂。

羊生物性消化系统疾病及非生物性消化系统疾病类症鉴别要点汇总见表 4.1~ 表 4.2。

表4.1 羊生物性消化系统疾病类症鉴别要点汇总

病名	病原	流行特点	主要临诊症状	特征病理变化	实验室诊断	防治
羊肠毒血症	D型产气荚膜梭菌	发生有明显的季节性和条件性，春初、夏初至秋末多发，多雨季节、气候骤变、地势低洼等都可诱发本病。其中发病羊和带菌羊为本病传染源	以发病急、死亡快、死后肾脏多见软化为特征。病情多分为最急性、急性和慢性三种。最急性表现为突然腹泻，一般于1~2小时内哀叫死亡。急性型表现为急剧下痢，粪便呈黄棕色或暗绿色粥状，继而全呈黑褐色稀水。病情缓慢者厌食、反刍和嗳气停止，粪便恶臭	主要症状表现为肾肿胀柔软呈泥状。病死羊解剖后可见胸腔、腹腔、心包积液，心肌松软，心内外膜有出血点，肠鼓气。重症者整个肠壁呈红色	实验室微生物学检查（ELISA）	每年4月注射"羊快疫、羊猝狙、羊肠毒血症"三联菌苗进行预防。发病羔羊用抗血清或抗毒素治疗。隔离病畜，消毒环境
羔羊痢疾	大肠杆菌	四季均可发生，可水平传播和垂直传播，呈地方性或散发性流行。多发生于出生数日至6周龄的羔羊。本病的主要传染源为患病羊和带菌羊	主要临床症状为腹泻，病初体温常高至40~41℃，粪便常呈黄色或灰色半液状，有时混有血液和黏液，肛门周围、尾部和臀部皮肤沾有粪便。患病羔羊常表现腹痛、背躬、虚弱，严重的会出现脱水、衰竭、卧地不起，有时出现痉挛。如治疗不及时，可在24~36小时死亡	病羔羊尸检可见严重脱水，其真胃、小肠和大肠内容物呈现黄灰色半液状。其黏膜常见充血，肠系膜淋巴结肿胀发红，肺脏呈初期炎症病变	实验室细菌学检查	加强饲养管理，搞好环境卫生，严格做好羊圈的清洁和消毒工作。对配种前和产前的母羊进行免疫接种，患病羔羊使用抗生素治疗
羊球虫病	艾美尔球虫属球虫	常发于春、夏、秋潮湿季节，呈世界范围内流行，其中绵羊和山羊均易感染，羔羊极易感染，且各品种的绵羊、山羊对该病均有易感性。此外，饲料的突然变更和羊抵抗力降低的情况下也易诱发本病	主要临床症状为急剧下痢，排出黏性血便，消瘦迅速，病羊常表现精神不振，食欲减退或废绝，饮欲增加，且被毛粗乱，可视黏膜苍白。其中重症发病初期体温升高，后期下降，2~7天即可死亡，慢性者可延至数周后死亡，但耐过的羊可产生免疫力，不再感染发病	主要发生在肠道、肠系膜淋巴结、肝脏和胆囊等组织器官。尸检可见小肠壁上有白色小点、平斑、突起斑和息肉，且小肠壁增厚、充血、出血；肝脏可见轻度肿大、瘀血；胆囊壁出现水肿、增厚	显微镜镜检	对患病羔羊采取分群饲养，并对羊圈进行消毒及无害化处理，提前使用抗球虫药预防，但需常更换药品，以防耐药性发生

续表

病名	病原	流行特点	主要临诊症状	特征病理变化	实验室诊断	防治
羊隐孢子虫病	隐孢子虫	季节性不明显，四季均有发生，但以温暖多雨的季节发病率较高。呈世界性范围分布，但感染种类上，常存在地理区域性差异。而在我国，绵羊隐孢子虫种类分布存在着明显的年龄相关性	常导致幼畜腹泻。断奶和成年家畜也可被感染，不表现症状。无继发或并发感染，死亡率低，常在感染2周后自行恢复。其临床症状常与动物品种、年龄和免疫状态有关，呈急性或自限性感染	肠细胞变性或脱落，微绒毛变短。单核细胞、中性粒细胞浸润固有层。所有部位隐窝扩张，内含坏死组织碎片或淋巴细胞	病原学检测、免疫学检测和PCR检测	加强饲养管理，定期驱虫，搞好环境卫生，并采取措施消灭传播媒介如鼠类和苍蝇等。尚无特效药和针对性疫苗
毛圆线虫病	毛圆线虫	世界范围内分布，危害严重，且该病原耐低温，可越冬，出现春季高潮性发病现象。对高温、干燥比较敏感。有一定的地区性。主要感染绵羊和山羊，断乳后至1岁的羔羊最易感，母羊往往是羔羊的感染源	临床上以呕吐、腹泻甚至死亡等为主要特征。轻度患羊表现食欲减退，生长受阻，消瘦，贫血，皮肤干燥，排软便及腹泻与便秘交替发生；严重感染的可急性发作，表现腹泻、急剧消瘦、体重迅速减轻、死亡	急性病例可见黏膜肿胀，特别是十二指肠，轻度充血，覆有黏液，刮取物于镜下可见到发育受阻和发育中的幼虫。慢性病例可见尸体消瘦，贫血，肝脂肪变性，黏膜肥厚，发炎和溃疡	病原学检测如饱和盐水漂浮法	加强饲养管理，提高营养水平，尤其在冬、春季，合理补充精料、矿物质、多种维生素增强抵抗力。计划性和治疗性驱虫。注意饲料、饮水清洁卫生
食道口线虫病	食道口线虫	常发于春秋季节，尤其在清晨、雨后和多雾天气放牧时最易感染。湿度和温度对该虫的影响很大，有时可生存60天以上，但第1、2期的幼虫对干燥很敏感，极易死亡。温度在35℃以上时，所有幼虫均会迅速死亡	临床表现常为持续性腹泻、血便，直至死亡。急性病羊感染后6天出现明显的持续性腹泻，粪便呈暗绿色黏液样血便。慢性病例则表现为便秘与腹泻交替，进行性消瘦，最终导致机体衰竭而死	大肠壁上很多结节，含淡绿色脓汁，常引起溃疡性和化脓性结肠炎。且在新结节中常有虫体出现，有时可发现结节钙化，导致腹膜炎	病原学检测如饱和溶液漂浮法检测粪便样品	定期驱虫，加强营养，无害化处理粪便，饮水和饲草保持清洁，牧场和饲养环境保持清洁。可用噻苯达唑、左旋咪唑、氟苯达唑或伊维菌素等药驱虫，亦可选用0.5%福尔马林溶液灌肠
羊仰口线虫病	仰口线虫	分布于全国各地，多呈地方性流行，一般在秋季感染，春季发病。在比较潮湿的草场放牧的牛羊流行更为严重。主要的感染途径为皮肤或口传播	进行性贫血、消瘦严重、下颌水肿，表现为顽固性下痢和粪便带血。影响幼畜发育，造成其后躯萎弱和进行性麻痹，且病死率极高	尸体消瘦、贫血、水肿、皮下有浆液性浸润。血液色淡，肺有瘀血性出血，肝呈淡灰色，肾呈棕黄色	病原学检测，常用饱和溶液漂浮法检测粪便	季节性驱虫，高峰期每月进行2次预防性驱虫，连续3个月。使用左旋咪唑等内服治疗

续表

病名	病原	流行特点	主要临诊症状	特征病理变化	实验室诊断	防治
羊肝片形吸虫病	肝片吸虫、大片吸虫	呈世界性分布，主要在热带、亚热带地区。其终末宿主为反刍动物，中间宿主为椎实螺科的淡水螺类	绵羊较山羊易感，分为急性和慢性。急性病例常见于春末和夏秋季节，表现为全身性中毒现象和营养障碍，导致羔羊等大批死亡；慢性病例表现消瘦，发育障碍，导致生产力下降	急性感染时肠壁和肝组织损伤严重、出血及肝脏肿大，肝包膜有纤维素沉着。慢性感染常引起慢性胆管炎、肝炎和贫血现象。尸体消瘦、贫血及水肿	生前诊断可通过粪检。死后诊断可结合肝实质内查到童虫或胆管、胆囊内查到成虫确诊	及时治疗性和定期预防性驱虫，注意环境卫生，妥善处理畜禽排泄物。可使用芬苯哒唑、三氯苯咪唑、阿苯哒唑、硝氯酚和氯氰碘柳胺钠进行治疗
羊阔盘吸虫病	歧腔科阔盘属吸虫	属世界性分布，在我国的东北、西北牧区及南方各省均有发生，成虫寄生于终宿主牛、羊、猪、骆驼和人的胰管中，需两个中间宿主，第一中间宿主为蜗牛，第二中间宿主为草螽和针蟋	下痢、贫血、消瘦和水肿，严重时引起死亡。常造成其消化和营养障碍	尸体消瘦，胰腺肿大，胰管增厚，管腔黏膜不平伴有点状出血，内含大量虫体。慢性感染时，胰脏硬化、萎缩	病原学检测水洗沉淀法检测粪便	初冬和早春进行一次预防性驱虫，也可进行划区放牧，避免感染。注意第一中间宿主（蜗牛）的消灭。加强对羊的饲养管理
羊歧腔吸虫病	矛形歧腔吸虫、中华歧腔吸虫	世界性分布，呈地方性流行，在我国主要分布在东北、西北和内蒙古等地区。宿主范围广泛。有两个中间宿主。第一中间宿主为陆地螺（蜗牛），第二中间宿主为蚂蚁。温暖潮湿的南方地区动物几乎全年都可感染，寒冷干燥的北方地区多发生在冬春季节，且随年龄增加，其感染率和强度也逐渐增加	与片形吸虫病症状相似，多数牛、羊感染该病后初期症状轻微或不表现症状。早春感染严重，一般表现为慢性消耗性疾病，病羊表现精神沉郁、食欲不振，出现血便、顽固性腹泻、异嗜、贫血，逐渐消瘦，病羊粪便有血腥味	胆管出现卡他性炎症，管壁增生、肥厚，胆汁暗褐色，胆管周围结缔组织增生，肠系膜严重水肿，腹腔、心包积液，胆管和胆囊内有大量棕红色狭长虫体	病原学检测常用沉淀法检测虫卵。病死羊剖检，在胆管、胆囊内找出虫体即可确诊	加强饲养管理，定期驱虫，消灭中间宿主。病羊可用海涛林、丙硫咪唑、六氯对二甲苯、吡喹酮和噻苯达唑治疗
羊前后盘吸虫病	前后盘科吸虫	呈世界性分布，我国各地几乎都有不同程度的流行，该病多发于夏秋两季，特别是在多雨或洪涝年份。中间宿主为多种淡水螺蛳	病羊精神沉郁、厌食、消瘦、被毛粗乱、顽固性拉稀，粪便恶臭混有血样	尸体消瘦，皮下脂肪消失，淋巴结肿大，大肠含有大量液体，混有血液。瘤胃绒毛脱落，内见虫体	病原学检测可用水洗沉淀法	定期驱虫，杀灭虫卵，消灭中间宿主，可用硫双二氯酚、硝硫氰醚和氯硝柳胺进行灌服治疗

续表

病名	病原	流行特点	主要临诊症状	特征病理变化	实验室诊断	防治
羊细颈囊尾蚴病	细颈囊尾蚴	呈世界性分布，我国各地普遍流行，猪感染最为普遍，牧区绵羊感染严重。常随终宿主的活动污染牧场、饲料和饮水进而导致猪、羊等中间宿主感染。蝇类为其重要的传播媒介	无特异性症状。感染幼畜常表现为虚弱、流涎、不食、消瘦、腹痛和腹泻。急性感染时伴有体温升高，腹部体积增大，常引起出血性肝炎、腹膜炎、贫血和消瘦等症状	病变主要在肝脏、瘤胃浆膜和小肠黏膜上。血液稀薄、无黏滞性肝脏肿大，质地稍软，被膜粗糙，被覆大量灰白色纤维素性渗出物，并可见散在的出血点	病原学检测常使用直接涂片检查法和集卵法进行镜检	做好兽医卫生检疫，发现病羊，应将其病料和废弃物集中深埋。其肝、肺等脏器严禁喂狗，应一律销毁。定期对犬进行驱虫，饲草、饮用水防治被犬粪污染
羊棘球蚴病	棘球蚴	呈世界性分布，以牧区为多。国内主要流行于新疆、甘肃、青海、内蒙古等地，其他地区零星分布。绵羊感染率最高，分布面积最广	机械性压迫，有中毒和过敏反应等症状，严重程度主要取决于棘球蚴的大小、数量和寄生部位。若寄生在浅表位置，可在体表形成肿块，触之坚韧而富有弹性，叩诊时可有棘球蚴震颤。严重感染者表现为消瘦、被毛逆立、脱毛、倒地不起	常见于肝和肺，单个囊泡大多位于器官的浅表，凸出于器官的浆膜上。囊泡为灰白色或浅黄色，呈球形、卵圆形或形状不规则，能波动，有弹性，内含透明的囊液	生前诊断较为困难，多于尸检时发现，可采用皮内变态反应检查法、间接血球凝集试验（IHA）以及酶联免疫吸附试验（ELISA）进行诊断	加强肉品卫生检验工作，加强管理，捕杀野犬等肉食动物。应注意个人卫生，保持畜舍、饲草、饮水的卫生，防止环境被犬粪污染。对犬进行定期驱虫，常用吡喹酮和丙硫咪唑对患羊进行治疗
羊绦虫病	莫尼茨绦虫、无卵黄线绦虫、曲子宫绦虫	具有明显的季节性，常呈地方性流行，可感染各品种的羊，且不同日龄均可发生。一般2~3月被感染，4月发病，5~7月达到最高峰，8月以后逐渐下降	症状常因感染强度和年龄而异。病程长，消瘦症状明显，腹泻排稀粪，粪便中伴有黄白色节片，病羊常表现精神不振、食欲减退、体重下降等症状，有时发生抽搐、旋回运动、痉挛、转圈等神经症状。病程后期病羊因机体衰竭而卧地不起头仰向后方，并经常做空口咀嚼动作，口周围有泡沫，精神萎靡，对外界反应迟钝，甚至消失，最后因恶病质衰竭而死亡	尸体消瘦，黏膜苍白、贫血。胸腔渗出液增多，常出现肠阻塞或扭转。肠系膜淋巴结、肠黏膜、脾增生。肠黏膜出血浸润，肠内有绦虫	粪便检测时最好在清晨取畜舍内的新鲜粪便，并用饱和盐水漂浮法或沉淀法镜检	实行科学放牧，避免在夏秋季节、雨后或早晚有露水时放牧。定期进行科学驱虫，科学饲养管理，发现病畜及时治疗

表4.2 羊非生物性消化系统疾病类症鉴别要点汇总

病名	病原	流行特点	主要临诊症状	特征病理变化	实验室诊断	防治
羊口炎	无特定病原	因机械损伤或误食了高浓度的刺激性药物，或者是维生素缺乏和不足而引起的口腔黏膜的病症	病羊采食缓慢，食欲减退或拒食，流涎，采食、咀嚼困难。口腔发炎，糜烂坏死性溃疡；颌下淋巴结及唾液腺呈轻度肿胀。	颊部、齿龈、舌、咽等处发生假膜性炎症，或糜烂坏死溃疡；舌、齿龈易出血；颌下淋巴结及唾液腺呈轻度肿胀	根据典型症状如流涎、采食、咀嚼困难等可确诊。但注意与口蹄疫、羊痘、过敏反应等相区别	加强饲养管理，避免异物损伤口腔黏膜。定期检查口腔，牙齿不齐时及时修整；同时注意加强消毒管理
羊食管阻塞	无特定病原	是块状食物突然堵塞食道引起的急性消化道病症	突然出现伸头缩颈和做吞咽动作、大量流涎、瘤胃臌气	阻塞部位的炎症反应	胃管探诊和X线检查可以确诊。若阻塞物部位在颈部，可触诊。	加强管理，防止羊偷吃到未加工的块根饲料，补充维生素和微量元素添加剂，经常清理羊舍周围的废弃物，消除隐患
羊前胃迟缓	无特定病原	胃平滑肌迟缓，张力下降，蠕动减弱，分泌消化液减少，消化功能紊乱	反刍稀少，嗳气增加，肚胀，食欲减退，腹泻与便秘交替出现	消化功能紊乱，胃内异常发酵，肠黏膜发炎	左腹膨隆，触诊有柔软感	加强饲养管理是防止本病发生的关键
羊瘤胃积食	无特定病原	瘤胃充满大量食物，超出正常容积，胃壁急性扩张，食糜滞留在瘤胃引起的严重性消化不良	发病急，病初食欲减退或废绝，反刍、嗳气减少或很快停止，患羊表现腹痛不安，努责，弓背，后蹄踏地或踢腹，瘤胃扩张	可视黏膜充血，尿少而黄，瘤胃蠕动极弱	触诊瘤胃饱满、坚实有痛感 听诊初期瘤胃蠕动音增强，后期减弱或消失	加强饲养管理，防止过量采食，合理放牧
羊瘤胃鼓胀	无特定病原	绵羊多发，山羊少见	反刍、嗳气障碍，消化系统机能紊乱	瘤胃容积急剧增大，胃壁发生急剧扩张	触诊腹部有弹性，叩诊呈鼓音，触诊腹部有弹性	加强饲养管理，牧草茂盛时，严格控制饲草饲喂量，特别是优质牧草。平时不喂腐败、变质的青贮饲料，控制发酵饲料的采食量，更换饲料时要渐次进行

续表

病名	病原	流行特点	主要临诊症状	特征病理变化	实验室诊断	防治
羊创伤性网胃-腹膜炎	无特定病原	多见于山羊，绵羊偶尔发生。集约化饲养时易发该病	消化不良，急性或慢性前胃弛缓，瘤胃间歇性臌气	穿孔部位的炎症反应	金属探测仪检查、X线透视拍片检查、腹腔穿刺液检查	加强饲养管理，经常检查和清除圈舍或饲草料中的金属异物
羊皱胃阻塞	无特定病原	由于迷走神经调节机能紊乱或受损，导致皱胃内积满大量食糜，致使胃壁扩张，体积增大而形成阻塞的一种消化道疾病	食欲减退或不食，反刍减少，瘤胃蠕动音减弱，尿量减少，粪便干燥。右腹部皱胃区隆起，冲击式触诊呈现波动或有水响音	消化机能极度障碍，瘤胃积液，自体中毒和脱水	冲击式触诊，胃内容物pH值检测	加强饲养管理是预防本病的关键。羊群要定时定量饲喂饲草料，提供优质牧草和全价饲料，保证充足清洁的饮水，并供给全价饲料
羊胃肠炎	无特定病原	饲养管理不当而引起的发生在动物真胃和肠黏膜及其深层组织的炎性病变	消化功能紊乱、发热、腹痛、腹泻和酸中毒	胃肠道出现瘀血、出血、化脓、坏死	血、粪、尿化验	加强饲养管理，坚决杜绝饲喂发霉、变质的饲草料，不喂冰冻、有毒饲料，饮用水要清洁，发现病羊及时隔离治疗、淘汰
羊酮病	无特定病原	该病多见于营养好的母羊、高产母羊及妊娠羊，病死率高	食欲减退，出现消化不良现象，便秘、腹泻交替进行。可视黏膜苍白或黄染。有时还有神经症状。呼出的气体、排出的尿液和分泌的乳汁发出丙酮气味或烂苹果味	血液、乳汁、尿中酮体含量增高，血糖浓度降低	血酮、尿酮、血糖检测，葡萄糖的特异性治疗反应	加强饲养管理，特别是妊娠母羊后期的饲养管理，日粮搭配要合理，提供全价饲料。孕羊产前圈舍加强防寒措施，注意保温，分娩前母羊要适当运动
羊佝偻病	无特定病原	慢性、营养不良性代谢病。主要是因饲料中钙、磷缺乏或比例不当或维生素D缺乏造成的	消化紊乱、异食癖、肋骨下端出现佝偻病性念珠状物，跛行，呈罗圈腿或八字形外展状	生长骨骼钙化不全，软骨持久性肥大，骺端软骨增大和骨骼弯曲变形	X线检查	羊舍应通风良好，有日光照射，羔羊要有足够的户外活动，饲养上注意给予青嫩草料，饲料钙磷比例要适宜。并且要供给富含维生素D的饲料

病名	病原	流行特点	主要临诊症状	特征病理变化	实验室诊断	防治
羊食毛症	无特定病原	主要发生在早春，多见于羔羊，异食癖。	喜欢啃食羊毛。逐渐消瘦、食欲减退、消化不良、臌气和腹痛	无特征性的病理变化	腹部触诊	加强饲养管理，饲喂要定时定量。正确合理的选择饲料 注意分娩母羊及舍内清洁卫生
羊直肠脱出	无特定病原	多见于长期便秘、顽固性下痢、直肠炎、母羊分娩时的强烈努责，或久病体弱，或受某些刺激因素的影响，使直肠的后部失去正常的支持固定作用而引起	直肠末端的一部分向外翻转，或其大部分经由肛门向外脱出。患病羊排便困难	脱出的肠段不同程度的出血、水肿、发炎，甚至坏死穿孔	从临床症状及脱出的肠段就可诊断	认真改善饲养管理，多给青绿饲料及各种营养丰富的柔软饲料，并注意适当饮水
羊黄脂病	无特定病原	羊体内脂肪组织呈黄色，病死率较高	食欲减退，精神萎靡，呆立不动，被毛粗糙，结膜色淡，眼内有大量的分泌物	胴体外观检查，脂肪组织呈黄色，有鱼腥味；剖检体内肠系膜上的脂肪厚、重且呈黄色，肾脏周围有大量脂肪	胆红素测定法	合理调制饲草料的配比，严禁饲喂发霉变质饲料，加强羊只饲养管理
羊瘤胃酸中毒	无特定病原	病呈散发性、冬春季多发，该病常引起死亡。羊只因大量采食饲喂酸度过高的青贮饲料或富含碳水化合物的精饲料，致使瘤胃内容物发酵异常，产生了大量胃酸，导致急性代谢性酸中毒现象。饲养管理差是发生本病的根本原因	临床症状为精神高度兴奋或沉郁，表现脱水、衰弱等症状。最急性病例往往在过量采食后几小时内突然死亡而无任何临床症状或仅有精神沉郁、昏迷等。急性病例则表现为行动缓慢、站立不稳、喜卧、四肢强直、心跳加快等，常于发病后1~3小时死亡。慢性病羊表现精神高度沉郁，食欲废绝，反刍停止，肌肉震颤，走路摇晃等症状。排黄褐色或黑色、黏性稀粪，有时含有血液，少尿或无尿	无特定病理变化	根据病史和临床症状即可确诊。应与相关病例加以区别，如急性胃肠炎伴有体温升高，母羊产后瘫痪无酸中毒的臌胀等全身症状，单纯瘤胃臌气发病急、腹围显著臌胀，叩诊呈鼓音	加强饲养管理，严格控制精饲料的饲喂量，禁止过量采食谷物，当青贮饲料酸度过高时，可适当进行碱化处理后再饲喂。治疗上主要是对症治疗，对发病急、病情严重的可施行手术疗法。也可用5%的碳酸氢钠溶液或石灰水中和胃酸，或者用一些中草药进行健胃轻泻

第五章　生殖、泌尿系统疾病类症鉴别与诊治

一、羊布鲁氏菌病

羊布鲁氏菌病是由布鲁氏菌引起的人兽共患传染病，其临床特征是羊生殖器官和胎膜发炎，并引起流产、不育和各种组织的局部性病灶。

【流行特点】　本病广泛分布于世界各地，我国目前人、畜此病均有发生，给畜牧业和人类的健康带来严重危害。近年来，我国大力发展畜牧业，羊饲养量大幅增加，相关畜产品交易频繁，羊布鲁氏菌病的发病率呈增高趋势。本病的传染源是患病动物及带菌动物。患病动物的分泌物、排泄物、流产胎儿及乳汁等含有大量病菌，感染的妊娠母畜最危险，它们在流产或分娩时将大量布鲁氏菌随胎儿、羊水和胎盘排出体外。本病的主要传播途径是消化道，也可通过气溶胶传播。在临床实践中，如果羊皮肤有创伤，则更容易被病原菌侵入。其他传播途径如通过结膜、交配及吸血昆虫也可感染。人患该病与职业有密切关系，畜牧兽医人员、屠宰工人、皮毛工等明显高于一般人群。本病的流行强度与牧场管理情况有关。本病一年四季均可发生，产仔季节为主多发。

【主要症状】　绵羊及山羊易感，主要症状是流产。常发生在妊娠后第3~4个月，常见羊水浑浊（图5.1），胎衣滞留。流产后排出污灰色或棕红色分泌液，有时有恶臭。早期流产的胎儿，常在产前已死亡；发育比较完全的胎儿，产出时可存活但显得衰弱，不久后死亡。公羊发病有时可见阴茎潮红肿胀，常见的是单侧睾丸肿大，触之坚硬（图5.2）。临诊症状有时可见关节炎。母羊有时有乳腺炎的轻微临诊症状。

【病理变化】　本病主要表现为胎衣呈黄色胶冻样浸润，有出血点。绒毛部分或全部贫血呈黄色，或覆有灰色或黄绿色纤维蛋白。流产胎儿真胃中有淡黄色或白色黏液絮状物。浆膜腔有微红色液体，腔壁上覆有纤维蛋白凝块。皮下呈出血性、浆液性浸润。淋巴结、脾脏和肝脏有不同程度肿胀，有散在炎性坏死灶。

【诊断】　结合流行病学资料，流产、胎儿胎衣病理变化、胎衣滞留以及不育等临诊症状，可进行初步诊断。通过虎红平板凝集试验（图5.3）、试管凝集试验、胶体金试检测纸条、抗球蛋白试验、ELISA、荧光抗体法、DNA探针以及病原特异性目的基因PCR等实验室诊断可确诊。

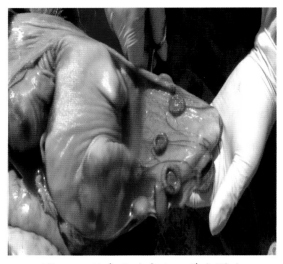

图 5.1 胎盘子叶出血、羊水浑浊

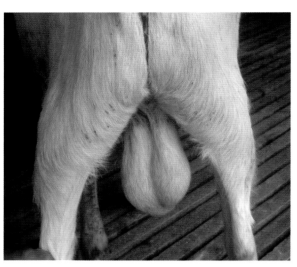

图 5.2 公羊单侧睾丸肿大

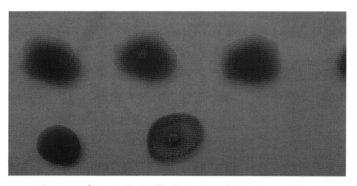

图 5.3 虎红平板凝集试验（凝集为抗体阳性）

【鉴别诊断】 该病的症状与钩端螺旋体病、衣原体病、沙门氏菌病等相似，应进行鉴别诊断。

【病原特点】 布鲁氏菌为革兰氏阴性菌，呈小球状或短杆状，吉姆萨染色呈紫色。布鲁氏菌对外界环境的抵抗力较强，但 1%~3% 苯酚溶液、2% 氢氧化钠溶液，可在 1 小时内杀死本菌；5% 新鲜石灰乳 2 小时或 1%~2% 甲醛 3 小时可将其杀死；0.01% 新洁尔灭 5 分钟内即可杀死本菌。

【防治措施】 本病有疫苗可以使用，当羊群的感染率低于 3% 时建议通过扑杀的方式进行净化，当高于 5% 时建议使用疫苗免疫进行控制。治疗药物有复方新诺明和链霉素，由于布鲁氏菌是兼性细胞内寄生菌，致使药物治疗不彻底，发生本病时应采取淘汰、扑杀等措施在内的综合性生物安全措施。我国布鲁氏菌病防治相关技术规范和标准有：《布鲁氏菌病诊断》（WS—2019）、《动物布鲁氏菌病诊断技术 》（GB/T 18646—2018），以及《山羊和绵羊布鲁氏菌病检疫规程 》（SN/T 2436—2010）。

（本病图片提供：张克山）

二、羊施马伦贝格病

羊施马伦贝格病是由施马伦贝格病毒感染引起的羊的一种新型病毒性传染病。病羊临床表现发热、腹泻、乏力等症状，母羊早产或难产，流产胎儿发育不全、畸形。本病最早于2011年11月在德国首次报道。

【流行特点】　现阶段研究人员对该病毒的来源和该病暴发的原因尚不知晓。本病已经蔓延至整个欧洲，易感动物为绵羊、山羊、牛等。传播途径主要有两种，一是通过蚊子和蠓叮咬传播；二是通过胎盘垂直传播。从时间和空间的分布来看，该病首先通过媒介昆虫传播，然后通过胎盘垂直传播。目前的研究结果表明，该病毒不能在动物与动物间水平传播。目前尚无潜伏期的数据。

【主要症状】　病羊表现为发热、腹泻、乏力等临床症状。发病母羊产死胎或是有严重缺陷的幼畜。新生幼畜出现畸形、小脑发育不全、脊柱弯曲、关节无法活动以及胸腺肿大等症状（图5.4~图5.9），幼畜多数在出生时就已经死亡。上述这一病症在绵羊中最为常见，而母羊无明显症状。该病多发于产羔季节。

【病理变化】　病死羊剖检可见脑部出血、积水（图5.10~图5.12），病理切片显示被病毒感染的羔羊脊髓部出现明显的神经元缺失（图5.13）。

【诊断】　根据流行特点、症状和病变可做出初步诊断。实验室确诊方法有RT-PCR、病毒中和试验以及间接免疫荧光检测。

【鉴别诊断】　该病应与羊衣原体病、羊布鲁氏菌等进行鉴别诊断

【病原特点】　该病毒首次检出地位于德国的施马伦贝格镇，故命名为施马伦贝格病毒，它属于布尼亚病毒科、正布尼亚病毒属的辛波血清型。病毒可在BHK-21细胞复制良好，并产生明显的细胞病变。该病毒是一种单链RNA病毒，由3段基因组成，分别为S、M、L基因，编码5种结构和非结构蛋白（图5.14）。常用的消毒剂为1%次氯酸钠、2%戊二醛、70%乙醇、

图 5.4　因病毒感染而死亡的羔羊
（引自 F.J. Conraths，2012）

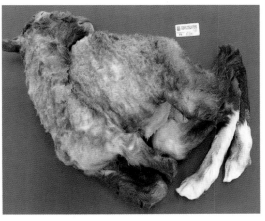

图 5.5　因病毒感染而死亡的羔羊
（引自 F.J. Conraths，2012）

图 5.6 因病毒感染而死亡的羔羊
（引自 F.J. Conraths）

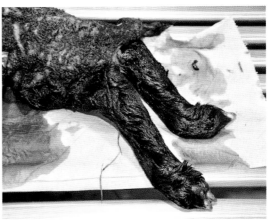

图 5.7 新生羔羊关节弯曲，后肢变形
（引自 L. Steukers，2012）

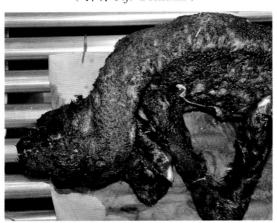

图 5.8 新生羔羊颈部倾斜
（引自 L. Steukers，2012）

图 5.9 新生羔羊严重的短额
（引自 L. Steukers，2012）

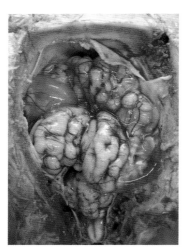

图 5.10 病毒感染的羔羊颅腔剖检
（引自 F.J. Conraths，2012）

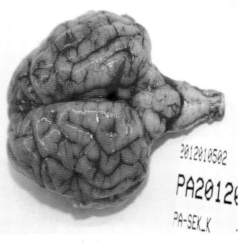

图 5.11 病毒感染的羔羊出现脑出血
（引自 F.J. Conraths，2012）

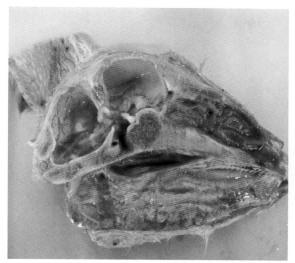

图 5.12　新生羔羊脑积水
（引自 L. Steukers，2012）

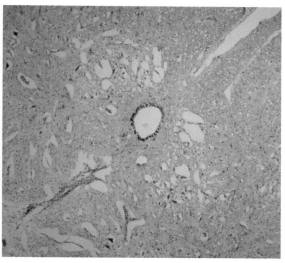

图 5.13　病毒感染的新生羔羊脊髓部病理切片
（引自 L. Steukers，2012）

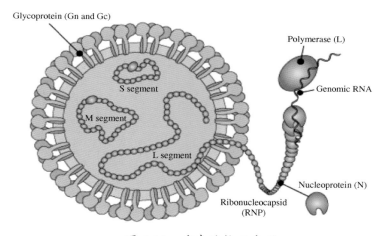

图 5.14　病毒结构示意图

甲醛等。对温度敏感，56 ℃ 30 分钟可使其灭活（或毒力明显下降）。

【防制措施】　本病是 2011 年新发现的传染病，目前无针对性防治技术产品，春季母羊产羔期过后，蚊虫密度较高的夏季是危险期，特别是欧洲已经暴发疫情，要加大检验检疫力度，防止外源性传入，应采取包括消毒在内的综合性生物安全措施进行防控。

（除特别标注外，本病图片提供：张克山）

三、羊衣原体病

羊衣原体病是由衣原体感染引起的绵羊、山羊的一种人畜共患传染病，临床以发热、流产、死产和产弱羔为特征。在该病流行期，部分羊表现多发性关节炎、结膜炎等症状。

【流行特点】　感染衣原体的羊，不论是否表现出明显的临诊症状，都是本病的传染源。本病可通过呼吸道、消化道、生殖道、胎盘或皮肤伤口任一途径感染，也可能通过双重途径、多途径感染，临床症状表现得更为复杂。各个年龄段的羊均可以感染衣原体，但羔羊感染后临床症状表现较重，甚至死亡。本病一年四季均有发生，但以冬季和春季发病率较高。母羊在产羔季节受到感染，并不出现症状，到下一个妊娠期发生流产，所以羊衣原体性流产在冬季和春季发病率较高。一般舍饲羊发病率比放牧羊发病率高，羊衣原体病多为散发或地方流行性。

【主要症状】　羊衣原体病有肺炎型、流产型、关节炎型和结膜炎型。羊流产型衣原体病表现为无任何征兆的突然性流产，患病母羊常发生胎衣不下或滞留（图5.15），或表现为外阴肿胀（图5.16）。

图5.15　胎衣不下

图5.16　流产母羊外阴肿胀

【病理变化】　病理变化主要集中在胎盘和胎羔部位。脐部和头部等处明显水肿（图5.17），胸腔和腹腔积有多量红色渗出液。继发子宫内膜炎，可见流产胎儿全身水肿，皮下出血，呈胶样浸润，胸腔和腹腔积有大量红色渗出液，肝脏肿大，表面布有许多白色结节。母羊胎盘子叶变性坏死（图5.18）。

【诊断】　根据流行特点、症状和病变可做出初步诊断。流产病料吉姆萨染色镜检，如发现圆形或卵圆形原生小体即可确诊，也可进行动物接种或血清学试验。

【鉴别诊断】　本病应与布鲁氏菌病、沙门氏菌病等疾病鉴别。

【病原特点】　羊衣原体在分类上属于衣原体科衣原体属。衣原体为革兰氏阴性菌。姬姆萨染色呈深蓝色（图5.19、图5.20）。衣原体是专性细胞内寄生的微生物，只能在易感宿主细胞胞质内发育增殖。常用的消毒液有0.1%新洁尔灭溶液、2%氢氧化钠溶液、十二烷基磺酸钠和高锰酸钾溶液等。

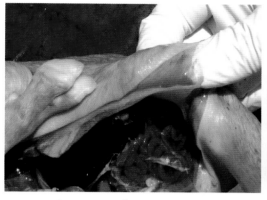
图 5.17　流产胎儿皮下水肿

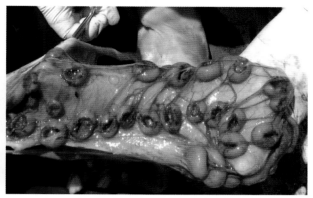
图 5.18　流产胎盘子叶坏死

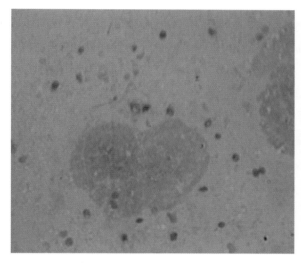

图 5.19　羊水中衣原体姬姆萨染色（100×）　　　图 5.20　羊水中衣原体姬姆萨染色（50×）

【防治措施】　加强检疫，禁止从疫区引种，加强饲养管理，增强羊群体质，消除各种诱发因素。本病流行的地区，使用羊流产衣原体灭活苗对母羊和种公羊进行免疫接种，可有效控制羊衣原体病的流行。四环素、土霉素、强力霉素和泰乐霉素对本病均有一定的治疗效果。发生本病时，流产母羊及其所产弱羔应及时隔离。流产胎盘、产出的死羔应无害化销毁。

四、羊弓形虫病

羊弓形虫病是由刚地弓形虫寄生于人、畜体内引起的一种寄生虫病，是一种人畜共患病。羊感染后的表现特征是流产、死胎和产出弱羔。弓形虫病流行广泛，无论在山区、平原、湖泊周围、江河两岸以及沿海地区的山羊、绵羊、猪、牛、兔都可感染。其他各地也不同程度地存在。

【流行特点】　本病的中间宿主范围非常广泛，包括人、猪、绵羊、山羊、黄牛、水牛、马、鹿、兔、犬、猫、鼠等多种哺乳动物，还可感染许多鸟类和冷血动物。终末宿主据目前所知仅为猫、豹和猞猁等猫科动物。病原除在中间宿主与终末宿主之间循环传递外，更为重要的是可在中间宿主范围内相互进行水平传播。主要传染源为病畜禽和带虫者，其肉、内脏、血液、分泌物、排泄物及乳、流产胎儿体内、胎盘和其他流产物中都含有大量的滋养体、慢殖子、快殖子；终末宿主体内的卵囊可随粪排出，污染饲料、饮水和土壤，可保持数月的感染力。本病的感染与季节有关，7~9 月检出的阳性率较 3~6 月高。这是因为 7、8、9 三个月的气温较高，适合于弓形虫卵囊的孵化，增加了感染的可能性。各阶段虫体——滋养体、快殖子、慢殖子、卵囊，经口吃入或通过损伤的皮肤、呼吸道、消化道黏膜及眼、鼻等途径侵入宿主体均可造成感染；经胎盘感染胎儿普遍存在；污染的注射器、产科器械及其他用品可机械性传播；多种昆虫，如食粪甲虫、蟑螂、污蝇等和蚯蚓可机械性传播卵囊。因此，羊弓形虫病不仅直接危害养羊业，而且对整个畜牧业的发展及人类的健康构成一定威胁。

【主要症状】 大多数成年羊病例呈隐性感染，主要表现为妊娠母羊常于正常分娩前 4~6 星期出现流产，其他症状不明显。此外，在流产组织内可发现弓形虫。少数病例可出现神经系统和呼吸系统症状，表现呼吸困难、咳嗽、流泪、流涎、有鼻液、走路摇摆、运动失调、视力障碍、心跳加快、体温 41 ℃以上，呈稽留热、腹泻等。

【病理变化】 剖检可见淋巴结肿大，边缘有小结节，肺脏表面有散在的小出血点，胸、腹腔有积液。此时肝、肺、脾、淋巴结涂片检查可见弓形虫速殖子。流产时，大约一半的胎膜有病变，绒毛叶呈暗红色，在绒毛中间有许多直径为 1~2 mm 的白色坏死灶。产出的死羔呈皮下水肿，体腔内有过多的液体；肠内充血；脑尤其是小脑前部有广泛性炎症性小坏死点。此外，镜检流产组织内可发现弓形虫。

【诊断】

（1）直接镜检：取病料（肺、肝、淋巴结等）做抹片，干燥后用甲醛固定，姬姆萨染色或瑞氏染色，镜检；或者取患畜的体液、脑脊液做涂片染色检查；也可取淋巴结研碎后加生理盐水过滤，经离心沉淀后，取沉渣做涂片染色镜检。直接镜检法简单，但检出率低，耗时，容易漏诊。

（2）动物接种：将肺、肝、淋巴结等病料组织研碎后加 10 倍生理盐水，加入双抗后，室温放置 1 小时。接种前摇匀，待较大组织沉淀后，取上清液接种小鼠腹腔，每只接种 0.5~1.0 mL。经 1~3 周，小鼠发病时，可在腹腔中查到虫体。或取小鼠肝、脾、脑做组织检查，如为阴性，可按上述方式盲传 2~3 代，从病鼠腹腔液中发现虫体也可确诊。

（3）血清学诊断：免疫学诊断方法是目前进行弓形虫感染调查、临床弓形虫病确诊的常用方法。一般采用直接凝集试验（DAT）、间接血凝试验（IHA）、改良凝集试验（MAT）、酶联免疫吸附试验（ELISA）、补体结合试验（CD）、染色试验（DT）、间接荧光免疫试验（IFAT）等 10 多种方法检测抗弓形虫抗体或循环抗原，但应用较多的是 IHA、ELISA 和 IFAT 等方法。

（4）PCR 技术：以常规 PCR 方法为基础，近年来又发展了巢式 PCR（nested PCR）、FQ-PCR、PCR-ELISA 及免疫 PCR（I-PCR）等技术，进一步提高了 PCR 方法的敏感性和特异性，并逐步在弓形虫病诊断中得以应用。

【鉴别诊断】　　本病易与布鲁氏菌病、李斯特菌病、地方流行性流产、链球菌病、钩端螺旋体病、附红细胞体病等疾病混淆，应注意鉴别。

布鲁氏菌病发生时，病畜于产前2~3天，精神萎靡，食欲消失，喜卧，常由阴门排出黏液或带血的黏性分泌物。山羊敏感性更高，常于妊娠后期发生流产，初次感染的羊群流产率可高达40%~50%。

李斯特菌感染常流产出死羔或将死的羔羊，有转圈子等神经症状。

地方流行性流产：绵羊流产及早产最常发生于第2胎，多为死胎。山羊流产80%发生于第一、二胎，通常只流产1次。

链球菌病常见流产出死羔或将死的羔羊，体温升高，阴门有排出物。

钩端螺旋体病常见症状为产死羔，受感染的羊可达到3月龄，有血尿、黄疸、贫血、体温升高等现象。

附红细胞体病以贫血、黄疸和发热为特征。羊主要表现为黄疸性贫血、发热、虚弱、流产等症状，本病多发于夏秋或雨水较多季节。

【病原特点】　　弓形虫病是由真球虫目肉孢子虫科弓形虫属龚地弓形虫（也称刚第弓形虫）引起的人兽共患病，主要寄生于巨噬细胞、各种内脏细胞和神经系统等细胞内。根据弓形虫发育的不同阶段，将虫体分为速殖子、包囊、裂殖体、配子体和卵囊五种类型。前两型在中间宿主体内发育，后三型在终末宿主体内发育。在中间宿主体内有滋养体和包囊两型：①滋养体及速殖子：位于细胞外或细胞内，主要见于急性病例的腹水、脑脊髓液、脾、淋巴结等有核细胞（单核细胞、内皮细胞、淋巴细胞等）内。位于细胞外的为游离的单个虫体，呈新月形、香蕉形、弓形、梨子形、梭形、椭圆形，（4~7）μm×（2~4）μm，一端稍尖，另一端钝圆；姬姆萨或瑞氏染色后，细胞质浅蓝色，有颗粒，核深蓝紫色，偏于钝圆一端（图5.21）。革兰氏染色细胞质呈红色，细胞核着色淡，呈透亮的空泡状。在细胞内的滋养体多为正处于出芽繁殖的多形性虫体，呈柠檬状、圆形、卵圆形或正出芽的不规则形状等，有时在宿主细胞的细胞质内，许多滋养体簇集在一个囊（假囊）内。细胞内的虫体繁殖快称快（速）殖子。②包囊（组织囊，真包囊）：是由中间宿主组织反应形成的，见于慢性病例或无症状病例的脑、视网膜、骨骼肌及心肌、肺、肝、肾等组织中。包囊呈圆、卵圆或椭圆形，直径8~150μm，多为20~60μm，囊壁较厚，囊内含虫体几个至数千个（图5.22）。包囊内的虫体发育和繁殖慢，处于相对静止状态，称慢殖子（缓殖子，包囊子）。在终末宿主体内有裂殖体、配子体和卵囊三型，均位于肠上皮细胞内。随猫粪排到外界，呈卵圆、近圆或短椭圆形，无色或淡绿色，（11~14）μm×（8~11）μm，平均12μm×10μm，卵囊壁光滑，两层，薄而透明。新排出卵囊内含多颗粒球状物为成孢子母细胞；孢子化后的卵囊内含两个卵圆形或椭圆形孢子囊8μm×6μm；每个孢子虫囊内含4个长形略弯曲的子孢子，大小为8μm×2μm；有孢子囊残体。

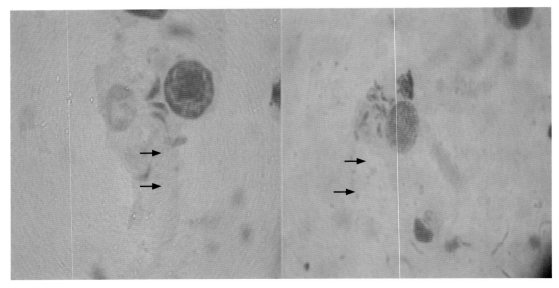

图 5.21　吉姆萨染色的弓形虫速殖子（400×）

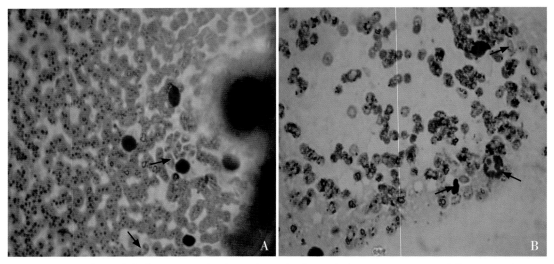

图 5.22　吉姆萨染色的肝脏（A）、肺脏（B）触片中的弓形虫虫体（箭头所示）

【防治措施】

（1）加强饲养管理：做好羊舍卫生管理，定期消毒；饲草、饲料和饮用水严禁被猫的排泄物污染。对羊的流产胎儿及其他排泄物进行无害化处理，流产场地亦应严格消毒。死于本病或疑为本病的畜尸，要严格处理，以防污染环境或被猫或其他动物吞食。

（2）药物防治：加强饲养管理，口服补液盐，在饮用水中加入磺胺类药物，连用 7 天，进行预防。

急性病例可应用磺胺嘧啶和甲氧苄胺嘧啶，每千克体重，前者 70 mg，后者按 14 mg，每天 2 次，口服，连用 3~4 天；磺胺甲氧吡嗪和甲氧苄胺嘧啶，每千克体重，前者 30 mg，后者按 10 mg，每天 1 次，口服，连用 3~4 天。磺胺 –6– 甲氧嘧啶，每千克体重，按 60~100 mg，或配合甲氧苄胺嘧啶（14 mg），每天 1 次，口服，连用 4 天。

（本病图片提供：河南农业大学寄生虫学实验室）

五、羊尿结石

尿结石又称为石淋，主要是在肾盂、输尿管、膀胱、尿道内生成或没有排出的以碳酸盐、磷酸盐为主的盐类结晶的凝集物，从而引起泌尿器官发生出血、炎症、堵塞的疾病。临床上以排尿困难、肾区疼痛为典型特征。当种公羊患病时，可丧失配种能力。去势公畜多发。

尿石是在某些核心物质（黏液、凝血块、脱落上皮细胞、坏死组织片、异物等）的基础上，其外周由矿物质盐（碳酸盐、磷酸盐、硅酸盐、尿酸盐等）和保护性胶体物质（黏蛋白、黏多糖等）环绕凝结而成，前者被称为尿石的基质，后者称为尿石的实体。尿石的形状为多样性，有球形、椭圆形或多边形，也可是细颗粒或砂石状。大小不一，小的如粟粒，大的如蚕豆或更大。

【病因】　尿石的形成原因说法不一，迄今尚未完全阐述明白。目前普遍认为尿石的形成是多种因素的综合表现，但是与饲料和饮水的数量和质量，机体矿物质代谢的状态，以及泌尿系统各器官特别是肾的功能活动有密切关系。

尿结石并非一种单纯的泌尿器官疾病，也非某些矿物质的简单堆积，而是一种泌尿器官病理状态的全身矿物质代谢紊乱的结果。正常尿液中含有大量呈溶解状态的盐类和一定量的胶体物质，它们之间保持着相对的平衡和稳定，一旦这种平衡和稳定被破坏，盐类超过正常的饱和浓度，或胶体物质由于不断地丧失，其分子间的稳定性结构且核心物质又不断产生，则尿中的盐类结晶物质不断析出，进而形成了尿结石。

【主要症状】　尿结石常因发生的部位不同而表现出不同的症状，当泌尿系统存有少量细小结晶体时，一般病症不明显，一旦数量增多、体积变大，则呈现出明显临床症状。排尿发生部分或完全障碍时，就会出现典型症状：肾性疝痛和血尿。

通常病羊初期呻吟或咩叫，弓背努责，频频举尾。以后站立不稳，排尿痛苦，尿量少或淋漓滴下（图 5.23）。食欲减退，精神萎靡，体温升高可达 41℃ 左右。尿道结石不完全堵塞时，尿液呈断续或点滴状外流，尿道口外可见盐类沉积物，由于尿液不停浸泡，使阴茎根部发炎肿胀，病羊出现排尿努责，发出痛苦呻吟。完全堵塞时，出现尿闭或肾性腹痛现象。频频做出排尿动作，但无尿排出，膀胱膨满，体积增大，长期尿闭时可造成尿毒症或膀胱破裂。

膀胱结石，肾盂结石往往不表现临床症状，死后剖检才发现有结石，而有的肾盂结石当结石进入输尿管时，可使羊出现腹痛。尿液镜检时，可见到脓细胞、肾盂上皮、砂粒或血细胞。当排不出尿时，可发生尿毒症。

【诊断】　尿石症因无典型特征性的临床症状，若不导致尿道堵塞，诊断比较困难。一般情况下均应根据病史（饲料和饮水的质量和数量的调查分析结果）、临床症状（排尿困难、肾性疝痛）、尿液的变化（血尿及含有细小砂粒样物体）、尿道触诊（公畜尿道阻塞，局部膨大，压迫有疼痛感）等诊断结果综合判断，有条件的可实施X线检查，病情不同，结石的大小、多少不尽相同，其病变也有一定差异（图5.24）。肾脏可能肿大，肾盂中有时见细粒或块状结石（图5.25，图5.26）。腹腔中积聚大量尿液，并有腹膜炎病变。如膀胱未破裂，则常因排尿减少而扩张（图5.27）。

图 5.23 病羊呻吟或咩叫，弓背努责，频频举尾
（图片提供：马玉忠等）

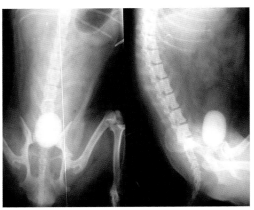

图 5.24 X线检查下的尿结石
（图片提供：马玉忠等）（400×）

图 5.25 肉眼观察下的尿结石
（图片提供：吴树清）

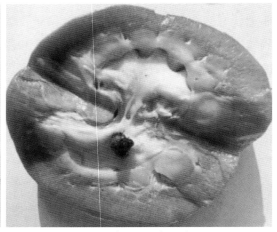

图 5.26 肾盂中有一个紫褐色玉米粒大的
不规则结石形成，其表面粗糙
（图片提供：陈怀涛）

【预防】　加强饲养管理，特别是种公羊。增强运动，保证饮水的质量和数量，供给优质的牧草，饲料中钙、磷比要合理。另外一些饲料如棉籽饼等，饲料中添加比例大，而且长期食用，可引起公羊尿结石病的高发，所以应注意这些饲料的添加比例和与其他饲料的搭配。

给患畜饮磁化水对尿结石有一定预防和治疗作用。

【治疗】　当疑似有尿石时，通过改善饲养，给予患畜以流体饲料和大量饮水，必要时可投利尿剂，形成大量的稀尿，冲淡尿液中晶体的浓度，减少析出并防止沉淀，同时可冲洗尿道，使小的尿结石随尿排出。

对于体积较大的结石主要是采取手术治疗（对种公羊适用）。由于肾盂和膀胱结石可因小块结石随尿液落入尿道而造成尿道阻塞，因此，在进行肾盂和膀胱结石摘出术时，对预后要慎重。

该病药物治疗一般效果不好，仅能起到缓解病情的作用。常用消石散，芒硝21 g、滑石50 g、茯苓30 g、冬葵子30 g、木通50 g、海金砂35 g，共研为细末，分3份，每天1份，开水冲调，候温灌服。

据报道，对草酸盐形成的尿结石应用硫酸阿托品或硫酸镁，对磷酸盐尿结石应用稀盐酸，治疗可获得良好的效果。

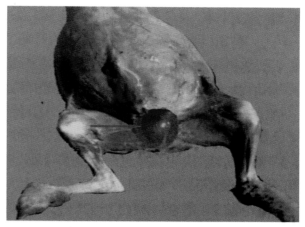

图 5.27　膀胱胀大（因结石堵塞尿道而积尿），
腹部膨大（因腹腔积液）
（图片提供：陈怀涛）

六、羊乳腺炎

羊乳腺炎是由于乳房受到机械性、物理性、化学性和生物性的致病因素作用，引起乳头或乳腺组织的炎症或增生。该病严重影响泌乳功能，造成泌乳量减少，乳汁性质发生改变，质量下降，多发生于泌乳期。

【病因】　引起羊乳腺炎的病因比较复杂，种类繁多，主要可分为以下几种。

（1）细菌感染：主要有停乳链球菌、金黄色葡萄球菌、大肠杆菌、化脓性棒状杆菌、放线菌等，细菌通过乳头管侵入乳房，感染发病。还有一些传染病如口蹄疫、布鲁氏菌病、结核病等发病时也往往伴发乳腺炎。

（2）机械性损伤：当乳房遭受摩擦、打击、挤压、刺划等机械性的作用，或幼畜吃奶时用力冲撞、咬伤乳头时，即可引起乳腺炎。

（3）环境卫生：乳腺炎是接触感染性疾病。圈舍、运动场不卫生等容易使致病菌经乳头管侵入乳腺引起发炎。这也是乳腺炎发生的主要途径之一。

（4）诱发因素：泌乳期饲喂过多精料使乳腺分泌机能过强，应用激素治疗生殖器官疾病引起的激素平衡失调等，均可诱发乳腺炎的发生。

（5）奶山羊挤乳时方法不当，造成乳房损伤；挤乳前乳房清洗和挤乳员手消毒不彻底，使乳头感染从而引发乳腺炎。

（6）对于产单羔母羊，如果母羊产奶量较高，但是产羔后护理不周，羔羊只吃一边奶头，另一边仍正常泌乳，这样容易形成偏奶，诱发乳腺炎。母羊产后应保证两边乳头都能让羔羊吃到。另外，如果羔羊开始太小不能吃完乳汁，必须挤掉未吃完的奶汁，保证母羊乳腺正常泌乳，才不致发生乳腺炎。

【主要症状】

（1）急性乳腺炎：患病乳区极度肿大、红肿、热痛症状明显（图 5.28）。乳房上淋巴结肿大，乳汁排出不畅或困难，泌乳量急剧减少或停止，乳汁稀薄，混有絮状或颗粒状物，还有的混有血液和脓汁。严重时，乳汁可呈淡黄色水样或红色水样，镜检时可发现乳汁中含有大量乳腺上皮细胞。同时伴有不同程度的全身症状，主要表现为食欲减退或废绝，瘤胃蠕动减缓或停止，反刍停止，体温高达 41~42℃，呼吸和脉搏加速，眼结膜潮红。后期呈现纤维素性乳腺炎或化脓性乳腺炎，眼球下陷，精神委顿。患病羊起卧困难，长时间站立不愿卧地，体温升高，持续数天而不退，急剧消瘦，常因败血症而死亡。

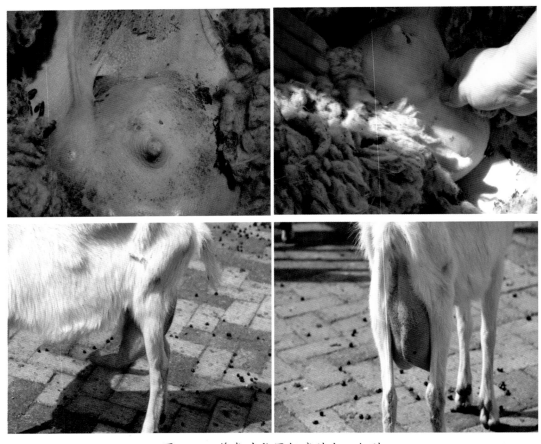

图 5.28　羊患病乳区极度肿大、红肿

（2）慢性乳腺炎：多因急性乳腺炎没有彻底治愈转化而成。一般没有全身症状，患病乳区组织弹性下降，硬度增强；触诊时，有大小不等的硬块；乳汁稀薄，泌乳量明显减少，乳汁中混有颗粒状物或絮状凝块；有时乳汁无肉眼可见变化，但通过实验室检验乳汁中含有病原菌及白细胞。严重时患病乳区纤维化，泌乳停止。

（3）隐性乳腺炎：临床上不表现任何症状，乳汁没有可见肉眼变化，但是一旦条件成熟很容易转变成临床型乳腺炎。隐性乳腺炎诊断方法很多，在我国一般采用化学检验方法（CMT）、物理检验方法和体细胞检测法进行诊断。

【诊断】 临床型乳腺炎根据乳房的红、肿、热、痛及内有硬块等较易确诊。隐性乳腺炎无明显症状，依据对乳的观察和实验室诊断综合分析判断。

【预防】

（1）加强饲养管理，改善圈舍的卫生条件，及时清除污物，定期消毒圈舍和运动场，经常保持圈舍的清洁和干燥；对病羊要隔离饲养，防止致病菌扩散和传播。

（2）放牧羊群在枯草季节要适当补饲草料，避免严寒和烈日暴晒，减少应激。

（3）乳用羊挤奶要定时，一般每天挤奶2次为宜，一般母羊当产奶特别多而羔羊吃不完时，可人工将剩奶挤出或适当减少精料饲喂量。

（4）怀孕后期对奶山羊要逐渐停乳，停乳时将抗生素注入每个乳头管内，停乳后注意乳房的充盈度和收缩情况，发现异常及时检查处理。

（5）分娩时如乳房过度肿胀，应适当减少精料及多汁饲料；分娩后，乳房过度肿胀，应控制饮水，并增加运动和挤乳次数。

【治疗】

（1）局部疗法：

1）乳房内注入药液：方法是在挤净患病羊乳房内的乳汁及分泌物后，将消毒的乳导管经乳头孔轻轻插入乳池内，然后慢慢注入青霉素40万U，0.5%普鲁卡因溶液5 mL（将青霉素溶解于普鲁卡因溶液中），而后轻揉乳房腺体部，使药液分布于乳腺中，每天1~2次。有研究证明，利用纳米银乳房注射对轻度乳腺炎有一定的效果，且不产生有抗奶。

2）封闭疗法：①会阴神经封闭法，在阴唇下联合，即坐骨弓上方正中的凹陷处，局部消毒后，左手拇指按压在凹陷处，右手持封闭针头向患侧坐骨小切迹方向刺入1.5~2 cm，注入青霉素80万U，0.5%普鲁卡因溶液10~20 mL。②乳房基部封闭，在乳房前叶或后叶基部，紧贴腹壁刺入8~10 mm，每个乳叶可注入0.25%~0.5%盐酸普鲁卡因10~15 mL，加入青霉素、链霉素可提高疗效，注射时注意扩大浸润面。后乳叶的刺激点在乳房中线旁2 cm处。

3）冷敷、热敷及涂擦刺激剂：为了促进炎性渗出物吸收和消散，在炎症初期需要冷敷，2~3天后可施热敷。用10%硫酸镁溶液1 000 mL，加热至45 ℃，每天外洗热敷1~2次，连用4次。也可用红外线照射等，患病乳区涂擦樟脑软膏或鱼石脂软膏等药物，促进吸收，消散炎症。

对化脓性乳腺炎，宜向乳房脓腔内注入0.1%~0.25%雷夫奴尔溶液，或3%过氧化氢溶液，或0.1%高锰酸钾溶液，冲洗脓腔，引流排脓。

（2）全身疗法：

1）减食疗法：为了减轻乳房负担，促使炎症早日消散，采取暂时降低泌乳机能的措施，即减少精料喂给量，少喂多汁饲料，限制饮水。待病情好转后再给予正常的饲喂。在体温升高时，应用磺胺类药物内服或苄星青霉素、头孢噻呋钠等药物静脉注射，以消除炎症。

2）中草药疗法：急性病例可用当归15 g，蒲公英30 g，二花、龙胆草各12 g，连翘、赤芍、川芎、瓜蒌、生地、山栀各6 g，甘草10 g，共研为细末，开水调制，每天1剂，连用5天，亦可将上述中草药煎水灌服，同时积极治疗继发病。

（本病图片提供：高娃）

七、羊子宫内膜炎

子宫内膜炎是子宫黏膜的炎症，常因分娩、助产、子宫脱出、阴道脱出、胎衣不下、腹膜炎、胎儿死于腹中等，继发细菌感染而引起。大多发生于母羊分娩过程或产后，是羊产科疾病中的一种常见病。

【病因】

（1）胎衣不下、阴道脱出或子宫脱出之后，继发细菌感染引起子宫内膜的炎症。

（2）母羊生产、难产助产时消毒不严，或配种、人工授精、阴道检查时，器械和生殖器官外部消毒不严，继发细菌感染，导致阴道炎症或子宫颈炎症而引起。

（3）羊舍不洁，特别是羊圈潮湿、粪尿积聚，母羊外阴部容易感染细菌并进入阴道及子宫，引发本病。

（4）有实验研究证明，环境中的许多病原微生物通过上述途径感染子宫而成为子宫内膜炎的致病菌，如葡萄球菌、链球菌、大肠杆菌、绿脓杆菌、沙门氏菌、真菌、支原体等，它们可以单独感染也可混合感染。

（5）某些传染病和寄生虫病的病原体通过血液、淋巴侵入子宫，如布鲁氏菌、李斯特菌、结核杆菌、滴虫等引起此病。

【主要症状】　本病按病程可分为急性子宫内膜炎和慢性子宫内膜炎两类。

（1）急性子宫内膜炎：一般发生于分娩过程或流产后或继发于胎衣不下。病羊表现体温升高，精神萎靡，食欲减退，反刍减少或废绝；常见拱背、努责，常做排尿姿势，从阴门中不断流出浑浊、带有絮状的黏液性或脓性渗出物，有时夹有血液，卧下时排出量较多，有腥臭味，阴道检查见阴道及子宫颈外口黏膜充血肿胀（图5.29）。严重时，病羊昏迷甚至死亡。

（2）慢性子宫内膜炎：根据分泌物的性质分为慢性黏液性子宫内膜炎和慢性化脓性子宫内膜炎。前者多由急性炎症转变而来，病羊有时体温升高，食欲、泌乳减少；卧下或发情时，从阴道排出浑浊带有絮状物的黏液，有时虽排出透明黏液，但含有小块状絮状物；阴道及子宫颈外口黏膜充血、肿胀、颈口略微开张；阴道底部常积聚上述分泌物；子宫角变粗、壁厚、粗糙、收缩反应微弱。后者从病羊阴道中排出灰白色或黄褐色较稀薄的脓液，阴道黏膜和子宫颈黏膜充血，往往粘有脓性分泌物，子宫颈稍开张（图5.30，图5.31）。

【诊断】　根据分娩史，从发病羊体温升高、弓背、努责、不时做排尿姿势，阴道中流出黏性或脓性分泌物或暗红色分泌物，发情不规律或停止，屡配不孕等临床表现，以及病因分析就可判断该病。

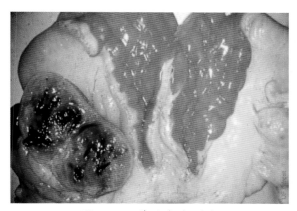

图 5.29 羊子宫内膜炎

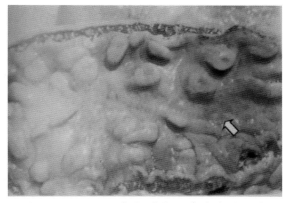

图 5.30 慢性子宫内膜炎，有灰色分泌物

【预防】

（1）注意保持圈舍和产房的清洁卫生；助产时，术者手臂和母羊外阴部要注意消毒；尽量减少对母羊产道的损伤；对产道损伤、胎衣不下及子宫脱出的病羊要及时治疗，防止继发感染。

（2）产后一周内，对母羊要经常检查，尤其要注意对阴道排出物的检查，注意有无异常变化，如有臭味或排出的时间延长，更应仔细检查，及时治疗。

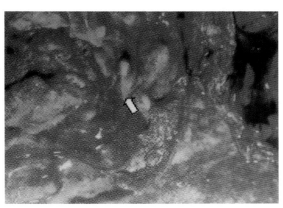

图 5.31 急性子宫化脓，蓄积脓性分泌物

（3）定期对种公羊进行检查，看是否存在传染性生殖器官疾病，防止母羊因配种感染。

（4）人工配种时，工作人员的手臂和使用的器械，以及难产时助产人员的手臂及使用器械，都要严格消毒，操作时注意用力程度，以免消毒不严或操作不慎而致本病发生。

【治疗】

（1）冲洗净化子宫：常用的冲洗液为 0.1%~0.2% 雷夫奴尔溶液，0.1% 复方碘溶液，0.1%~0.3% 高锰酸钾溶液，0.1%~0.2% 碳酸氢钠溶液与等量的 1% 明矾溶液混合液，取其中之一约 300 mL，灌入子宫腔内，然后用虹吸法排出子宫内的消毒液，每天 1 次，可连做 3~4 次，直到排出的液体透明为止。

（2）为促进子宫收缩，减少或阻止渗出物吸收：可用 5%~10% 氯化钠溶液 200~300 mL 每天或隔天冲洗子宫 1 次。随着渗出物减少和子宫收缩力的提高，冲洗液浓度逐渐降为 1%，用量也相应减少。同时皮下注射或肌内注射己烯雌酚、垂体后叶素或缩宫素等。

（3）子宫内灌注抗生素进行消炎：可在冲洗排液后，选用如下药物向羊子宫内注入：青霉素、链霉素各 50 万 ~100 万 U，或土霉素 0.5 g 溶于 100 mL 鱼肝油中，再加入垂体后叶素 5 U，注入子宫内，每天 1 次，4~6 天后隔天 1 次；必要时用青霉素 80 万 U、链霉素 50 万 U，肌内注射，每天早晚各 1 次。慢性子宫内膜炎，如渗出物不多，可选用 1 ：（2~4）碘酊液体石蜡、1 ：（2~4）碘甘油等量液体石蜡复方碘溶液 10~20 mL 注入子宫内。

（4）缓解自体中毒：用 10% 葡萄糖注射液 100 mL、林格氏液 100 mL、5% 碳酸氢钠溶液 20~50 mg，一次静脉滴注；同时，肌内注射维生素 C 200 mg。

（5）中药治疗：急性病例，用连翘 10 g，赤芍 4 g，黄芩 5 g，丹皮 4 g，桃仁 4 g，香附 5 g，延胡索 5 g，薏苡仁 5 g，蒲公英 5 g，水煎候温，一次灌服；慢性病例，用益母草 5 g，当归 8 g，蒲黄 5 g，川芎 3 g，茯苓 5 g，桃仁 3 g，五灵脂 4 g，香附 4 g，水煎候温加黄酒 20 mL，一次灌服，每天 1 次，2~3 天为一个疗程。

（本病图片提供：高娃）

八、羊难产

难产是由于母体或胎儿异常所引起的胎儿不能顺利通过产道的一种分娩性疾病。难产不仅能造成胎儿死亡，而且会威胁母羊的生命。

【病因】 根据其发生原因不同，难产分为母羊异常性难产和胎儿异常性难产两种。

（1）母羊异常性难产主要发生在秋冬季节，引起的原因有如下几种：

1）母羊提早配种，骨骼发育不全，产道没有发育成熟，骨盆、阴门、阴道、子宫颈等产道狭窄，加之胎儿过大，不能顺利产出。

2）怀孕的母羊营养失调，体质瘦弱或过于肥胖，运动不足，尤其是老龄或患有全身性疾病的母羊，常因子宫及腹壁收缩无力导致阵缩及努责微弱，胎儿难以产出。

3）怀孕的母羊因患有某些传染病或产科病而使子宫的肌纤维发生了退行性变化，如布鲁氏菌病及子宫内膜炎等都会引发难产。

4）其他原因，如怀孕母羊子宫扭转；子宫过度扩张，子宫壁变薄及肌纤维过度伸张均使收缩力量减弱；腹腔积水及腹壁疝气等使腹压不足；助产失当等。

（2）胎儿异常性难产引起的原因主要有以下几点：

1）胎儿的姿势不正或方向异常，胎儿过大、过多或畸形，羊水过多。

2）胎膜破裂过早，羊水流尽，使胎儿不能产出。

3）胎膜破裂过迟，以致分娩过程延长，致使子宫平滑肌出现疲劳性麻痹。

4）胎儿及胎膜发生腐败，由于毒素的作用，降低了子宫平滑肌的兴奋性，以致子宫收缩无力或麻痹。

【主要症状】 发病初期可见孕羊间歇性腹痛，起卧不安，时而卧地努责，进而起立，前蹄刨地，拱腰努责，回头顾腹，不停地咩叫，阴门肿胀，从阴门流出红黄色浆液，有时露出部分胎衣，有时可见胎蹄或胎头，但胎儿长时间不能产下（图 5.32）。

在阵缩微弱时，往往表现有强烈的腹压（尤其是山羊），但因子宫肌肉收缩不足仍然排不出胎儿。

【诊断】　一般情况下难产的诊断并不困难，孕羊从出现分娩症状开始长时间胎儿不能产出，就可确诊为难产。

【预防】

（1）不要过早进行配种（母羊体成熟前），尤其是公羊、母羊混群放牧时更应注意，羔羊3个月大以后，公羊、母羊应该分群饲养，防止偷配现象出现。

（2）加强孕羊的饲养管理，制定怀孕母羊各期的饲养和营养标准，避免体型过瘦或过于肥胖，适当运动以增强体质。

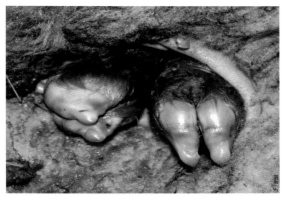

图 5.32　可见胎蹄或胎头，但胎儿长时间不能产下

（3）分娩前要做好接羔助产的各项准备工作，分娩时要有专人负责，发现分娩过程异常要及时助产。助产以手术为主，必要时辅以药物治疗。

【治疗】

（1）如果胎位正常，胎膜尚未破裂，可不必忙于干预，只需轻轻按摩腹壁，并将腹部下垂部分向后上方推压，以刺激子宫平滑肌的收缩，常可收到较好的效果。

（2）若胎位正常，羊水已经流出，但子宫收缩无力，原则上可以使用增强子宫收缩的药物，以增强子宫的收缩力，帮助分娩。通常应用的有缩宫素及垂体后叶素等，尤其是缩宫素注射液，是兽医上常用的催产药物，可使子宫产生生理性收缩，加快正常分娩过程。但是，催产药物对羊不适用，因为它使子宫更紧地包裹胎儿，使助产更加困难，故此时要进行人工助产。消毒手臂和母羊会阴部，将手伸入产道用手缓缓从产道内拉出胎儿。

（3）若胎位正常，产道狭窄。首先向阴门黏膜上涂布或向阴道内灌注温肥皂水，然后用线绳缓缓牵拉胎头或前肢，助产者尽量用手扩张阴门或阴道。若试拉无效时，应切开狭窄部，拉出胎儿，立即缝合切口。

（4）若胎位不正，先矫正胎位，然后再进行助产。

（5）若子宫颈扩张不全或闭锁时，或骨骼变形，致使骨盆狭窄，胎儿的产出受机械性障碍时，或胎位异常又不易矫正时，应尽早施行剖宫产手术，取出胎儿。

（6）以上无论以何种方式取出胎儿后，均应立即皮下注射缩宫素 10~50 U 或肌内注射垂体后叶素 10 U，对于止血、促进胎衣排出及防止子宫内翻均有良好效果。

（本病图片提供：吴树清）

九、羊生产瘫痪

羊生产瘫痪又称产乳热或低血钙症，是母羊分娩前后发生的一种严重的营养代谢性疾病。绵羊和山羊均可发生，但以山羊多见，尤其是高产奶山羊。

【病因】 分娩前后血液中钙的浓度急剧降低，是导致本病发生的根本原因。母羊在怀孕后期，由于营养需要而处于高钙水平，从而使甲状旁腺机能降低，当大量泌乳开始后，钙随乳汁大量流失，造成血钙水平急剧下降，而机体又不能及时补充而引起发病。

判定产乳热的一个重要因素是机体分娩时体液的酸碱平衡状态，代谢性碱中毒时会破坏甲状旁腺的生理机能，影响机体钙稳态调节系统的调节能力，使血钙降低，产生低血钙症，最后发生产乳热。

在围产期羊的低血钙和产乳热的另外一个重要因素是低血镁，低血镁可造成甲状旁腺分泌的甲状旁腺素（PTH）减少，影响机体钙稳态调节系统的调节能力，使血钙降低发生产乳热。

饲料中阳离子，特别是钾离子含量过高，会造成羊机体血液呈碱性，阳离子是带正电荷的矿物质元素，包括钾、钠、钙、镁等，饲料中的阳离子被吸收后血液碱性增强，造成机体代谢性碱中毒。

妊娠期间饲料中维生素和钙不足，钙磷比例不平衡，母羊分娩前后胃肠消化机能减弱，使得钙吸收率降低，也可引起本病的发生。

【主要症状】 本病以突然发病、低血钙、全身肌肉无力而站立不起为典型特征。该病主要在产前或产后 1~3 天内发生，偶尔可见妊娠其他时期。

【诊断】 本病发病突然，病程进展快。病初主要表现食欲减退或废绝，反刍减少至停止，瘤胃蠕动减慢或消失，步态不稳，呼吸常见加快，随后出现瘫痪症状，后肢不能站立，头向前冲，进食、排泄完全停止，针刺反射降低，全身出汗，肌肉震颤，心音减弱、速率增加，有些羊出现典型的麻痹症状，体温下降，进入濒死期，治疗不及时而引起死亡。

病情较轻时，其症状除不发生瘫痪外，主要特征是头颈呈"S"形弯曲，精神沉郁而不昏迷，反射减弱而不消失，能站立却站不稳，体温下降却不低于 37 ℃。一般轻型症状占多数。

【预防】 加强妊娠后期的饲养管理。在生产前饲喂一些低钙高磷饲料；注意适当运动，但不可运动过量；对易发本病的羊分娩后要及时预防注射，首选的药物为 5% 氯化钙注射液 40~60 mL、25% 葡萄糖注射液 80~100 mL、10% 安钠咖注射液 5 mL，混合后，一次静脉注射；在分娩前后 1 周内，每天饲喂蔗糖 15~20 g。降低饲料中的钠、钾含量，即增加青贮玉米的饲喂量。现在的研究已经证明产前饲料中添加阴离子可以预防该病的发生，如铵、钙、镁的氯化物用作致酸阴离子已获得成功。

【治疗】

（1）补钙：10% 葡萄糖酸钙注射液 50~100 mL，静脉注射，或 5% 氯化钙注射液 40~60 mL、10% 葡萄糖注射液 120~140 mL、10% 安钠咖注射液 5 mL，混合后，一次静脉注射。

（2）乳房送风：将空气送入乳房使乳腺受压，引起泌乳减少或暂停，使得血钙不再流失。送风一次效果不明显时，再重复进行一次。

（3）其他：补钙后大多伴有低磷血症，要及时进行补磷，可用 20% 磷酸二氢钠溶液 50~100 mL，一次静脉注射。当大量补钙后，血液中胰岛素的含量提升而引起血糖降低，因此在补钙的同时要适当补糖。

十、羊流产

流产是指胚胎或胎儿在妊娠过程中受不良因素影响，破坏了与母体的正常生理关系，从而导致母羊妊娠终止。流产可发生在妊娠的各个阶段，但以怀孕早期发生居多。临床表现为产出死胎或不足月的胎儿（图5.33，图5.34），或胚胎在子宫中被吸收。

图 5.33　羊流产

图 5.34　没有分娩征兆，突然排出死胎

【病因】　传染性流产是病原微生物感染引起的，主要病原有布鲁氏菌、衣原体、弯杆菌、毛滴虫等。

非传染性流产的原因主要有先天性的子宫畸形，胎盘坏死，胎膜炎和羊水增多症等；肺炎、肾炎、有毒植物中毒、食盐中毒等；外伤、蜂窝织炎、败血症等；长途运输不当、饲草料供应不均、饲喂腐败变质及冰冻饲料等；饲料或牧草中某些微量元素的严重缺乏等。以上诸多原因都可直接或间接引起羊流产的发生。

【主要症状】　流产由于时期的不同，其临床表现也各有不同，主要有以下几种情况。

（1）隐性流产：怀孕初期胚胎还没形成胎儿，死亡后其组织液化而被母体吸收或排出，其表现主要是怀孕后一段时间腹围不再增大反而缩小，妊娠6~10周时母羊再次发情而被发现。

（2）早产：排出不足月的活胎，有正常分娩的征兆和过程（腹痛起卧、努责、不食等），但不太明显，一般在胎儿排出前1~2天，乳房和阴唇稍有肿胀。

（3）小产：排出的是没有发生变化的死胎，但胎儿及胎膜都很小，一般没有分娩征兆而突然发生，所以常常不被发现。

（4）延期流产：也叫死胎停滞，死胎长期滞留子宫。

【诊断】　对于群发性流产要考虑传染病，或营养代谢性疾病的可能性，特别是布鲁氏菌和衣原体等病原微生物引起的流产，可以通过血清学、病原学等手段进行鉴别、确诊。

【预防】　加强妊娠母羊的孕期管理，提供优质牧草、饲料并适当添加多种维生素。改善圈舍卫生环境，严禁挤压、碰撞等损害情况的发生。严禁饲喂冰冻、发霉饲草料，运动要合理、适当。发现流产征兆时，及时采取有效保胎措施。

【治疗】

（1）对出现流产征兆的母羊要及时进行保胎、安胎。可用黄体酮注射液 15~25 mg，肌内注射，两天 1 次，连用 3 次，同时辅助应用维生素 E 注射液 5~10 mg，肌内注射。

（2）当流产发生时，要采取措施确保胎儿完全流出体外，流产不完全时，要进行人工辅助生产，待胎儿及胎膜等完全排出，无异常时不需特殊处理。出现异常要及时进行处理，如死胎没及时排出或延期滞留，要采取人工方法帮助胎儿排出，并彻底清理子宫。母羊出现感染症状时，要及时进行对症治疗。

（3）对流产后的母羊要加强饲养管理，提供优质饲草料和清洁饮水，加强对体能的恢复，加强护理，使之能尽快进入下一个妊娠周期。

（4）对于布鲁氏菌病等病原微生物引起的流产，按照传染病的相关规定进行处理。

（本病图片提供：高娃）

十一、羊胎衣不下

胎衣不下也称胎衣滞留，指母羊分娩后胎衣超过 14 小时（正常排出时间：绵羊为 3.5 小时，山羊为 2.5 小时）仍不排出。

【病因】

（1）产后子宫收缩无力，主要因为怀孕期间饲料单纯，缺乏无机盐、微量元素和某些维生素，或是产双胎，胎儿过大及胎水过多，使子宫过度扩张。

（2）怀孕期缺乏运动或运动不足，往往会引起子宫弛缓，因而胎衣排出缓慢。

（3）分娩时母羊肥胖，可使子宫复旧不全，因而发生胎衣不下。

（4）其他能够降低子宫肌和全身张力的因素，都能使子宫收缩不足。

（5）胎儿胎盘和母体胎盘发生粘连，患布鲁氏菌病的母羊常因此而发生胎衣不下。

（6）此外，流产和早产等原因也能导致胎衣不下。

【主要症状】　胎衣不下，初期一般没有全身症状，经 1~2 天后，停滞的胎衣开始腐败分解，从阴道内排出污红色混有胎衣碎片的恶臭液体（图 5.35），腐败分解产物若被子宫吸收，可出现败血型子宫炎和毒血症，患羊表现体温升高、精神沉郁、食欲减退、泌乳减少等。

【诊断】　本病的诊断主要根据临床症状。此病往往并发败血病、破伤风或气肿疽，造成子宫或阴道的慢性炎症。如果患羊不死，一般在 5~10 天内全部胎衣发生腐烂而脱落。山羊对胎衣不下的敏感性比绵羊高。

【防治措施】

（1）促进子宫收缩，加速胎衣排出：皮下或肌内注射垂体后叶素 50~100 U。最好在产后

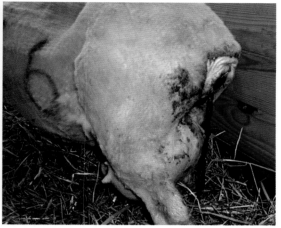

图 5.35　羊胎衣不下

8~12 小时注射，如分娩超过 24~48 小时，则效果不佳。也可注射催产素 10 mL（100 U），麦角新碱 6~10 mg。

（2）手术剥离：先用温水灌肠，排出直肠中积粪，或用手掏尽。再用 0.1% 高锰酸钾液洗净外阴，之后用左手握住外露的胎衣，右手顺阴道伸入子宫，寻找子宫叶。先用拇指找出胎儿胎盘的边缘，然后将示指或拇指伸入胎儿胎盘与母体胎盘之间，把它们分开，至胎儿胎盘被分离一半时，用拇指、示指、中指握住胎衣，轻轻一拉，即可完整地剥离下来。如粘连较紧，必须慢慢剥离。操作时须由近向远，循序渐进，越靠近子宫角尖端，越不易剥离，尤须细心，力求完整取出胎衣。

（3）当分娩破水时，可接取羊水 100~200 mL 于分娩后立即灌服，可促使子宫收缩，加快胎衣排出。

（本病图片提供：吴树清）

羊生殖系统疾病类症鉴别诊断见表 5.1。

表 5.1　羊生殖系统疾病类症鉴别诊断

病名	病原	流行特点	主要临诊症状	特征病理变化	实验室诊断	防治
羊布鲁氏菌病	布鲁氏菌	不分性别年龄，一年四季均可发生。母羊较公羊易感性高；消化道是主要感染途径，也可经配种感染	母羊主要症状是流产，阴道流出黄色液体。还可能出现乳腺炎、关节炎、滑膜炎及支气管炎。公羊常见睾丸炎、附睾炎及多发性关节炎	胎衣呈黄色胶冻样浸润，有出血点；肝、脾、淋巴结、心、肾等处的渗出变性坏死	虎红平板凝集试验，试管凝集实验，胶体金试检测纸条等	扑杀净化、疫苗免疫进行控制。治疗药物有复方新诺明和链霉素
羊施马伦贝格病	施马伦贝格病毒	病毒来源和暴发原因尚不清楚。主要感染绵羊、山羊、牛等。传播途径主要有两种，一是通过蚊子和蠓叮咬传播，二是通过胎盘垂直传播。该病首先通过媒介昆虫传播，然后通过胎盘垂直传播，尚不能在动物与动物间水平传播	病羊的临床表现为发热、腹泻、乏力等症状。母羊早产或难产，流产胎儿发育不全、畸形。幼畜多数在出生时就已经死亡，这一病症在绵羊中最为常见，多发于羔羊出生的高峰季节	剖检可见脑部出血、积水。病理切片显示，被病毒感染的羔羊脊髓部出现明显的神经元缺失	RT-PCR、病毒中和试验以及间接免疫荧光检测	目前无针对性防治技术及产品。应加大检验检疫力度，防止外源性传入
羊衣原体病	衣原体	可通过呼吸道、消化道及损伤的皮肤、黏膜感染，也可通过交配或用患病公羊的精液人工授精感染；蜱、螨等吸血昆虫叮咬也可能传播本病。多呈地方性流行	通常发生于妊娠中后期，无征兆流产、死产或娩出弱羔羊	流产母羊胎膜水肿、增厚，子叶呈黑红色或土黄色。流产胎儿水肿，皮肤、皮下组织、胸腺及淋巴结等处有点状出血，肝脏充血、肿胀，表面可能有针尖大小的灰白色病灶	分离培养；补体结合实验，血清中和实验，RT-PCR 检测抗原	加强饲养卫生管理；用羊流产衣原体灭活苗对母羊和种公羊免疫接种；也可用抗生素治疗
羊弓形虫病	刚地弓形虫	本病 7~9 月检出的阳性率较 3~6 月为高。流产可发生于妊娠后半期	成年羊呈隐性感染；妊娠母羊常于正常分娩前 4~6 周出现流产，其他症状不明显	淋巴结肿大，边缘有小结节，肺脏表面有散在的小出血点，胸、腹腔有积液。此时肝、肺、脾、淋巴结涂片检查可见弓形虫速殖子	涂片镜检，IHA 实验，PCR 检测	磺胺类药物有良好疗效

续表

病名	病原	流行特点	主要临诊症状	特征病理变化	实验室诊断	防治
羊尿结石	病因复杂，种类繁多	泌尿器官发生出血、炎症、堵塞的病症。去势公畜多发	排尿困难，肾性疝痛和血尿。公羊可丧失配种能力	在肾盂、输尿管、膀胱或尿道内发现结石，其大小不一，数量不等，有时附着于黏膜上。阻塞部黏膜见有损伤、炎症、出血乃至溃疡。当尿道破裂时，其周围组织出血和坏死，并且皮下组织被尿液浸润。在膀胱破裂的病例中，腹腔充满尿液	尿液镜检，尿道探诊，X线检查	加强饲养管理，公羊增强运动，保质保量饮水，供给优质的牧草，钙、磷比合理。给患畜饮磁化水对尿结石有一定预防作用
羊乳腺炎	多种非特定的病原微生物	多发生于泌乳期。乳头或乳腺组织的炎症，增生	临床型乳腺炎根据乳房的红、肿、热、痛及内有硬块等较易确诊。隐性乳腺炎无明显症状	乳腺发生各种不同性质的炎症反应，乳房上淋巴结肿大。通过实验室检验乳汁中含有病原菌及白细胞	化学检验方法（CMT），物理检验方法，体细胞检测法	加强饲养管理。乳用羊挤奶要定时，避免乳房中奶汁积留。保持羊圈、羊体和挤奶卫生
羊子宫内膜炎	多种病原菌	子宫黏膜的炎症。	食欲减退或不食，反刍减少，瘤胃蠕动音减弱，尿量减少，粪便干燥，右腹部皱胃区隆起，冲击式触诊呈现波动或有水响音	消化机能极度障碍，瘤胃积液，自体中毒和脱水	冲击式触诊，胃内容物pH值检测	加强饲养管理是预防本病的关键。羊群要定时定量饲喂饲草料，提供优质牧草，保证充足清洁的饮水，并供给全价饲料
羊难产	无特定病原	因母羊或胎儿异常，而导致胎儿不能顺利通过产道的一种病症	孕羊从出现分娩症状长时间胎儿不能产出	无特征性病理变化	从临床症状就可诊断	避免过早进行配种。加强孕羊的饲养管理。分娩前要做好接羔助产的准备工作
羊生产瘫痪	无特定病原	主要在产前或产后1~3天内发生，营养代谢性疾病；山羊多发	突然发病，低血钙，全身肌肉无力而站立不起	无特征性病理变化	血液生物化学常规检验，测定血清钙含量	加强妊娠后期的饲养管理

病名	病原	流行特点	主要临诊症状	特征病理变化	实验室诊断	防治
羊流产	分传染性和非传染性	在妊娠过程中受不良因素影响，导致母羊妊娠终止	产出死胎或不足月的胎儿，或胚胎在子宫中被吸收	胚胎或胎儿排出体外；出血	血清学、病原学等手段进行鉴别、确诊	加强妊娠母羊的孕期管理。改善圈舍环境卫生。严禁饲喂冰冻、发霉饲草料，运动要合理、适当。发现流产征兆时，及时采取保胎措施
羊胎衣不下	无特定病原	母羊分娩后，胎衣超过了正常时间仍不排出	胎衣不下，初期一般没有全身症状，经1~2天后，从阴道内排出污红色混有胎衣碎片的恶臭液体。发生败血型子宫炎和毒血症时患羊体温升高、精神沉郁、食欲减退、泌乳减少等	随着停滞的胎衣腐败分解和吸收，阴道内排出恶臭液体，进而出现败血症症状	直肠检查，触诊子宫有波动感	均衡营养，科学饲养；增强母羊的体质

第六章　循环与免疫系统疾病类症鉴别与诊治

一、羊巴贝斯虫病

羊巴贝斯虫病是由数种巴贝斯虫寄生于羊红细胞内引起的一种需经硬蜱传播的血液原虫病，又被称为焦虫病、蜱热，以高热稽留、黄疸、贫血、血红蛋白尿为特征。

该病病原为顶复门、孢子虫纲、梨形虫亚纲、梨形虫目、巴贝斯科、巴贝斯属等多种原虫。迄今为止能够感染羊的巴贝斯虫已经被报道了五种，包括莫氏巴贝斯虫（*B.motasi*）、绵羊巴贝斯虫（*B.ovis*）、粗糙巴贝斯虫（*B.crassa*）、泰氏巴贝斯虫（*B.taylori*）和叶状巴贝斯虫（*B.foliate*）（图 6.1）。该病多发生于夏、秋两季，亚洲、欧洲、北美洲等地都有该病的发生，我国南方各省区均有流行，给畜牧业造成较大的经济损失。

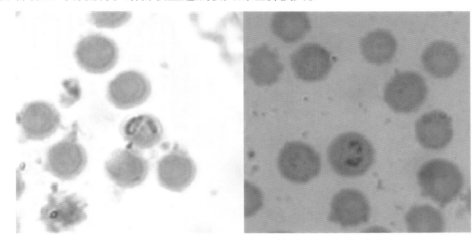

图 6.1　莫氏巴贝斯虫（左）、绵羊巴贝斯虫（右）

【流行特点】 羊巴贝斯虫病有明显的季节性，常呈地方性流行，多发于夏秋季节和蜱类活跃的地区，主要经媒介感染，如通过硬蜱科的一些蜱吸食羊的血液来进行传播。因此，羊巴贝斯虫病的流行具有明显的季节性，与当地蜱的出现、消长密切相关，有大量蜱滋生的山区、林区、草原等地区多发该病。该病发病季节主要在每年的 5~10 月，8 月达到高峰。绵羊和山羊均易感，无品种差异，但从外地引进的羊只易感性更高。不同年龄段的羊发病率不同，1~6 月龄的羔羊发病率、病死率高，1~2 岁的羊次之，2 岁以上的羊多为带虫者，很少发病。

【临床症状】 该病的潜伏期为 8~15 天，病程一般为 4~8 天。病羊体表检查可发现大量蜱寄生。病初表现为体温升高，40~42 ℃，稽留数日，食欲减退甚至废绝，精神沉郁，喜卧，呼吸浅表，脉搏加快，肠蠕动及反刍迟缓甚至停止。多数病羊出现异嗜，喜啃食泥土等异物，导致便秘或腹泻。病羊精神委顿，黏膜苍白，明显黄染。患病羊红细胞被大量破坏，数量减少且大小不匀，出现血红蛋白尿，血液稀薄。若诊疗不及时，重症病羊可在 1 周左右死亡，病死率为 50%~80%。慢性感染者体温持续数周在 40 ℃ 上下，渐进性贫血和消瘦，食欲减退，需经数周或数月才能恢复健康（图 6.2）。

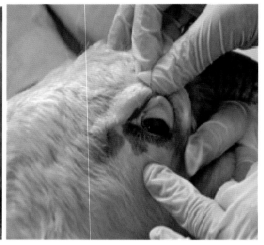

图 6.2 患巴贝斯虫病病羊（左：消瘦，右：贫血）

【病理变化】 主要病理变化为血液稀薄，凝固不全；全身淋巴结呈不同程度肿胀，切面多汁、苍白；心包积液，内有乳白色絮状渗出物，心冠脂肪水肿呈胶冻状，心肌苍白，松软，心外膜有纤维素性渗出；一侧肺水肿，肺泡充血；肝大，颜色发白，质地硬，间质增宽，有弥漫性出血点；肾呈黄白色；真胃黏膜水肿，肠壁变薄，空肠、结肠黏膜广泛出血。体表淋巴结肿大，尤以肩前淋巴结肿大更为明显，有压痛，活动性变小，可视黏膜苍白，贫血，无光泽，轻度黄染，有的可见有小出血点。

【鉴别诊断】 临床上应注意和以下疾病进行鉴别：

泰勒虫病以高热稽留、贫血、出血、淋巴结肿大为特征；剖检第四胃黏膜肿胀，有许多针头至黄豆大暗红色或黄白色结节，有的结节坏死、糜烂后形成边缘不整齐且稍微隆起的溃疡灶，胃黏膜易脱落；血液检查红细胞染虫率高、虫体呈环形或椭圆形。

附红细胞体病以高热、贫血、黄疸为特征；无明显季节性，多发生于应激状态下；血液检查附红细胞体附着于红细胞膜表面。

钩端螺旋体病以高热、贫血、黄疸、血红蛋白尿为特征，可在病畜之间横向传播；常见皮肤干裂、坏死，肝脏、脾脏有出血点和坏死灶，血液、尿液检查可发现钩端螺旋体。

【实验室诊断】

（1）血液涂片染色镜检：在体温升高后 1~2 天内（虫体染色率高），采取耳静脉血涂片，用瑞氏染色或姬姆萨染色法染色后，在油镜下检查，发现红细胞内具有呈梨形、卵圆形等形态的虫体，长度多大于红细胞半径，则可确诊。

（2）血清学方法：用于羊巴贝斯虫病诊断的免疫学方法很多，其中以补体结合试验、间接荧光抗体试验、间接血凝试验和胶乳凝集试验等显示出较强的特异性和敏感性。

（3）分子生物学诊断方法：该方法快速、敏感、特异性强，并可进行活体检测，适合于临床快速诊断；包括环介导等温扩增检测法（LAMP）、限制性片段长度多态性分析（RFLP）、反向线状印迹杂交技术（RLB）、核酸探针、聚合酶链式反应（PCR）等。

【防治措施】　由于该病的传播媒介是蜱，因此控制该病应以消灭、驱杀蜱为前提，同时实行科学轮牧。

（1）消灭传播媒介：除掉羊身体上的寄生蜱和圈舍内外的蜱，可采取人工捉蜱或体表喷洒药物的方法，常用药物有 1% 的马拉硫磷、0.2% 的辛硫磷及溴氰菊酯乳油剂等；定期对圈舍内缝隙处和墙面等地喷洒药物以灭蜱，用药时注意防止人畜中毒；结合改良土壤、深翻土地、人工种草等物理措施，破坏蜱在野外的生存条件，以消灭环境中的蜱。同时，可对家畜配合注射大环内酯类抗生素，如阿维菌素、伊维菌素、多拉菌素的长效制剂来消灭或控制蜱；在蜱流行季节，牛、羊尽量不到蜱大量滋生的草场放牧，必要时可改为舍饲。

（2）加强引种检疫：对外地调进的牛、羊，特别是从疫区调进时，一定要检疫后隔离观察，对患病或带虫者应进行隔离治疗。

（3）药物防控：在发病季节，可用咪唑苯脲进行预防，按每千克体重 2 mg 的剂量肌内注射，预防期一般为 3~8 周。在老疫区一般应进行 2~3 次预防。

（4）治疗：贝尼尔按每千克体重 5 mg 剂量使用，臀部深层肌内多点注射。轻症注射 1 次后隔 3 天再注射 1 次即愈，重症隔 2 天 1 次，连用 3 次。对病情较重的羊加强护理，对症治疗、强心、补液，用中药健胃、清肝利胆和补血等，严重贫血补给维生素 B_{12}，同时注射生血素，连续用 2 次。

（本病图片提供：河南农业大学兽医寄生虫学实验室）

二、羊泰勒虫病

羊泰勒虫病是经媒介蜱传播的山羊和绵羊的一种血液原虫病。该病的病原可引起感染动物高热、体表淋巴结肿大、贫血和消瘦等症状，严重时可导致动物死亡。在某些流行地区其感染率高达 95%，尤其对我国西北地区养羊业危害较大。

到目前为止，国内外已报道的羊泰勒虫至少有 6 种，即莱氏泰勒虫（*Theileria lestoquardi*）、绵羊泰勒虫（*T.ovis*）、隐藏泰勒虫（*T.recondita*）、分离泰勒虫（*T.separata*）、吕氏泰勒虫（*T.luwenshuni*）和尤氏泰勒虫（*T.uilenbergi*）。该病病原的形态呈多样性，包括环形、逗点形、三叶草形、杆形、双逗点形、囊圆形和不规则形等（图 6.3）。我国羊泰勒虫病的传播媒介为青海血蜱和长角血蜱。青海血蜱主要分布在我国青海、新疆等地，而长角血蜱则在我国南方和北方大部分地区均有分布。近年来，随着养羊业的迅速发展，跨境运输的频繁，羊泰勒虫病的发生也呈上升趋势，在湖北、浙江等部分南方地区也报道了本病，而且在自然病例中常见温和型或隐性感染症状，从而增加了该病的防控难度。

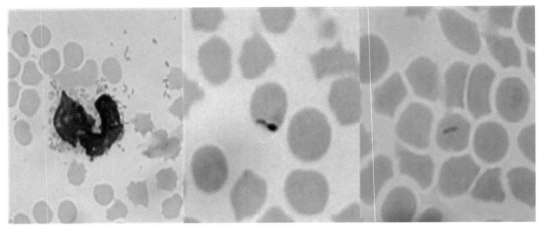

图 6.3　泰勒虫裂殖体（左）、逗点形泰勒虫（中）、杆形泰勒虫（右）

【流行病学】　幼蜱和若蜱吸食了含有泰勒虫的羊的血液，在成蜱阶段传播该病。因此羊泰勒虫病的流行与媒介蜱的活动存在相关性，具有明显的地区性和季节性。绵羊和山羊均易感，无品种差异，但从外地引进的羊只易感性更高。发病季节主要在每年的 3 月下旬至 5 月下旬，9~10 月有个别羊发病，春季病愈后的羊秋季二次发病的少见。不同年龄段的羊发病率不同，1~6 月龄的羔羊发病率高，病死率也高，1~2 岁的羊次之，2 岁以上的羊多为带虫者，很少发病。

【临床症状】　羊只感染泰勒虫后，体况渐差，大多体瘦如柴，被毛粗乱无光泽。眼睑、颌下和头部发生水肿。心跳加快，呼吸急促、困难。

病初有轻微的体温升高反应，第 8~14 天，体温升高至 41 ℃以上，呈稽留热，可持续 4~12 天。患病初期，羊只的精神、食欲、粪便及尿液无明显变化，在羊群中往往不易被发现。之后随体温持续升高，病羊精神沉郁，食欲减少，粪便干燥；病情加重后，病羊精神委顿，头低耳耷，眼睛半闭，反刍停止，食欲废绝，频频磨牙，出现拉稀现象，粪中混有白色黏液，个别病例粪便带有血丝，恶臭。尿液变黄、混浊，个别病例尿中带血（图 6.4）。

【病理变化】　病羊血液稀薄，尸检时，皱胃黏膜肿胀、充血，有针头至黄豆大小的黄白色或暗红色的结节；结节部的上皮组织坏死形成糜烂或溃疡，溃疡直径达 2~10 mm，边缘不整，轻度肿胀，略突出于黏膜表面，似喷火状或锅状，为灰褐色或黄色。十二指肠也可见到溃疡和结节（图 6.5）。肝脏与胆囊肿大，脾肿大，脾髓软化呈紫黑色，肾表面及切面有针尖大至粟粒大灰白色或鲜红色结节；全身各脏器、浆膜和黏膜上有大量出血点；体表淋巴结

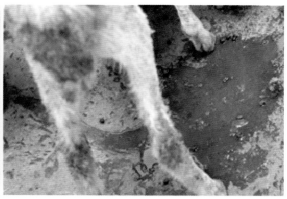

图 6.4　患泰勒虫病的羊（左：消瘦，右：尿液发黄）

肿大，尤以肩前淋巴结肿大更为明显，有压痛，活动性变小，可视黏膜苍白，贫血，无光泽，轻度黄染，有的可见有小出血点。

【鉴别诊断】　本病临诊上应注意与羊巴贝斯虫病、附红细胞体病、钩端螺旋体病相区别，还须与血吸虫病、肝片吸虫、绦虫病以及慢性酮病、氟中毒病等进行鉴别诊断。

【实验室诊断】

（1）组织涂片染色镜检：取正在发病的羊只前颈静脉血抹片每只2张，

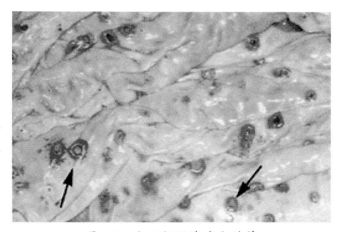

图 6.5　十二指肠溃疡和结节
（图片提供：乐星辰）

姬姆萨氏染色，镜检。虫体形态多为卵圆形或圆形，直径 0.6~2.0 μm，染虫率在 1.2%~5.0%，血片检虫率为 74%。在一个红细胞内可寄生 1~4 个虫体，一般为 1 个。从淋巴结穿刺液涂片中，可见到淋巴细胞内或游离到细胞外的石榴体，石榴体的直径为 8~15 μm，为紫红色染色质颗粒。

（2）分子学检测：聚合酶链式反应（PCR）、反向现状印迹杂交技术。

（3）ELISA 法：用于检测抗体，是作为监测和诊断该病的常规方法。

【防治措施】

（1）灭蜱：预防本病关键在于灭蜱，可根据本地区蜱的活动规律和生活习性制定灭蜱措施。用 70 mg/L 溴氰菊酯喷雾羊体及棚舍等环境，或用除癞灵对羊只进行药浴几次，使用 0.33% 敌敌畏或 0.2%~0.5% 敌百虫水溶液喷洒圈舍的墙壁等处，以消灭越冬的幼蜱。

（2）药物防控：在本病流行区，于每年发病季节到来之前，对羊群采用咪唑苯脲或贝尼尔（血虫净）进行预防注射，贝尼尔按每千克体重 3 mg，配成 7% 的溶液，深部肌内注射，每 20 天 1 次，对预防山羊泰勒虫病有效。

（3）加强引种检疫：防止外来羊只将蜱带入和本地羊只将蜱带到其他地区，注意做好购入、调出羊的检疫工作。

（4）饲养管理：在平常饲养时，应加强所有羊只的饲养管理，在饲草料淡季期应加强补饲，尤其对当年羔羊，以增强羊只体质和抗病力。个别哺乳期羔羊人工辅助喂奶；对已断奶小羊提供优质青干草及洁净温水自由饮用；对发病羊及时隔离，单独重点管理。

（5）治疗：本虫无特效药物。可选用磷酸伯氨喹啉（PMQ），每千克体重 0.75~1.5 mg，口服或肌内注射，3~5 天为 1 个疗程。三氮脒（贝尼尔），每千克体重 7 mg，配成 7% 水溶液，肌内注射，每天 1 次，3~5 天为 1 个疗程。羊泰勒焦虫病用青蒿酯（每千克体重 10 mg），首次倍量，12 小时 1 次，加水灌服，3 天内治愈。早期诊断、早期治疗，同时还要采取抗菌消炎、退热、输血、止血、利胆、强心、补液等对症疗法以减轻症状。特别注意要配合使用促进红细胞生成的药物如维生素 B_{12}。

（本病图片提供：河南农业大学兽医寄生虫学实验室）

三、羊无浆体病

山羊无浆体病曾称边虫病，是由绵羊无浆体引起的一种蜱媒传染病，常与山羊泰勒虫病等混合感染。其临床特点是发热、贫血、黄疸和消瘦。本病呈世界性分布，在非洲、北美洲、南美洲、地中海沿岸各国、中东地区、东南亚地区以及澳大利亚等地都有发生。我国经血清学和病原学调查，甘肃、青海、新疆、宁夏、陕西北部和内蒙古西部均属病原分布区。1982 年和 1986 年，新疆和内蒙古曾先后发生绵羊无浆体病流行，绵羊和山羊的死亡率达 17%。对牛、羊有致病力的无浆体有以下三种：边缘无浆体边缘亚种（*A.mrginale subsp.margnae*）、边缘无浆体中央亚种（*A.marginale subsp.centrale*）和绵羊无浆体（*A.ovis*）。无浆体几乎没有细胞质，呈致密的、均匀的圆形结构，姬姆萨染色呈紫红色，一个红细胞中有含 1 个无浆体的，也有含 2~3 个的（图 6.6）。用电子显微镜观察，无浆体是由一层限界膜与红细胞胞质分隔开的内含物，每个内含物包含 1~8 个亚单位或称初始体。边缘无浆体边缘亚种的寄主主要是牛和鹿，边缘无浆体中央亚种主要寄生于牛，绵羊无浆体则侵害绵羊、山羊和鹿。

【流行特点】 本病的传播媒介主要是蜱，20 余种。传播方式多数是机械性传播。牛虻、厩蝇和蚊类等多种吸血昆虫，以及消毒不彻底的手术、注射器、针头等，均可传播本病。

边缘无浆体广泛存在于世界各地，主要是热带和亚热带地区。由于全球气候变暖的原因，该病的流行区域呈现扩大的趋势，具有严格的宿主特异性，仅感染反刍动物，绵羊和山羊可呈无症状感染。绵羊无浆体病在世界上分布广泛，除非洲和欧洲外，在亚洲的伊朗、叙利亚、伊拉克、中亚地区、印度、美国均有分布，传播方式为蜱成虫间歇性吸血传播。通常，羊的发病率为 10%~20%，致死率在 5% 以下。羊无浆体病主要发生于 2 岁以上的山羊，羔羊一般不发病，绵羊虽可遭到边虫的感染，但红细胞染虫率很低，不表现明显的临床症状。北方山羊每年 9 月开始发病，10 月形成高峰，并延续到次年 2 月，10~12 月羊群发病率和病死率最高。

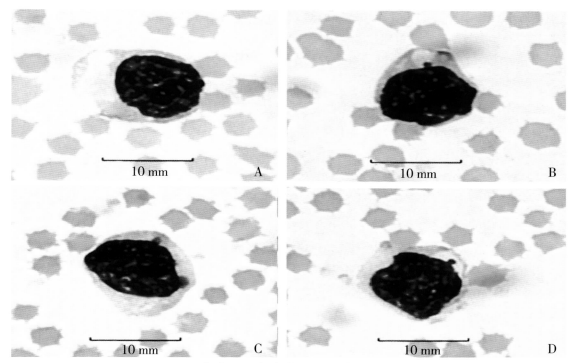

图 6.6 A. 正常情况下未感染病原的单核细胞（100×）
B~D. 自然状态下感染绵羊无浆体的单核细胞（1 000×）

个别羊群最高发病率可达 40%~50%，病死率 17%，危害相当严重。中央无浆体唯一的传播媒介是扇头血蜱属的 *Haemaphysalina rhipicephalu*。流行情况与边缘无浆体类似，但在中国此病原较少见。嗜吞噬细胞无浆体能广泛感染各种家畜、野生动物及人类，欧洲、亚洲等许多国家及美国都有该病发生的报道，有多种蜱是该病原的媒介蜱。

【临床症状】 大多病羊主要临床表现是发热、衰弱、黄染和消瘦等；体温升至 40~41 ℃，呈间歇热；精神委顿，厌食；可视黏膜苍白，眼睑、咽喉部和颈部肿胀；体表淋巴结肿大，肌肉震颤，产奶量和繁殖性能下降。饲养良好的山羊多为隐性感染，不出现本病的临床症状。

【病理变化】 剖检时可见主要病变为消瘦、贫血造成的组织苍白、黄疸、脾脏肿大。若患病动物死于急性期时，则无显著的消瘦；病程较长时，尸体消瘦，可视黏膜苍白，乳房、会阴部呈现明显的黄色，阴道黏膜有丝状或斑点状出血，皮下组织有黄色胶样浸润。颌下、肩前和乳房淋巴结显著肿大，切面湿润多汁，有斑点状出血。心脏肿大，心肌软而色淡；心包积液，心内外膜和冠状沟有斑点状出血。脾肿大 2~3 倍，被膜下有稀散的点状出血，切面呈暗红色颗粒状，实质软化。肺瘀血水肿，有紫红或鲜红色斑，个别病例有气肿。血液呈水样稀薄，肝显著肿大，呈红褐色或黄褐色。胆囊肿大，胆汁浓稠，呈暗绿色。肾肿大，被膜易剥离，多呈褐色。膀胱积尿，尿色正常。第四胃有出血性炎症病变。大小肠黏膜发炎，间有斑点状出血。

【鉴别诊断】 因羊无浆体病感染发病后高热、贫血、消瘦、黄疸等临床症状，极易与饲养管理不当造成的消瘦、贫血或者羊巴氏杆菌病和其他寄生虫病相混淆，应注意鉴别诊断。

因饲养管理不当造成的消瘦、贫血，病羊体温不高，且病羊发病缓慢，时间长，无腹泻症状，改变饲养方式或增加饲料营养，病情就有所好转。羊巴氏杆菌病则发病急，有肺炎和败血症变化。泰勒虫病主要表现为持续高温，呼吸困难，后期出现眼结膜苍白，黄染，贫血，还有血红蛋白尿等全身性症状，主要发生在3~10月，发病高峰期在4~5月。附红细胞体病羊主要表现为黄疸性贫血、发热、虚弱、流产等症状，多发于夏秋或雨水较多的季节。

【实验室诊断】

（1）病原学检查：

1）直接镜检：采取发热期病羊末梢血或死后不久的心血制成涂片，或肝、脾、肾、心、肺等内脏组织制成触片，用吉姆萨染色或直接荧光抗体染色，在红细胞内发现无浆体，即可做出阳性诊断。镜检只能检出0.1%~0.2%染菌率的样品，而且很难与染色中的杂质颗粒及一些羊只血液原虫相区分，因此大多数早期感染羊和带菌羊不易用此法检出。

2）动物接种：用可疑感染羊血（100 mL以上）静脉接种摘脾健康羊，定期涂片检查无浆体，一般1月后如果查出虫体即可确诊。本法昂贵而费时，较难推广使用。

（2）血清学检查：

1）补体结合试验：这是一种常规的诊断方法，多采用微量和标准化的技术，几乎没有假阳性，但有假阴性。因此，该方法只能作为大群羊只筛选方法，不能作为防治计划的唯一方法。该法不适用于微量抗体，故感染后3个月以上的抗体不易检查。

2）快速卡片凝集试验：该法具有快速、敏感、特异的特点，同时抗原十分稳定，检测抗体时间长，常与补体结合试验相结合来进行诊断。

3）间接荧光抗体试验：该法存在非特异性问题，应用提纯的抗原时，非特异荧光十分微弱。该法可作为本病的灵敏诊断方法，常用于流行病学调查和疫苗免疫检测。

4）酶联免疫吸附试验：检测抗体时，常用间接法和双抗原夹心法。该法具有敏感、特异等优点，但可出现假阳性反应。

5）放射免疫试验：该方法对设备有严格要求，特异性和敏感性与酶联免疫吸附试验基本一致。

（3）PCR检查：根据GenBank上羊无浆体及其他相近病原体gltA基因序列，设计出针对羊无浆体的实时荧光定量引物和探针，建立了一种检测羊无浆体实时荧光定量PCR方法。该方法特异性好，检测灵敏度高且稳定性好。

【防治措施】

（1）灭蜱：灭蜱是防治本病的关键，可经常用杀虫药消灭羊体表寄生的蜱。保持圈舍及周围环境的卫生，常做灭蜱处理，以防经饲草和用具将蜱带入圈舍。

（2）加强饲养管理：病羊应隔离治疗，加强护理。供给足够的饮水和营养全面的饲料，提高机体的抵抗力；保持厩舍清洁卫生。每天喷药驱杀吸血昆虫。

（3）治疗：无浆体病应根据病情的轻重对症治疗。病情较轻时可只使用抗无浆体药，对无浆体病有疗效的药物有四环素类抗生素、贝尼尔、黄色素、台盼蓝等。病情重的除用抗无浆体药物外，还要对症治疗，如采用强心、补液、调理肠胃和补血等手段，并加强饲养管理。

（本病图片提供：河南农业大学兽医寄生虫学实验室）

四、日本分体吸虫病

日本分体吸虫病，又称日本血吸虫病，是由分体科、分体属的日本分体吸虫寄生于人和牛、羊、猪、犬、猫、啮齿类动物及 20 多种野生哺乳动物的门静脉系统的小血管内而引起的一种人兽共患寄生虫病。常见症状为消瘦，腹泻，血便，贫血，发育迟缓。该病主要流行于亚洲，在我国分布很广，遍及长江沿岸及长江以南各省区。本病长期危害着疫区人畜，严重影响人体健康和畜牧业的发展。

【病原特点】　日本分体吸虫呈线状，雌雄异体。雄虫为乳白色，短而粗，长 9~18 mm，宽 0.5 mm。口吸盘位于虫体前端，后面不远处为腹吸盘。雌虫细长，呈暗褐色，长 12~22 mm，宽 0.1~0.3 mm。体背光滑，仅吸盘内和抱雌沟边缘有小刺。体壁自腹吸盘后方至尾部，两侧向腹面卷起形成抱雌沟，雌虫常居雄虫抱雌沟内，呈合抱状态，交配产卵。有 6~8 个睾丸，于腹吸盘后下方纵行排列。虫卵为椭圆形、黄褐色，大小为（70~100）μm×（50~65）μm 卵壳较薄，无盖，在其侧方有一小刺，卵内含毛蚴（图 6.7，图 6.8）。

【流行病学】　成虫在寄生部位产卵，一部分随血流达肝脏，一部分逆流到肠壁，形成结节。结节破溃后，虫卵入肠道，随宿主粪便排出体外，污染牧地、河流、湖沼、水田和低湿地等，成为传染源。虫卵在水中孵出毛蚴，钻入中间宿主钉螺，经母胞蚴、子胞蚴产出大量尾蚴，逸出螺体。当家畜入水时，经皮肤或口腔黏膜受侵袭，胎儿也可经胎盘感染。通过血液循环，

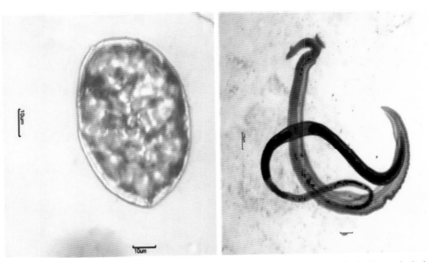

图 6.7　日本分体吸虫虫卵（左）（40×）和雌性合抱的成虫（右）

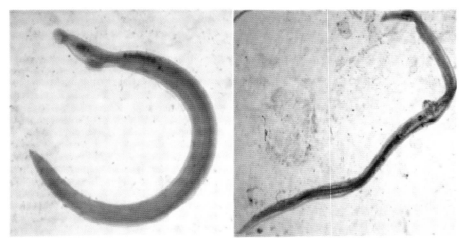

图 6.8　日本分体吸虫雄虫（左）（10×）和雌虫（10×）（右）

最后到肠系膜静脉和门静脉发育为成虫。一般从尾蚴经皮肤感染至成虫产卵需 30~40 天，成虫寿命可达 20 年以上。

　　日本分体吸虫分布于中国、日本、菲律宾及印度尼西亚，近年来在马来西亚也有报道。在我国日本分体吸虫广泛分布于长江流域和江南的 13 个省、市、自治区（贵州省除外），主要危害人和牛、羊等家畜。台湾地区的日本分体吸虫为动物株（啮齿类动物），不感染人。钉螺为日本分体吸虫的中间宿主，因此钉螺阳性率高的地区，人畜的感染率也高。病人、病畜的分布基本上与当地水系的分布相一致。

　　【临床症状】　　日本分体吸虫病以黄牛和犬的症状较重，羊和猪较轻，马几乎无症状。动物大量感染时，常呈急性经过，先为食欲减退、行动迟缓、精神不佳，体温升高达 40~41 ℃，继而严重贫血，可因衰竭而死亡。慢性型病畜变现为消化不良，发育迟缓，有侏儒症状。发病动物下痢，粪便含黏液、血液甚至块状黏膜，有腥臭味，存在里急后重现象，严重时出现脱肛、腹水。少量感染时症状不明显，多呈慢性经过，动物为无症状带虫状态。

　　【病理变化】　　尸检可见尸体消瘦，贫血，皮下脂肪萎缩，腹腔内常有多量积液。本病所引起的主要病变是由于虫卵沉积于组织中而产生的虫卵结节或虫卵性肉芽肿，与肝门静脉相连的脏器均可见到。肝脏的病变较为明显，其表面或切面上，肉眼可见粟粒大到高粱米大的灰白色或灰黄色小点，即虫卵结节（图 6.9）。感染初期，肝脏可能肿大，日久后可见肝萎缩、硬化。严重感染时，各肠段均可找到虫卵沉积。肠壁结节中，虫卵内的毛蚴分泌毒素溶解肠壁形成溃疡、瘢痕及肠壁分区性肥厚。肠系膜和大网膜也可见虫卵结节。心、肾、胰、脾、胃等器官亦可见虫卵结节。肠系膜淋巴结肿大出血，门静脉血管肥厚，在其内及肠系膜静脉中含虫体，雄虫乳白色，雌虫暗褐色，常呈合抱状态。

　　【实验室诊断】

（1）病原学诊断：常用方法有虫卵毛蚴孵化法、沉淀法、尼龙绢袋集卵法等。

（2）血清学试验：常用方法有间接血球凝集试验和酶联免疫吸附试验等。

【防治措施】

（1）加强饲养管理，用 0.1% 的消毒威连续消毒 5 天，圈舍四周撒生石灰，保持牧场的清洁干燥。

（2）避免到钉螺存在的地区放牧，可对未发病水牛进行预防性驱虫。

（3）对于发病动物，应加强护理，常用的治疗药物有硝硫氰胺（按每千克体重 40~60 mg，一次口服较安全）、敌百虫（按每千克体重 15 mg/ 天，配成 1%~2% 水溶液口服）、吡喹酮（按

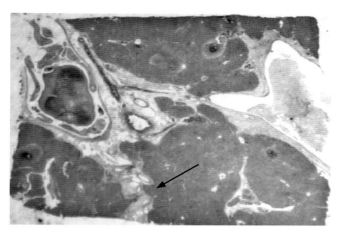

图 6.9　日本分体吸虫寄生的肝静脉管横切片

每千克体重 30 mg/ 天，口服）、六氯对二甲苯（按每千克体重 700 mg/ 天，连用 7 天）、青蒿琥酯和硝硫苯酯等，病情严重的动物还应采取强心补液等对症治疗措施。

（本病图片提供：河南农业大学兽医寄生虫学实验室）

五、东毕吸虫病

东毕吸虫病是由分体科、东毕属的几种吸虫寄生于牛、羊、骆驼等哺乳动物的肝门静脉系统和肠系膜静脉系统内而引起的一种寄生虫病。我国以内蒙古、西北、东北地区分布较为广泛，主要引起羊的死亡。常见的虫种有土耳其斯坦东毕吸虫和程氏东毕吸虫。

【病原特点】　土耳其斯坦东毕吸虫：雌雄异体，但常呈合抱状态。雄虫呈乳白色，体表光滑无结节或疣状物，体长约 8.45 mm。口、腹吸盘相距 870 μm，无咽，食道位于腹吸盘前方，分为两条肠管，在体后合并成单管，直达体末端。睾丸呈圆形颗粒状，有 70~80 个，呈双行不规则排列。腹面有抱雌沟，生殖孔开口于腹吸盘后方。雌虫呈暗褐色，较雄虫细长，平均体长 9.25 mm。卵巢呈螺旋扭曲状，位于两肠合并处前方。子宫短，内含一枚虫卵。虫卵大小为 67.86 μm × 32.88 μm，无卵盖，两端各有一个附属物，一端较尖，一端钝圆。

程氏东毕吸虫：虫体为乳白色，体表有结节。雄虫较结实，平均体长 3.25 mm。口、腹吸盘相距 229 μm，睾丸呈长椭圆形，拥挤重叠单排排列，数量不等，一般在 70 个左右。雌虫呈暗褐色，较雄虫略大，平均体长 5.25 mm（图 6.10）。卵巢长椭圆形，前部扭曲，子宫内有一枚虫卵，卵黄腺始终排列在整个肠管两侧。

【流行特点】　东毕吸虫在我国的分布相当广泛，如黑龙江、甘肃、内蒙古、新疆、青海等 20 多个省、市、自治区均有此病发生。本病常呈地方性流行，且具有季节性，多在 5~10 月流行，在青海和内蒙古尤为严重。易感动物为牛、羊、马及一些野生哺乳动物，主要危害牛和羊。动物因在水中吃草或饮水，被栖息在水中的螺类感染皮肤。中间宿主螺类有三种，即耳萝卜螺、卵萝卜螺和小土窝螺。

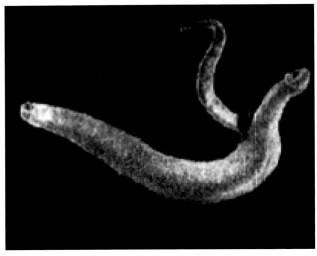

图 6.10　雌雄虫整体观，低倍镜下虫体粗糙（65×）

【临床症状】　本病多为慢性经过，个别情况下出现急性病例。

（1）急性型：幼龄牛羊或从外地新引进的良种牛羊，主要在突然感染大量尾蚴后发生。表现为发热、似流感症状，食欲减退，呼吸窘迫，下痢、消瘦等。可造成大批死亡，耐过后转为慢性。

（2）慢性型：消瘦、可视黏膜苍白，略有黄染。下颌及腹部多有不同程度的水肿，腹围增大。长期腹泻，粪便中混有黏液，幼龄牛羊生长缓慢，怀孕羊容易流产。

【病理变化】　患畜尸体明显消瘦，贫血，腹腔内有大量腹水。感染数千条虫体以上的病例，其肠黏膜及大网膜均有明显的胶样浸润，有时可波及胃肠壁的浆膜层。小肠黏膜上有出血点或坏死灶。肠系膜淋巴结水肿。肝组织出现不同程度的结缔组织化，肝脏质地变硬，肝表面凸凹不平，并且散布着大小不等的灰白色虫卵结节。肠系膜静脉和门静脉内可发现线状虫体。

【实验室检查】

（1）病原学诊断：常用方法有虫卵毛蚴孵化法、沉淀法、尼龙绢袋集卵法等。

（2）血清学试验：常用方法有间接血球凝集试验和酶联免疫吸附试验等。

【防治措施】

（1）预防：定期驱虫，在秋冬尾蚴感染停止后，进行两次彻底驱虫，可起到治疗患畜，消灭传染源的作用；注意饮水卫生，羊要饮井水或流动的河水，不要饮水田、池塘、湖泊等处的水，以避免接触中间宿主。另外，要加强对羊粪便的管理，不要把羊的粪便倒入水中。

（2）治疗：血防 846，羊每千克体重 100 mg，一次内服。吡喹酮，羊每千克体重 30~40 mg，内服，每天 1 次，两天为一个疗程，或制成针剂进行肌内注射。硝硫氰胺，羊每千克体重 50 mg，一次内服，也可配成 2% 的混悬液静脉注射，羊每千克体重 2~3 mg。

（本病图片提供：王春仁）

羊血液与免疫循环系统类疾病的鉴别诊断要点见表 6.1。

表 6.1　羊血液与免疫循环系统类疾病的鉴别诊断要点汇总

病名	病原	流行特点	主要临诊症状	特征病理变化	实验室诊断	防治
羊巴贝斯虫病	巴贝斯虫	有明显的季节性，常呈地方性流行。发于夏秋季节和蜱类活跃的地区，主要经媒介感染，如通过硬蜱科的一些蜱吸食羊的血液来进行传播。发病季节主要在 5~10 月，8 月为最高峰，感染无品种差异，外地引进羊只更易感染	病初体温升高，40~42 ℃，稽留数日。多数羊出现异嗜，喜啃食泥土等异物，导致便秘或腹泻。病羊精神委顿，黏膜苍白，明显黄染。患病羊易出现血红蛋白尿，血液稀薄	全身淋巴结呈不同程度肿胀，切面多汁、苍白；心包积液，内有乳白色絮状渗出物，心冠脂肪水肿呈胶冻状，心肌苍白、松软，心外膜有纤维素性渗出，肺泡充血，肝大，肾呈黄白色，真胃黏膜水肿	血液涂片染色镜检，血清学方法，分子生物学诊断方法	消灭传播媒介，如消灭驱杀牛蜱。加强引种检疫，如检疫后隔离观察。在发病季节，可用咪唑苯脲进行预防
羊泰勒虫病	泰勒虫	有明显的地区性和季节性，主要与媒介蜱的活动有关，无品种差异，外地引进羊只更易感染，发病季节在 3 月下旬至 5 月下旬。且不同年龄段感染情况不同，1~6 月龄的羔羊发病率高	动物高热、体表淋巴结肿大、贫血和消瘦。患病初期症状不明显，不易发现，但随高温持续稽留，病羊精神沉郁，食欲减退，粪便干燥，之后食欲废绝，持续拉稀，粪便混有白色黏液，尿液变黄或带血	皱胃黏膜肿胀、充血，十二指肠可见到溃疡和结节，体表淋巴结肿大，全身各脏器、浆膜和黏膜上有大量出血点	组织涂片染色镜检，PCR 检测，反向印迹杂交技术，ELISA 法	预防本病关键在于灭蜱，可根据本地区蜱的活动规律和生活习性制定灭蜱措施。此外用相应的药物进行防治，加强饲养管理和引种检疫
羊无浆体病	无浆体	广泛分布于世界各地，具有严格的宿主特异性，只感染反刍动物，绵羊和山羊可呈无症状感染。本病的传播媒介主要是蜱，多数是机械性传播	病羊主要症状是高热、贫血、消瘦、黄疸和胆囊肿大，体温升至 40~41 ℃，呈间歇热；病羊精神委顿，厌食。体表淋巴结肿大，产奶量和繁殖性能下降	组织苍白、黄疸、脾脏肿大。母羊乳房、会阴部呈现明显的黄色，阴道黏膜有丝状或斑点状出血，颌下、肩前和乳房淋巴结显著肿大。胆囊肿大，胆汁浓稠，呈暗绿色。肾肿大，小肠黏膜发炎，兼有斑点状出血	病原学检查可直接镜检，血清学检查可用补体结合试验、快速卡片凝集试验、间接荧光抗体试验、酶联免疫吸附试验等，以及 PCR 检查	加强饲养管理，提高机体免疫力。经常用杀虫药消灭牛体表寄生的蜱，保持圈舍和周围环境的卫生，治疗方面根据病情轻重进行相应治疗

病名	病原	流行特点	主要临诊症状	特征病理变化	实验室诊断	防治
日本分体吸虫病	日本分体吸虫	成虫在寄生部位产卵，一部分随血流达肝脏，一部分逆流到肠壁，随粪便排出体外后，污染牧场、河流等成为传染来源。经中间宿主钉螺，排出大量尾蚴感染家畜。病人、病畜的分布基本上与当地水系的分布相一致	大量感染时，呈急性经过，表现为食欲减退，行动迟缓，体温升高，严重贫血。慢性感染时表现为消化不良，发育迟缓，有侏儒症状。发病动物下痢，粪便含黏液、血液，有腥臭和里急后重现象，甚至出现脱肛、腹水	尸检可见尸体消瘦，贫血，皮下脂肪萎缩，腹腔内常有大量积液。肝脏的病变较为明显，其表面或切面上，肉眼可见虫卵结节。感染初期，肝脏肿大，而后肝萎缩、硬化。严重感染时，各肠段均可找到虫卵沉积，甚至内脏各组织均可见虫卵结节	病原学诊断可用虫卵毛蚴孵化法、沉淀法、尼龙绢袋集卵法。血清学试验可使用间接血球凝集试验和酶联免疫吸附试验	加强饲养管理，可用0.1%的消毒威连续消毒5天，圈舍四周撒生石灰，保持牧场的清洁干燥。避免到钉螺存在的地区放牧，可对未发病羊进行预防性驱虫。对于发病动物，应加强护理，用硝硫氰胺、敌百虫等药物治疗。病情严重的动物还应采取强心补液等对症治疗措施
东毕吸虫病	分体科、东毕属的几种吸虫	在我国分布广泛，常呈地方性流行，且具有季节性，多在5~10月流行，在青海和内蒙古尤为严重。易感动物为牛、羊、马及一些野生哺乳动物，主要危害牛和羊。中间宿主螺类有三种，即耳萝卜螺、卵萝卜螺和小土窝螺	急性型主要发生于幼龄牛羊或外地引进的牛羊，突然感染大量尾蚴后发生，表现为发热、似流感症状，食欲减退，呼吸窘迫，下痢、消瘦等。慢性型症状在下颌及腹部多有不同程度的水肿，腹围增大。长期腹泻，粪便中混有黏液，幼龄牛羊生长缓慢，怀孕牛羊容易流产	消瘦，贫血，腹腔内有大量腹水，肠黏膜及大网膜均有明显的胶样浸润，肠系膜淋巴结水肿，肝组织出现不同程度的结缔组织化，质地变硬，表面凹凸不平，散布着大小不等的灰白色虫卵结节。肠系膜静脉和门静脉内可发现线状虫体	病原学诊断可采用虫卵毛蚴孵化法、沉淀法、尼龙绢袋集卵法。血清学试验可采用间接血球凝集试验和酶联免疫吸附试验	定期驱虫消灭传染源，避免接触中间宿主，加强对羊粪便的管理。治疗上可使用血防846、吡喹酮和硝硫氰胺，根据不同药物采用不同的喂给方式加以治疗

第七章 神经及运动系统疾病类症鉴别与诊治

一、羊伪狂犬病

羊伪狂犬是由伪狂犬病毒感染引起的羊的一种急性传染病,临床表现为奇痒、发热和脑脊髓炎,病死率较高。

【流行特点】 病羊、带毒羊及带毒鼠类为本病的主要传染源,猪和鼠为该病的主要天然宿主,羊和其他动物感染多与带毒的鼠或猪接触有关。本病主要通过消化道、呼吸道途径感染,也可经受伤的皮肤、黏膜及交配传染,或者通过胎盘发生垂直传播。本病一般呈群发性或地方性流行,冬、春季节多发。绵羊易感性高于山羊。

【主要症状】 病羊呼吸加快,体温升高到41.5 ℃,肌肉震颤,目光呆滞。唇部、眼睑或整个头部迅速出现奇痒症状,常见前肢在硬物上摩擦发痒部位,有时病羊会啃咬奇痒部位并发出凄惨叫声或撕脱奇痒部位皮毛(图7.1)。接着全身肌肉出现痉挛性收缩,迅速发展至咽喉麻痹及全身衰竭,病死率接近100%。

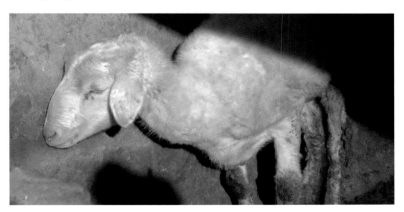

图 7.1 因伪狂犬病毒感染而死亡的羊

【病理变化】 病羊奇痒部位皮下组织有浆液性出血性浸润,皮肤擦伤处脱毛、水肿。组织学病变主要表现为神经节炎或中枢神经系统呈弥漫性非化脓性脑膜脑脊髓炎,同时有明显的血管套及弥散性局部胶质细胞反应。

【诊断】 根据流行病学、剖检变化结合病羊奇痒和高病死率可以做出初步诊断,但确诊需实验室诊断。病原学诊断方法有病毒分离、免疫荧光试验（FA）、免疫接种试验、双抗体夹心 ELISA、反向间接血凝试验（RPHA）和 PCR 分子诊断。血清学诊断方法有间接血凝试验（IHA）、微量血清中和试验（MSN）、酶联免疫吸附试验（ELISA）、乳胶凝集试验（LAT）等。

【鉴别诊断】 临床症状上本病应与羊李斯特菌病进行鉴别诊断。

【病原特点】 伪狂犬病毒属疱疹病毒科，病毒颗粒呈圆形或椭圆形（图 7.2），长约 12 nm，宽约 9 nm。位于细胞核内无囊膜的病毒颗粒直径 110~150 nm。伪狂犬病毒对外界抵抗力较强，是疱疹病毒中抵抗力较强的一种，使用 2% 氢氧化钠溶液可迅速使其灭活。

【防治措施】 本病无特异性治疗药物。预防应加强羊群的饲养管理，做好羊场的灭鼠工作，严格将猪羊分开饲养。疫区可用羊伪狂犬病弱毒疫苗进行免疫接种。

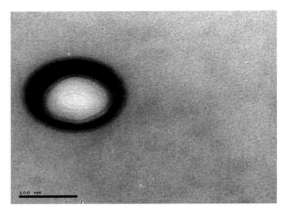

图 7.2 羊伪狂犬病毒电镜观察

（本病图片提供：张克山）

二、羊破伤风

羊破伤风是由破伤风梭菌引起的急性、中毒性人兽共患传染病，临诊症状主要表现为病羊肌肉发生持续性痉挛收缩，表现出强直状态，又称强直症，俗称"锁口风"。

【流行特点】 破伤风梭菌广泛存在于土壤和草食牲畜的粪便中。破伤风的发生主要是由于芽孢经暴露的、开放性的伤口侵染机体的结果。外伤导致的病原菌感染，引起病原体在创口内繁殖产生毒素，刺激中枢神经系统而引发本病。破伤风发病多为散发性，一般不引起群体发病。羊发生破伤风无明显的季节性，但在春秋多雨时发病较多。如果羊圈舍环境中存在破伤风梭菌，产羔后的母羊和羔羊易感染，公羊打架受伤也会引起破伤风病的发生。

【主要症状】 本病主要表现为神经性症状。发病初期，病羊眼神呆滞，进食缓慢，牙关紧闭，不能吃饲草。全身肌肉僵直，颈部和背部肌肉强硬，头偏向一侧或后仰，四肢张开站立，各关节弯曲困难，步态僵硬，呈典型的木马状（图 7.3）。粪便干燥，尿频，体温正常，瘤胃臌胀，采食困难。

【病理变化】 血液呈暗红色且凝血不良，神经组织和黏膜有瘀血和出血点，肺脏充血及高度水肿，心肌脂肪变性，骨骼肌萎缩呈灰黄色。

【诊断】 根据病羊有无深度创伤史，结合特征性神经性症状和典型的全身强直的临床症状，容易做出确诊。

【鉴别诊断】 本病在临床症状上应与羊狂犬病进行鉴别诊断。

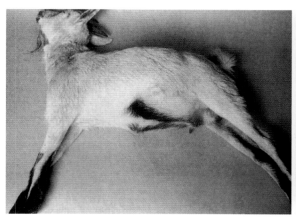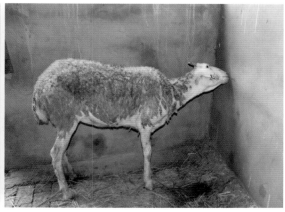

图 7.3　病死羊呈木马状僵硬

【病原特点】　破伤风梭菌，归属芽孢杆菌科梭菌属，是一种厌氧性革兰氏阳性杆菌。破伤风梭菌形状为细长杆菌，长 2.1~18.1 μm，宽 0.5~1.7 μm，菌体多单个存在。使用 10% 的碘酊或 10% 的漂白粉、30% 的双氧水能很快将其杀死。

【防治措施】　伤口部位使用双氧水清洗消毒，在该病多发区，可皮下接种破伤风类毒素。另外，母羊产羔前对圈舍进行彻底严格的消毒，接羔时对脐带进行消毒也可以防止该病的发生。

（本病图片提供：张克山）

三、山羊关节炎－脑炎

山羊关节炎－脑炎是由山羊关节炎－脑脊髓炎病毒引起的一种疾病，临床表现为成年羊关节炎、乳腺炎、慢性进行性肺炎和脑炎。

【流行特点】　患病山羊及潜伏期隐性带毒山羊是本病的主要传染源。该病主要以消化道传播为主。在自然条件下，只在山羊间相互传染发病，绵羊不感染。各种年龄的山羊均有易感性，而以成年羊感染发病的居多。

【临床症状】　该病可分为关节炎型、脑脊髓炎型和肺炎型。关节炎型表现为患病羊腕关节肿大、跛行，膝关节和跗关节发生炎症。一般症状缓慢出现，病情逐渐加重，进而关节肿大，活动不便，常见前肢跪地膝行。个别病羊肩前淋巴结肿大。发病羊多因长期卧地、衰竭或继发感染而死亡。脑脊髓炎型病羊精神沉郁、跛行，随即四肢僵硬，共济失调，一肢或数肢麻痹，横卧不起，四肢划动（图 7.4）。肺炎型表现为进行性消瘦，衰弱，咳嗽，呼吸困难，肺部叩诊有浊音，听诊有湿啰音。

【病理变化】　肺切面有泡沫样黏液流出，肺脏表面有大小不等的坏死灶，有严重的肉变，并伴有肺炎。脑膜和脉络丛充血，脑实质软化。关节炎类型为非化脓性肿大，常伴随膝关节肿胀，切开时关节液混浊呈淡红色、量多，关节软骨组织及周围软组织发生钙化（图 7.5）。

【诊断】　根据病史、症状和病理变化可做出初步诊断，确诊需进一步做实验室诊断。诊断山羊关节炎－脑炎最常用的血清学方法有琼脂扩散试验和酶联免疫吸附试验。

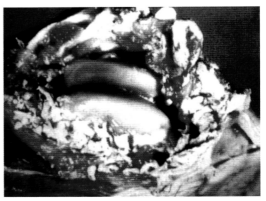

图 7.4　病羊四肢划动，横卧不起

图 7.5　关节滑膜增生
（图片提供：丁伯良等）

【鉴别诊断】　本病应与羊梅迪－维斯纳病进行鉴别诊断。

【病原特点】　山羊关节炎－脑炎病毒属于逆转录病毒科、慢病毒属。该病毒直径为 80~100 nm，有囊膜，基因组为单股正链 RNA。

【防治措施】　目前本病无特异性治疗药物，也无疫苗可用。提倡自繁自养，加强检疫，防止引种性输入，对感染羊群应采取检疫、扑杀、隔离、消毒和培育健康羊群等方法，可对本病进行预防和控制。

（除特别标注外，本病图片提供：张克山）

四、脑多头蚴病（脑包虫病）

脑多头蚴病是由多头带绦虫的中绦期——多头蚴寄生在绵羊、山羊（中间宿主）的脑及脊髓内所引起的一种寄生虫病，又称脑包虫病、羊疯病、羊多头蚴病。临床以脑炎、脑膜炎及一系列神经症状，甚至死亡为主要特征。多头带绦虫成虫寄生于终末宿主犬、狼、狐狸及北极狐的小肠中。

【流行特点】　成虫寄生于犬、狼等终末宿主的小肠内，脱落的孕节随粪便排出体外，虫卵逸出污染饲草、饲料或饮水。牛、羊等中间宿主吞食后，六钩蚴钻入肠壁血管，随血流到达脑和脊髓中。犬、狼等食肉动物吞食了含脑多头蚴的脑和脊髓而受到感染。原头蚴吸附于肠壁上发育，经 45~75 天为成熟的绦虫。在犬体内可存活 6~8 个月。

脑多头蚴病为全球性分布，在亚洲、欧洲、北美洲均有发生。在我国有一定的地区性，如甘肃、宁夏、青海、新疆、内蒙古、西藏、四川西部、陕西等传统牧区多呈地方性流行。本病的成虫在犬小肠可生存数年之久，所以该病一年四季均可发生，但多发于春季。羊脑包虫主要侵袭 2 周岁以内的羊，2 周岁以上的羊也有个别发生。

【主要症状】　感染后 1~3 周，虫体在感染动物脑内移行，呈现体温升高及类似脑炎或脑膜炎的症状，重度感染的动物常在此期间死亡。耐过的动物上述症状不久消失，而在数月内表现完全健康状态。

羊感染后 2~7 个月，由于虫体生长对脑髓的压迫而出现典型的神经症状，即表现为异常的运动和姿势，其症状取决于虫体的寄生部位。寄生于大脑正前部时，头下垂，向前直线运动或常把头抵在障碍物上呆立不动；寄生于大脑半球时，常向患侧做转圈运动，因此，又称回旋病（图 7.6），多数病例对侧视力减弱或全部消失；寄生于大脑后部时，头高举，后退，可能倒地不起，颈部肌肉强直性痉挛或角弓反张；寄生于小脑时，表现知觉过敏，容易惊恐，行走急促或步样蹒跚，平衡失调，痉挛；寄生于腰部脊髓时，引起渐进性后躯及盆腔脏器麻痹；严重病例中，最后因贫血、高度消瘦或重要的神经中枢受损害而死亡。如果寄生多个虫体而又位于不同部位时，则出现综合性症状。

【病理变化】　急性死亡的羊见有脑膜炎和脑炎病变，还可见到六钩蚴在脑膜中移行时留下的弯曲伤痕。慢性期的病例则可在脑脊髓的不同部位发现 1 个或数个大小不等的囊状多头蚴，囊中有许多白色小米大小的头节，相互靠近散布于囊的内膜上，几十个甚至达到数百个；在病变或虫体相接的颅骨处，骨质松软、变薄，甚至穿孔，致使皮肤向表面隆起；病灶周围脑组织或较远的部位发炎，有时可见萎缩变性和钙化的多头蚴（图 7.7）。

图 7.6　患脑包虫后呈转圈运动的病羊

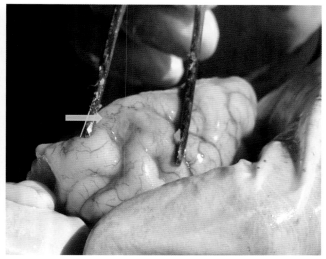

图 7.7　羊脑包虫寄生部位，病羊脑膜显著增厚，毛细血管扩张，充血
（图片提供：菅复春）

【诊断】　在该病的流行区，可根据特殊的临床症状、病史做出初步判断。寄生在大脑皮层时，头部触诊（患部皮肤隆起，头骨变薄变软甚至穿孔）可以判定虫体所在部位。有些病例需经剖检才能确诊。

剖检病畜进行病原检查，可在脑部发现 1 个或数个囊包。囊包内充满透明液体，外层覆盖有一层角质膜，在囊的内膜上有许多白色头节附着，头节直径为 2~3 mm，其数目为 100~250 个。囊包由豌豆大到鸡蛋大。

【病原特点】　脑多头蚴病病原是扁形动物门、绦虫纲、多节亚纲、圆叶目带科、多头属的多头带绦虫，或称多头绦虫的幼虫。成虫 40~100 cm（图 7.8），头节上有 4 个吸盘，顶突钩 22~32 个，虫卵直径为 29~37 μm，内含六钩蚴。多头蚴为乳白色、半透明的囊泡，呈圆形或卵圆形，直径约 5cm 或更大，囊内充满透明液体。囊壁由两层膜组成，外膜为角质层，内膜为生发层，其上有 100~250 个原头蚴，直径 2~3 mm。

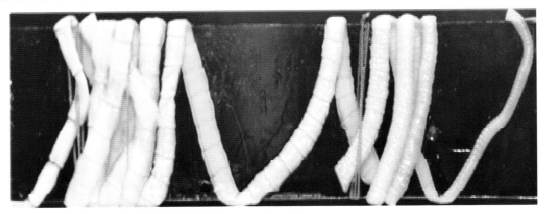

图 7.8　多头带绦虫

【防治措施】　每年的 6 月中旬、10 月中旬及时对育成羊连续驱虫 2 次；对犬进行定期驱虫，排出的犬粪便和虫体应深埋或烧毁；对野犬、狼等终末宿主应予以捕杀；防止犬吃到含脑包虫的牛、羊等动物的脑及脊髓。

治疗：在头部前方脑髓表层寄生的虫体可施行外科手术摘除，在脑深部和后部寄生者难以摘除。用吡喹酮和丙硫咪唑对病羊进行治疗，可获得较满意的效果。可选用吡喹酮口服，剂量为每千克体重 70 mg，连服 3 天后，第 6 天再服 1 次；丙硫苯咪唑剂量为每千克体重 30 mg，每天 1 次灌服，连用 3 天。

（除特别标注外，本病图片提供：河南农业大学兽医寄生虫学实验室）

五、肉孢子虫病

肉孢子虫病是由肉孢子虫属的多种原虫寄生在绵羊、山羊的食管结缔组织中，在舌、咽、膈肌、骨骼肌等部位引起病变。该虫所致肉孢子虫病为一种人畜共患性疾病，呈世界性分布，主要对畜牧业造成一定危害，偶尔寄生于人体。我国各地的羊的肉孢子虫感染率都很高，尤其北方的绵羊和山羊常有感染发生。羊感染肉孢子虫时，通常不表现临床症状，即使严重感染时，病情亦甚轻微，但胴体则因有大量包囊的寄生，致使局部肌肉变性变色而不能食用，引起巨大的经济损失。

【流行特点】　肉孢子虫病流行于世界各地，广泛寄生于各种家畜、兔、鼠类、鸟类、爬行类和鱼类，人也可被感染。该病属人畜共患的寄生原虫病，已报道的肉孢子虫已有 100 余种，无严格的宿主特异性，可以相互感染。同一种虫体寄生于不同的宿主时，其形态大小有显著的差异。寄生于羊的虫体有两种，其中柔嫩肉孢子虫的终末宿主为犬、狼、狐等，该种被命名为羊犬肉孢子虫；巨型肉孢子虫的终末宿主为猫，该种又叫羊猫肉孢子虫。肉孢子虫的发育必须更换宿主。终末宿主吞食含肉孢子虫包囊的中间宿主横纹肌后，包囊被消化，释放出缓殖子，缓殖子钻入小肠黏膜的上皮细胞或固有层，直接发育为大小配子体。小配子体又分裂成许多小配子，大小配子结合为合子，最后形成卵囊，卵囊在肠壁上完成孢子化。孢子化的卵囊内含有 2 个椭圆的孢子囊，每个孢子囊内含有 4 个香蕉形的子孢子。由于卵囊壁薄而脆弱，常在肠内自行破裂，因此，在终末宿主粪便中常见的为孢子囊。羊等中间宿主随污染的饲草、饮用水吞食孢子囊后，在肠道释放出子孢子，子孢子经血液循环到达各脏器，在血管内皮细胞中进行两次裂体生殖，再经过 1~2 月或更长的时间发育为成熟的与肌纤维平行的包囊，称为米氏囊。内含许多香蕉形的缓殖子（滋养体），又称雷氏小体。

各种年龄和品种的羊均可感染肉孢子虫，而且随着年龄的增长，感染率增高。终末宿主粪便中的孢子囊可以通过鸟类、蝇和食粪甲虫等散播。孢子囊对外界环境的抵抗力强，在适宜的温度下，可存活 1 个月以上。但对高温和低温均敏感。高温条件下，60~70 ℃环境 10 分钟即可灭活；低温条件下，0 ℃环境 7 天可灭活，–20 ℃环境 3 天可灭活。

【临床症状】 肉孢子虫的致病性较低。但近年来研究发现，羔羊经口感染犬粪中的肉孢子包囊后，可出现一定的症状。羊严重感染时，可引起食欲减退、呼吸困难、虚弱以致死亡；孕羊可出现高热、共济失调和流产等症状。肉孢子虫分泌的毒素作用很强，破坏羊的正常新陈代谢，出现高度营养不良。

【病理变化】 病理变化在羊屠宰后容易观察到。在全身横纹肌，尤其是后肌、腰肌、腹侧、食道、心脏、横膈等部位肌肉上，发现大量白色的梭形包囊，显微镜检查时可见肌肉中有完整的包囊而不伴有炎性反应；但可见到包囊破裂，释放出的缓殖子导致严重的心肌炎或肌炎，其病理特征是淋巴细胞、嗜酸性细胞和巨噬细胞的浸润和钙化（图 7.9）。

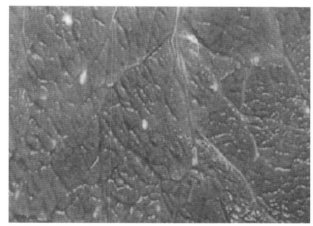

图 7.9　骨骼肌中寄生的肉孢子虫

【实验室诊断】 生前诊断比较困难，可用免疫学方法如 ELISA、IHA 和琼脂扩散试验等进行诊断。死后可根据肌肉组织中的包囊而确诊。

【防治措施】

（1）加强肉品检验工作，带虫肉品的无害化处理，严禁用生肉喂犬、猫等终末宿主。

（2）应注意个人的饮食卫生，不吃生的或未煮熟的肉食。

（3）防止牛、羊等中间宿主感染。对接触牛、羊的人、犬、猫应定期进行粪便检查，发现有肉孢子虫孢子囊时，及时治疗，并严禁到牛、羊活动场所。

（4）对犬、猫或人等终末宿主的粪便进行无害化处理。严禁终末宿主粪便污染牛、羊的饲草、饮用水和养殖场地，以切断粪—口传播途径。

（5）治疗尚无特效药物可用，应用盐霉素、莫能菌素、安丙啉、常山酮等预防牛、羊的肉孢子虫病，可收到一定的效果。

（本病图片提供：安徽湖羊场梁先生）

羊神经及运动系统类疾病的鉴别诊断要点见表7.1。

表7.1 羊神经及运动系统类疾病的鉴别诊断要点汇总

病名	病原	流行特点	主要临诊症状	特征病理变化	实验室诊断	防治
羊伪狂犬病	伪狂犬病毒	主要通过消化道、呼吸道感染，可经受伤的皮肤、黏膜以及交配传染，或者通过胎盘发生垂直传播。呈群发性或地方性流行，冬、春季节多发，绵羊易感性高于山羊。病羊、带毒羊、带毒鼠类为本病的主要传染源，猪和鼠为该病的主要天然宿主	呼吸加快，体温升高，肌肉震颤，目光呆滞。眼睑或头部奇痒，常见前肢在硬物上摩擦发痒部位，有时啃咬奇痒部位并发出凄惨叫声或撕脱奇痒部位皮毛，全身肌肉出现痉挛性收缩	病羊奇痒部位皮下组织有浆液性出血性浸润，皮肤擦伤处脱毛、水肿。组织学病变主要表现为神经节炎或中枢神经系统呈弥漫性非化脓性脑膜脑脊髓炎，同时有明显的血管套及弥散性局部胶质细胞反应	病原学诊断方法可用FA、免疫接种试验、双抗体夹心EL-ISA等。血清学诊断方法有IHA、ELISA等	无有效治疗药物，主要以预防为主，加强饲养管理，做好灭鼠工作，疫区可用羊伪狂犬病弱毒疫苗进行免疫接种
羊破伤风	破伤风梭菌	无明显的季节性，但在春秋多雨时发病较多。多为散发性发病，一般不引起群体发病。该菌广泛存在于土壤和草食牲畜的粪便中	主要症状为神经性症状，发病初期，病羊眼神呆滞，进食缓慢，牙关紧闭，不进饲草。四肢张开站立，各关节弯曲困难，步态僵硬，呈典型的木马状。粪便干燥，尿频，体温正常，瘤胃臌胀，采食困难	血液呈暗红色且凝血不良，神经组织和黏膜有瘀血和出血点，肺脏充血及高度水肿，心肌脂肪变性，骨骼肌萎缩呈灰黄色	可根据病羊有无深度创伤史，结合特征性神经性症状和典型的全身强直的临床症状进行确诊	伤口部位使用双氧水清洗消毒，多发地区皮下接种破伤风类毒素。羊圈舍严格消毒，接羔时注意消毒
山羊关节炎-脑炎	山羊关节炎-脑脊髓炎病毒	主要以消化道传播为主，在自然条件下，只在山羊间相互传染发病，绵羊不感染。各种年龄的山羊均有易感性，而以成年羊感染发病的居多。患病山羊及潜伏期隐性带毒山羊是本病的主要传染源	患病羊腕关节肿大、跛行，膝关节和跗关节发生炎症。病情加重后关节肿大，活动不便，常见前肢跪地膝行。病羊多因长期卧地、衰竭或继发感染而死亡。肺炎性表现为进行性消瘦，衰弱，咳嗽，呼吸困难，肺部叩诊有浊音，听诊有湿啰音	肺切面有泡沫样黏液流出，表面有大小不等的坏死灶，有严重的肉变，并伴有肺炎。脑膜和脉络丛充血，脑实质软化。关节炎类型为非化脓性肿大，常伴随膝关节肿胀，切开时关节液混浊呈淡红色、量多	根据病史、症状和病理变化可做出初步诊断，常用血清学方法如琼脂扩散试验和酶联免疫吸附试验进行确诊	无有效治疗药物，也无疫苗可用。提倡自繁自养，加强检疫，防止引种性输入，对感染羊群应采取检疫、扑杀、隔离、消毒和培育健康羊群的方法进行净化

病名	病原	流行特点	主要临诊症状	特征病理变化	实验室诊断	防治
羊脑多头蚴病（脑包虫病）	多头蚴	全球性分布，在我国呈地方性流行，一年四季均可发生，多流行在春季。主要侵袭 2 周龄以内的羊。成虫寄生于犬、狼等终末宿主的小肠内，牛、羊等中间宿主吞食后，随血流到达脑和脊髓中	脑炎、脑膜炎及一系列神经症状，表现为异常的运动和姿势，其症状取决于虫体的寄生部位。寄生多个虫体和多个部位时，则呈现综合性症状	脑膜炎和脑炎病变，可在脑脊髓内发现囊状多头蚴，其囊中有许多白色小米大小的头节，皮肤表面隆起，病灶周围脑组织或较远的部位发炎，可见萎缩变性和钙化的多头蚴	流行区根据临床症状和病史做出初步诊断，也可剖检进行确诊	对育成羊在每年 6 月中旬和 10 月中旬连续驱虫 2 次，对犬定期驱虫，犬粪和虫体深埋或烧毁。对野犬或狼等终末宿主进行捕杀
肉孢子虫病	肉孢子虫	流行于世界各地，宿主范围广泛。无严格的宿主特异性，各年龄和品种的羊均可感染肉孢子虫，而且随着年龄的增长，感染率增高。终末宿主粪便中的孢子囊可以通过鸟类、蝇和食粪甲虫等散播	严重感染时，可引起食欲减退、呼吸困难、虚弱以致死亡。孕羊可出现高热、共济失调和流产等症状	尸检时在全身横纹肌，尤其是后肌、腰肌等部位肌肉上可以发现大量白色的梭形包囊，镜检时可见到肌肉中有完整的包囊而无炎性反应。包囊破裂后，可发现淋巴细胞、嗜酸性细胞和巨噬细胞的浸润和钙化现象	生前诊断可用免疫学方法如 ELISA、IHA 和琼脂扩散试验等进行诊断。死后诊断可根据肌肉组织中的包囊而确诊	加强肉品检验，对带虫肉品进行无害化处理。严禁用生肉喂犬、猫。注意个人饮食卫生，不吃生的或未煮熟的肉食。对犬、猫或人等终末宿主的粪便进行无害化处理

第八章　羊的常见体表疾病

一、羊口蹄疫

羊口蹄疫是由口蹄疫病毒引起的一种急性、热性、高度接触性传染性病。临床以羊跛行及蹄冠、齿龈出现水疱和溃烂为主要特征，被列为必须上报的一类动物疫病。羊口蹄疫可以造成巨大的经济损失和严重不良的社会影响。《中华人民共和国进境动物一、二类传染病、寄生虫病目录》中将口蹄疫列为进境动物必须检疫的一类传染病（农（检疫）字第 12 号，1992），《中华人民共和国动物防疫法》也将口蹄疫列为一类动物传染病。

【流行特点】　本病的易感动物有牛、羊、猪等家养偶蹄动物，许多野生偶蹄动物如骆驼也可感染。动物对口蹄疫病毒的易感性与动物的生理状态（妊娠、哺乳、免疫状况）、饲养条件和免疫程度等因素有关。发病动物和处于潜伏期动物的组织、器官以及分泌物、排泄物等都含有口蹄疫病毒。持续性感染的动物虽不表现临床症状，但它们都具有向外界排毒的能力。感染动物排出病毒的数量与动物种类、感染时间、发病的严重程度及病毒毒株有直接关系。病羊发病后排毒期可长达 7 天。

【主要症状】　病羊体温升高至 40~41 ℃，精神沉郁，食欲减退或废绝，脉搏和呼吸加快。口腔、蹄、乳房等部位出现水疱、溃疡和糜烂（图 8.1，图 8.2）。严重病例可见咽喉、气管、前胃等黏膜上出现圆形烂斑和溃疡。绵羊蹄部症状明显，口腔黏膜变化较轻（图 8.3）。山羊症状多见于口腔，呈弥漫性口黏膜炎，水疱见于硬腭和舌面，蹄部病变较轻，个别病例乳房可见水疱（图 8.4）。

【病理变化】　除口腔、蹄部的水疱及烂斑外，病羊消化道黏膜有出血性炎症，心肌色泽较淡，质地松软，心外膜与心内膜有弥散性及斑点状出血，心肌切面有灰白色或淡黄色、针头大小的斑点或条纹，如虎斑称为"虎斑心"（图 8.5）。

【诊断】　血清学诊断方法主要有病毒中和试验（VNT）、正向间接血凝试验（IHA）和液相阻断 ELISA（LPB-ELISA）等，其中 VNT、LPB-ELISA 和 3ABC 抗体 ELISA 是国际贸易中指定的使用方法。病原学诊断方法主要有补体结合试验、病毒中和试验、反向间接血凝试验、间接夹心 ELISA 和 RT-PCR 技术。

【鉴别诊断】　由于和口蹄疫症状类似的疫病（如羊口疮、腐蹄病、水疱性口炎等）在

图 8.1　羊蹄冠部有白色水疱

图 8.2　羊蹄壳脱落

图 8.3　羊齿龈溃烂

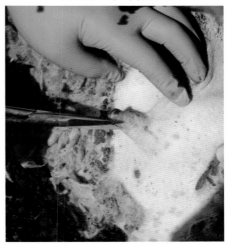

图 8.4　乳房水疱

临床症状上不易区分，因此，任何可疑病料必须借助实验室方法进行确诊。

【病原特点】　口蹄疫病毒属小 RNA 病毒科口蹄疫病毒属，共有 A、O、C、Asia1 和南非型（SAT-1、SAT-2 和 SAT-3）共 7 个血清型。该病毒颗粒呈球形，无囊膜，直径 28~30 nm（图 8.6）。病毒模式结构分析可见中心是紧密RNA，外裹一层薄衣壳（约 5 nm），呈二十面体，是由 4 种结构蛋白组成的 60 个不对称亚单位构成（图 8.7）。口蹄疫病毒无囊膜，所以对脂溶

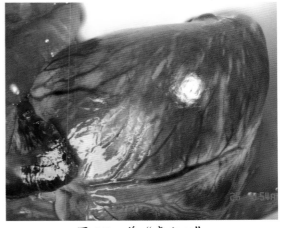

图 8.5　羊"虎斑心"

性有机溶剂不敏感，对紫外线和蛋白酶有一定的抗性，但对酸碱比较敏感，pH 值大于 9 和小于 6 可以迅速灭活口蹄疫病毒。常用口蹄疫病毒消毒剂有 2% 醋酸、0.2% 柠檬酸、2% 氢氧化钠、4% 碳酸氢钠。值得注意的是，口蹄疫病毒对碘制剂、季铵盐类、次氯酸和酚制剂有一定的抵抗力。在实际生产工作中，应根据口蹄疫病毒理化特性选择正确的消毒剂。

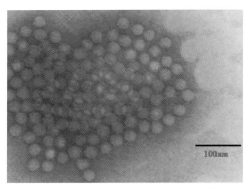

图 8.6　口蹄疫病毒粒子电镜图

图 8.7　口蹄疫病毒模式图

【防治措施】 我国对于口蹄疫的防控技术路线为强制免疫→清除病原→净化畜群→基本消灭；防控口蹄疫的基本原则是政府主导、业界参与、分阶段实施、区域化管理；防控措施包括强制免疫、监测预警、检疫监管、疫情处置、外疫防范、生物安全管理及无疫评估认证；口蹄疫无疫区技术规范参照《无规定动物疫病区管理技术规范》。一旦发生口蹄疫严格按照《口蹄疫防治技术规范》《中华人民共和国动物防疫法》《重大动物疫情应急条例》《国家突发重大动物疫情应急预案》等法律法规要求执行相关政策。

羊口蹄疫的防治基本措施：①对病羊、同群羊及可能感染的动物强制扑杀；②对易感动物实施免疫接种；③限制动物、动物产品及其他染毒物的移动；④严格和强化动物卫生监督措施；⑤流行病学调查与监测；⑥疫情的预报和风险分析。

（本病图片提供：张克山）

二、羊痘

羊痘是由羊痘病毒引起的绵羊或山羊的一种急性、热性、接触性传染病，以体表无毛或少毛处皮肤和黏膜发生痘疹为特征，被列为必须上报的一类动物疫病。

【流行特点】 感染的病羊和带毒羊是传染源。病羊唾液内经常含有大量病毒，健康羊因接触病羊或污染的圈舍及用具感染。该病主要通过呼吸道感染，其次是消化道。绵羊痘病毒主要感染绵羊，山羊痘病毒主要感染山羊，偶见感染绵羊的报道。自然情况下，羊痘一年四季均可发生。一般在冬末春初流行，气候严寒、雨雪、霜冻、枯草和饲养管理不良等，均有助于本病的发生和病情加重。新疫区往往呈暴发流行，羊痘暴发的严重程度常取决于病毒毒力和动物的易感性。

【**主要症状**】　典型羊痘发病过程分前驱期、发痘期、结痂期。病初发热，呼吸急促，眼睑肿胀，鼻孔流出浆液脓性鼻涕。1~2天后，皮肤出现肿块（图8.8），并于无毛或少毛部位的皮肤处（特别是在颊、唇、耳、尾下和腿内侧）出现绿豆大的红色斑疹（图8.9，图8.10），再经2~3天丘疹内出现淡黄色透明液体，中央呈脐状下陷，成为水疱，继而疱液呈脓性为脓疱。脓疱随后干涸而成痂皮，痂皮呈黄褐色。非典型羊痘全身症状较轻，有的脓疱融合形成大的融合痘（图8.11，图8.12），脓疱伴发出血形成血痘。重症病羊常继发肺炎和肠炎。

【**病理变化**】　剖检可见皮肤和口腔黏膜的痘疹，鼻腔、喉头、气管及前胃和皱胃黏膜有大小不等的圆形痘疹（图8.13、图8.14）。内脏痘疹病变主要位于膈叶，其次为心叶和尖叶。体表病变是皮肤真皮浆液性炎症，充血、水肿，中性粒细胞和淋巴细胞浸润（图8.15），轻度肿胀、大量增生、水疱变性，表皮层明显增厚，向外突出。表皮细胞质中可见包涵体。真皮充血、水肿，在血管周围和胶原纤维束之间出现单核细胞、巨噬细胞和成纤维细胞，变性

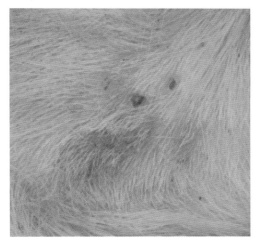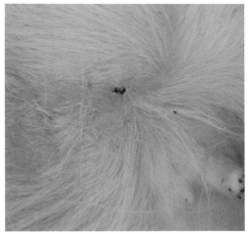

图8.8　患病羊无毛和少毛区红色丘疹

图8.9　腋下痘结溃烂

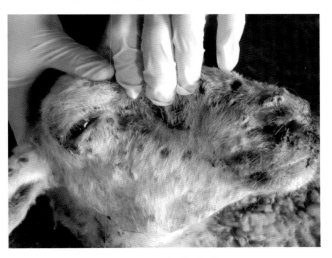

图8.10　面部痘结溃烂

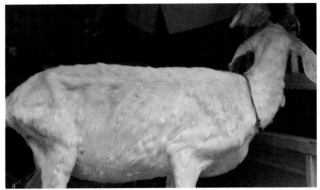

图 8.11　患病羊全身痘疹

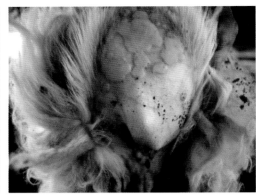

图 8.12　患病羊尾根部痘疹

图 8.13　患病羊气管痘疹

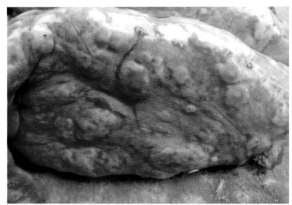

图 8.14　患病羊肺脏痘疹

的表皮细胞可见包涵体，真皮充血、水肿和炎性细胞浸润（图 8.16）

【诊断】　根据流行病学、临诊症状、病理变化和组织学特征可做出初步诊断。利用电镜观察，PCR 特异性目的基因扩增和中和试验可进行实验室确诊。

【鉴别诊断】　该病主要与传染性脓疱（俗称口疮）进行鉴别诊断。羊口疮 3~6 月龄羔

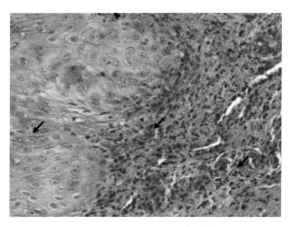

图 8.15　病理切片 HE 染色（200×）

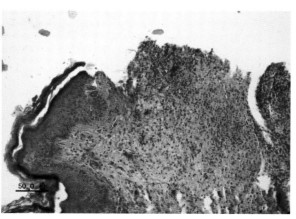

图 8.16　病理切片 HE 染色（100×）

羊多发病，发病率高，病死率低，病变主要在口唇部皮肤黏膜形成丘疹、脓疱、溃疡与疣状痂。

【病原特点】　绵羊痘病毒和山羊痘病毒均属痘病毒科，病毒颗粒呈椭圆形或砖形，大小约为 167 nm × 292 nm（图 8.17）。表面有短管状物覆盖，病毒核心两面凹陷呈盘状（图 8.18）。羊痘病毒在易感细胞的细胞质内复制，形成嗜酸性包涵体。羊痘病毒对干燥具有较强的抵抗力。干燥痂皮内的病毒可以活存 3~6 个月。但对热的抵抗力较低，55 ℃环境 30 分钟使其灭活。与许多其他痘病毒不同，羊痘病毒易被 20% 的乙醚或氯仿灭活，对胰蛋白酶和去氧胆酸盐敏感，2% 石炭酸和甲醛均可使其灭活。

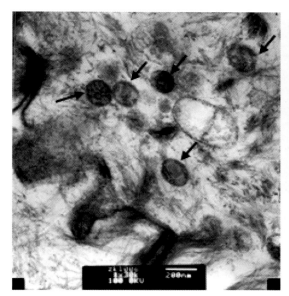

图 8.17　羊痘病毒透射电镜观察

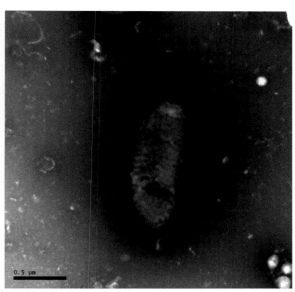

图 8.18　羊痘病毒负染电镜观察

【防治措施】　羊场和养羊户应选择健康的良种公羊和母羊，坚持自繁自养。保持羊圈环境的清洁卫生。羊舍定期进行消毒，有计划地进行羊痘疫苗免疫接种。一旦发生疫情，应严格按照《国家重大动物疫病防治应急预案》《国家突发重大动物疫情应急预案》《绵羊痘 / 山羊痘防治技术规范》进行处置。要立即向有关部门上报疫情，隔离病羊与健康羊，防止疫情扩散；对健康羊要进行疫苗接种；与病羊接触过的羊必须单独圈养 20 天以上，经观察不发病才可与健康羊合群；被隔离的羊舍及其中的物品用具要彻底消毒，工作人员进出要遵守消毒制度；病羊尸体不准随意丢弃，要焚烧或掩埋。

（本病图片提供：张克山）

三、羊蓝舌病

羊蓝舌病是由蓝舌病病毒引起的一种主要发生于绵羊的非接触性虫媒性传染病，以发热、白细胞减少和胃肠道黏膜严重卡他性炎症为主要特征，被列为必须上报的一类动物疫病。

【流行特点】　患病动物和隐性携带者是主要传染源，感染动物血液能带病毒达 4 个月之久。牛、山羊、鹿、羚羊等动物也能感染发病，但症状轻或无明显症状，成为隐性带毒者。蓝舌病主要通过吸血昆虫传播，库蠓是蓝舌病的主要传播媒介（图 8.19）。库蠓在叮咬动物、吸吮感染蓝舌病的血液后 7~10 天为病毒携带传染期，此时绵羊被带毒库蠓叮咬 1 次就足以引起感染。各种品种、性别和年龄的绵羊都可感染发病，1 岁左右的青年羊发病率和病死率高。蓝舌病的发生具有明显的地区性和季节性，这与传染媒介库蠓的分布、活动区域及季节密切相关。蓝舌病多发生于湿热的晚春、夏季和早秋，特别多见于池塘、河流多的低洼地区及多雨季节。

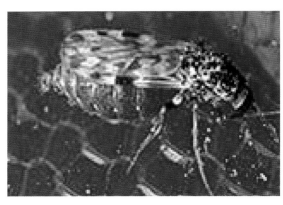

图 8.19　传播媒介库蠓

【主要症状】　该病潜伏期一般为 6~9 天，急性型表现为体温升高到 41 ℃以上，体温升高后不久，病羊表现流涕、流涎、上唇水肿，可蔓延到整个面部，口腔黏膜充血、发绀呈紫色，接着出现口腔连同唇、颊、舌黏膜糜烂，随着病程的发展口和舌面组织发生溃疡（图 8.20，图 8.21），继发感染进一步引起坏死，口腔恶臭。病羊消瘦、便秘或腹泻，有时发生带血的下痢。急性病程为 6~16 天，病死率在 20%~30%，有时可达 90% 左右，多并发肺炎和胃肠炎而死亡。

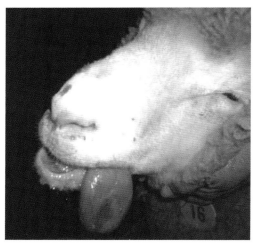

图 8.20　蓝舌病羊口腔黏膜充血，舌面溃疡

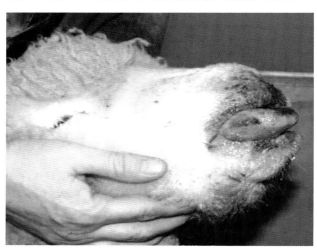

图 8.21　蓝舌病羊舌黏膜糜烂

亚急性型表现为病羊显著消瘦，机体虚弱，头颈强直，运动不灵，跛行。

【病理变化】 病死羊口腔、瘤胃、心脏、肌肉、皮肤和蹄部呈现糜烂出血点、溃疡和坏死。口腔出现糜烂，舌、齿龈、硬腭、颊黏膜和唇水肿，绵羊舌发绀，故有蓝舌病之称。呼吸道、消化道和泌尿道黏膜及心肌、心内外膜均有出血点。严重病例，消化道黏膜有坏死和溃疡。脾脏通常肿大。肾和淋巴结轻度发炎和水肿。有时可见蹄叶炎。肺动脉基部有时可见明显的出血，出血斑直径 2~15 mm，一般认为有一定的诊断意义。死胎羊小脑发育不全，大脑纵沟变浑浊。

【诊断】 根据流行病学、临床症状、病理变化和组织学特征可做出初步诊断。实验室确诊的方法有病毒分离、RT-PCR 分子诊断、琼脂扩散试验、中和试验、补体结合反应和免疫荧光抗体技术等。

【鉴别诊断】 蓝舌病的流行季节、临诊表现与口蹄疫、水疱性口炎、恶性卡他热等有许多相似之处，应注意区别。

【病原特点】 蓝舌病病毒是呼肠孤病毒科、环状病毒属、蓝舌病病毒亚群的成员，与鹿流行性出血热病毒（EHDV）有较强的交叉反应。目前发现，蓝舌病病毒有 24 个血清型，各个国家和地区血清型的分布各不相同，我国分离的血清型主要为 BTV1、BTV10 和 BTV16。蓝舌病病毒颗粒呈二十面体对称，无囊膜，病毒衣壳呈双层结构。蓝舌病病毒基因组为双股 RNA 结构，在干燥的感染血清或者血液中长期存活甚至长达 25 年。蓝舌病病毒在 20 ℃、4 ℃ 和 −7 ℃ 环境稳定，在 −20 ℃ 环境不稳定，提纯的病毒即使在低温条件下也不稳定。可长期存活于腐败血液或含有抗凝剂的血液中，对乙醚、氯仿和 0.1% 去氧胆酸钠有一定抵抗力，但福尔马林和乙醇可使其灭活。对酸性环境的抵抗力较弱，pH 值为 3 时迅速使之灭活。

【防治措施】 加强检疫，严禁从暴发蓝舌病的国家和地区引进羊，加强冷冻精液的管理，严禁用带毒精液进行人工授精。库蠓是本病的主要传播媒介，根据库蠓活动具有明显季节性的特点，组织人力、物力、财力集中在每年的库蠓繁殖月份大量喷施灭蠓药品，或通过雾熏控制和消灭媒介昆虫。在流行地区每年发病季节前 1 个月接种相应血清型疫苗，一旦羊群确诊为蓝舌病应严格按照《国家突出重大动物疫病应急预案》《国家突发重大动物疫情应急预案》处置。

（本病图片提供：张克山）

四、羊痒病

羊痒病是由朊蛋白引起的成年绵羊和山羊传染性海绵状脑病，又称瘙痒病或摇摆病，瘙痒是本病的一个显著特征，也是其病名的来源，被列为必须上报的一类动物疫病。

【流行特点】 病羊和带毒羊是本病的传染源。不同品种、性别的羊均可发生痒病。本病虽然发病率低，通常在 10% 以下，但病畜病死率 100%。目前认为主要是接触性传染，在产羔期间，成年绵羊、山羊与感染羊同舍饲养也可能被感染，自然感染的母羊所产羔羊的发病率较高。痒病因子可通过口服途径感染，主要是 2~5 岁绵羊发病。不同品种的绵羊痒病发生率不同，绵羊感染易感性随年龄增长而降低。通常呈散发性流行，感染羊群只有少数羊发病，传播缓慢。羊群一旦感染痒病，很难根除。

【主要症状】 临诊表现为进行性共济失调、震颤、姿势不稳、痴呆或知觉过敏、行为反常等神经症状（图 8.22），致死率达 100%。初期症状为不安、兴奋、震颤及磨牙，如不仔细观察，不易发现。典型症状是瘙痒；病羊在硬物上摩擦身体，或用后蹄搔痒。由于不断摩擦、蹄搔和口咬的结果，引起胁腹部及后躯发生脱毛。当走动时，病羊四肢高抬，步伐较快。最后消瘦衰弱，以至卧地不起，病程为 6 周到 8 个月，甚至更长，终归死亡。

图 8.22　病羊乏力、消瘦、搔痒
（引自《Goat medicine》第 2 版）

【病理变化】 机体感染后不发热，不产生炎症，无特异性免疫应答反应，典型病理变化为中枢神经组织变性及空泡样病变，无炎症反应。脑干灰质神经细胞呈海绵样变性，最终产生空泡，形成海绵样病理变化。脑髓及脊髓两侧有对称性神经元海绵样变性。组织病理学病变局限于神经系统，以神经元空泡化、灰质海绵状病变为特征，神经胶质和星状细胞增生，病变通常为两侧对称。

【诊断】 根据临床瘙痒、不安和运动失调，体温正常，结合是否由疫区引进种羊或父母代有痒病史做出初步诊断。确诊要结合组织病理学检查，病原学诊断方法主要有痒病相关纤维检测、动物试验、免疫组织化学方法、蛋白印迹法等。

【鉴别诊断】 该病临床表现和羊伪狂犬病、羊狂犬病、李斯特菌病等有相似之处，应进行鉴别诊断。

【病原特点】 该病病原体是一种有核酸结构的蛋白质侵染颗粒，被称为朊蛋白。朊蛋白折叠存在两种形式，一种是细胞朊蛋白（PrPC），另一种是与痒病有关的朊蛋白（PrPSc），这种蛋白在被感染动物的大脑里沉积。这两种异构体有相同的氨基酸序列，只是分子的折叠构象不同，其感染性可以因一些酶如蛋白酶 K、胰酶、木瓜蛋白酶等溶解而减弱，一些使蛋白变性的制剂也可以降低其传染性。55 mmol/L 氢氧化钠、90% 苯酚、5% 次氯酸钠、碘酊、6~8 mol/L 的尿素、1% 十二烷基磺酸钠对该病原有较强的灭活作用。

【防治措施】 目前无疫苗可用，预防本病的最主要措施是综合性生物安全措施，禁止从痒病疫区引进羊、羊肉、羊精液和胚胎等，禁止用病死羊加工成动物蛋白质饲料，禁止用反刍动物蛋白饲喂牛、羊。确诊为痒病的病羊必须扑杀焚烧和无害化处理。

五、羊口疮

羊口疮是由羊口疮病毒（ORFV）引起的以绵羊、山羊感染为主的一种急性、高度接触性人兽共患传染病，以病羊口唇等皮肤和黏膜发生丘疹、水疱、脓疱和痂皮为特征。

【流行特点】 发病羊和隐性带毒羊是本病的主要传染来源，病羊唾液和病灶结痂含有大量病毒，主要通过受伤的皮肤、黏膜感染；特别是口腔有伤口的羊接触病羊或被污染的饲草、工具等易造成本病的传播。人主要是通过伤口接触发病羊或被其污染的饲草、工具等造成感染。山羊、绵羊均易感，尤其是羔羊和3~6月龄小羊对本病毒更为敏感。红鹿、松鼠、驯鹿、麝牛、海狮等多种野生动物也可感染。本病多发于春季和秋季，羔羊和小羊发病率高达90%，因继发感染、天气寒冷、饮食困难等原因，病死率可高达50%以上。

【主要症状】 本病在临床上一般分为蹄型、唇型和外阴型三种病型（图8.23~图8.25），混合型感染的病例时有发生。首先在口角、上唇或鼻镜部位发生散在的小红斑点，逐渐变为丘疹、结节，压之有脓汁排出；继而形成小疱或脓疱，蔓延至整个口唇周围及颜面、眼睑和耳郭等部，形成大面积易出血的污秽痂垢，痂垢下肉芽组织增生，嘴唇肿大外翻呈桑葚状突起（图8.26）。若伴有坏死杆菌等继发感染，则恶化成大面积的溃疡。羔羊齿龈溃烂（图8.27），

图 8.23　蹄型羊口疮

图 8.24　唇型羊口疮

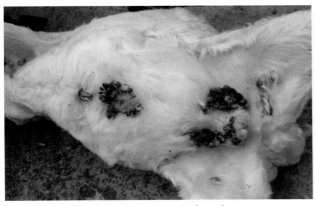

图 8.25　外阴型羊口疮

图 8.26　羔羊口疮桑葚状齿龈

公羊表现为阴鞘口皮肤肿胀，出现脓疱和溃疡。蹄型羊口疮多见于一肢或四肢蹄部感染，通常于蹄叉、蹄冠或系部皮肤形成水疱、脓肿，破裂后形成溃疡，继发感染时形成坏死和化脓，病羊跛行，喜卧而不能站立。人感染羊口疮主要表现为手指部的脓疱（图 8.28）。

图 8.27　唇型羊口疮继发感染

【病理变化】　病羊开始的病理变化为上皮细胞变性、肿胀、充血、水肿和坏死，细胞质内出现大小和形状不一的空泡；接着表皮细胞增生并发生水泡变性并聚集有多形核白细胞，使表皮层增厚而向表面隆突，真皮充血，渗出加重；随着中性粒细胞向表皮移行并聚集在表皮的水疱内，水疱逐渐转变为脓疱。随着病理的发展，角质蛋白包囊越集越多，最后与表皮一起形成痂皮。严重者剖检可见肺部出现痘疹（疱）（图 8.29）。

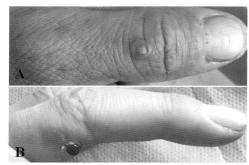
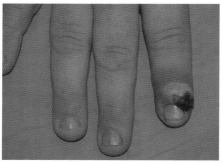

图 8.28　人感染羊口疮病毒

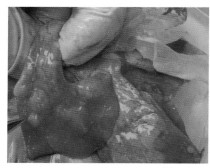

图 8.29　羊口疮肺脏痘疱

【诊断】　根据流行病学、临床症状，特别是春、秋季节羔羊易感等特征可做出初步诊断。本病应与羊痘、溃疡性皮炎、坏死杆菌病、蓝舌病等进行鉴别诊断。当鉴别诊断有疑惑时，可进行病毒分离培养以及特异性病原目的基因 PCR 扩增。

【病原特点】　口疮病毒又称传染性脓疱皮炎病毒，属于痘病毒科、副痘病毒属，病毒颗粒长 220~250 nm，宽 125~200 nm，表面结构为管状条索斜形交叉呈"8"字形缠绕线团状（图 8.30）。含有口疮病毒的结痂在低温冰冻的条件下感染力可保持数年之久；本病毒对高温较为敏感，65 ℃环境 30 分钟可将其全部杀死。常用消毒药为 2% 氢氧化钠、10% 石灰乳、1% 醋酸、20% 草木灰溶液等。

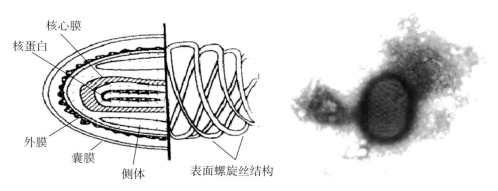

图 8.30　羊口疮病毒（左，模式图；右，病毒粒子电镜照片）

【防治措施】 禁止从疫区引进羊只。新购入的羊严格隔离后方可混群饲养。在本病流行的春季和秋季保护皮肤黏膜不发生损伤，特别是羔羊长牙阶段，口腔黏膜娇嫩，易引起外伤，应尽量剔除饲料或垫草中的芒刺和异物，避免在有刺植物的草地放牧。适时加喂适量食盐，以减少其啃土、啃墙，防止发生外伤。每年春、秋季节使用羊口疮病毒弱毒疫苗进行免疫接种，由于羊痘、羊口疮病毒之间有部分的交叉免疫反应，在羊口疮疫苗市场供应不充足的情况下，建议加强羊痘疫苗的免疫来降低羊口疮的发病率。对于外阴型和唇型的病羊，首先使用 0.1%~0.2% 的高锰酸钾溶液清洗创面，再涂抹碘甘油、2% 甲紫、抗生素软膏或明矾粉末。对于蹄型病羊，可将蹄浸泡在 5% 甲醛液体 1 分钟，冲洗干净后用明矾粉末涂抹患部。乳房可用 3% 硼酸水清洗，然后涂以青霉素软膏。为防止继发感染，可肌内注射青霉素钾或钠盐，每千克体重 5 mg，病毒灵或病毒唑，每千克体重 0.1 g，每天 1 次，3 天为 1 个疗程，2~3 个疗程即可痊愈。首先隔离病羊，对圈舍、运动场进行彻底消毒；给病羊柔软、易消化、适口性好的饲料，保证充足的清洁饮水；对病羊进行对症治疗，防止继发感染；对未发病的羊群紧急接种疫苗，提高其特异性免疫保护效力。由于羊口疮是人畜共患传染病，手上有伤口的饲养人员容易感染羊口疮，因此应注意做好个人防护，以免感染。人感染羊口疮时伴有发热和怠倦不适，经过微痒、红疹、水疱、结痂过程，局部可选用 1%~2% 硼酸液冲洗去污，0.9% 生理盐水湿敷止疼，阿昔洛韦软膏涂擦患部可痊愈。

（本病图片提供：张克山）

六、羊放线菌病

羊放线菌病是由致病性放线菌感染引起的一种非接触性慢性传染病，以羊头、颈、颌下、皮肤和软组织，引起化脓及肉芽肿，尤其以下颌淋巴结的脓肿为主要特征。

【流行特点】 病羊和隐性带菌羊是本病的传染源，主要传播途径是经伤口传播，易感动物除羊外还有猪、马等。本病呈散发性发生。将动物放牧于低湿地时，常有本病发生。

【主要症状】 最初症状是颈部、面部和前躯半部的皮肤增厚，经过几个月后才在增厚的皮下组织中形成直径约 5 cm、单个或多个的坚硬结节，有时皮肤化脓破溃形成瘘管。发生本病时无体温升高、不影响采食。脓包有时呈现全身性分布。乳房患病时，呈弥漫性肿大或有局灶性硬结（图 8.31~ 图 8.33）。

【病理变化】 脓包中心是软的肉芽组织，挤压时有脓汁波动感，周围包裹硬的结缔组织；中心有多量黏稠的无臭脓汁，在周围有薄的肉芽和硬的结缔组织，不易与其他细菌引起的脓肿区别；中心含有已钙化、大小不同的硫黄样颗粒，颗粒的周围可见微量的肉芽组织；

图 8.31　羊放线菌病颈部病变

图 8.32　放线菌病病羊
腹部硬结

图 8.33　放线菌病病羊颈部的脓包图

在正常组织中存在有小结节性的结缔组织，挤压时可见到灰白色的脓汁和微量的颗粒（图8.34~图8.36）。

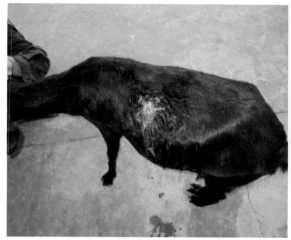

图 8.34　放线菌病病羊破溃的脓包

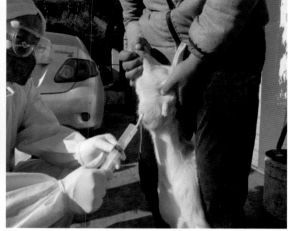

图 8.35　穿刺软化的脓包

【诊断】　根据流行病学、临床症状可以做出初步判断，确诊需做实验室显微镜检查和细菌分离鉴定。

【鉴别诊断】　临床表现上应与羊链球菌病进行鉴别诊断。

【病原特点】　羊放线菌病病原主要是林氏放线杆菌，显微镜下呈短杆状或球杆状，染色为革兰氏染色阴性。本菌需氧和兼性厌氧，最适生长温度为 37 ℃，最适 pH 值为 7.6。营养要求较高，在含有 5% 血液或 10% 血清的培养基中才能生长。该菌对外界环境抵抗力不强，60 ℃环境 15 分钟、常见消毒剂、日光、干燥等均可杀死本菌。本菌对链霉素、四环素、红霉素和磺胺药等敏感。

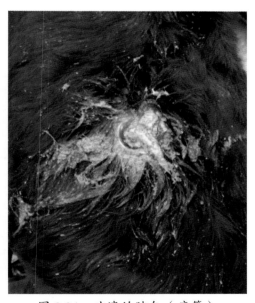

图 8.36　破溃的脓包（瘘管）

【防治措施】　防止本病应避免在低湿地放牧，避免羊受各种外伤。舍饲羊在喂养前应清除饲料中混有的芒刺，或将带芒刺的草料浸软，以免羊受伤。要对病羊进行隔离饲养和治疗。对畜舍、工具等经常消毒。对于较大的体表脓包，应切开后使用双氧水冲洗，然后涂以碘酊，口服碘化钾，注射复方碘溶液。

（本病图片提供：张克山）

七、羊疥螨病

羊疥螨病是由于疥螨寄生于羊体表所引起的一种接触传染的慢性皮肤病，以剧痒、皮肤变厚、脱毛和消瘦等为主要特征。疥螨病是主要以侵害羊的皮肤，影响其产品质量，造成羊群营养不良的寄生虫病，一旦发生，很快会蔓延整群，对养羊业危害极大。

【流行特点】　疥螨广泛分布于全国各地，一年四季均可发生，但多发生在冬季、秋末和初春。该病的传播主要由于健畜与患畜直接接触或通过被疥螨虫及其虫卵污染的厩舍、用具等间接接触引起感染。另外，饲养人员的衣服及手也可传播病原，带螨状态的羊也是危险的传染源。羔羊感染疥螨病的概率和发病程度高于成年羊，小羊随着年龄的增长，抗螨免疫性增强。免疫力的强弱还与羊只的营养、健康状况有关，圈舍卫生条件差、阴暗潮湿、饲养密度过大、营养缺乏、体质瘦弱等不良条件下易发本病。

【主要症状】　患羊主要表现为剧痒、消瘦、皮肤增厚、龟裂和脱毛，影响羊只健康和毛的产量及质量。疥螨病多见于山羊，绵羊较少，因淋巴液的渗出较疥螨病少，故有的地方称为"干瘙"。本病通常首先发现于嘴唇、鼻面、眼圈、耳根部、乳房及阴囊等皮肤薄嫩、毛稀处。因虫体挖凿隧道时的刺激，使羊发生强烈痒觉，病部肿胀或有水疱，皮屑增多。水疱破裂后，结成干灰色痂皮，皮肤变厚、脱毛，干如皮革，内含大量虫体（图8.37，图8.38）。虫体迅速蔓延至全身，羊只消瘦，严重时食欲废绝，甚至衰竭死亡。

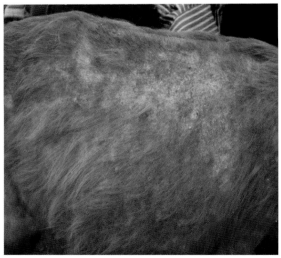

图 8.37　疥螨导致的山羊背部结痂和皮肤增厚脱毛症状

【病理变化】　剖检可见病羊消瘦，贫血，疥螨挖凿部位的损伤，局部组织发炎、水肿、皮肤增厚等。若有其他继发感染，病变相对复杂。

【诊断】　本病可刮取可疑病羊皮肤组织来确诊。用经过火焰消毒的小刀在患部与健康部的交接处刮取皮屑，将其放于载玻片上，滴加煤油（观察死亡虫体）或10%氢氧化钠溶液、液体石蜡、50%甘油水溶液（观察活虫体），盖上盖玻片制成压片，低倍显微镜即可检到虫体。

【鉴别诊断】

（1）虱病：皮肤病变不如疥螨病严重，眼观检查体表可发现虱子。

（2）秃毛癣：病灶为界限明显的圆形或椭圆形，覆盖易剥落的浅灰色干痂，痒感不明显，皮肤刮下物检查可见真菌。

（3）湿疹：无传染性，在温暖环境中痒感不加剧。

（4）过敏性皮炎：无传染性，病变从丘疹开始，以后形成散在的小干痂和圆形秃毛癣。

【病原特点】　病原为节肢动物门、蛛形纲、真螨目、粉螨亚目、疥螨科、疥螨属的疥螨。疥

图 8.38　疥螨导致山羊头面部、耳部的皮肤脱毛和增厚

螨又叫疥癣，俗称癞病。疥螨虫体近圆形，长 0.2~0.5 mm，呈灰白色或黄色，不分节，由假头部与体部组成，其前端中央有蹄铁形口器，腹面有足 4 对，前后各两对短粗、呈圆锥形的附肢，末端具有吸盘。咀嚼式口器，成虫在皮肤角质层下挖掘隧道，以表皮细胞液及淋巴液为营养。疥螨的发育经虫卵、幼虫、若虫和成虫四个阶段，整个发育过程为 8~22 天。雌螨在隧道内产卵，每 2~3 天产卵一次，一生可产 40~50 个卵。

【防制措施】

（1）预防：保持畜舍透光、干燥和通风良好，畜群密度合理。定期清扫消毒，对于引进家畜要隔离观察，确定无病时再行并群。经常注意畜群，及时挑出可疑畜体，隔离饲养并查明病因对症治疗。

（2）治疗：伊维菌素或爱比菌素，按千克体重 0.2 mg，皮下注射；新灭癞灵稀释成 1%~2% 的水溶液，患部刷拭；螨净每千克体重 600 mg 喷淋；0.05% 辛硫磷，或 0.05% 马拉硫磷；或 0.025% 螨净，或 0.05% 溴氰菊酯，药浴，一般需治疗 2~3 次，间隔 7~10 天重复用药。

（本病图片提供）

八、羊痒螨病

羊痒螨病是由于痒螨寄生在羊的体表皮肤而引起的一种慢性寄生虫病，以奇痒、脱毛、结痂，传染性强为主要特征。对羊的毛皮危害严重，严重时可造成死亡。

痒螨呈椭圆形，体长 0.5~0.8 mm，眼观如针尖大。口器长而尖，腿细长。痒螨口器为刺吸式，寄生于皮肤表面，吸取渗出液为食。

【流行特点】　同羊疥螨病。

【临床症状】　本病主要症状同疥螨病。痒螨病绵羊发生较多，因患部淋巴液渗出较多，故有的地方称为"水蚤"。多发于身体毛长、被毛稠密的部位，如臀、尾部及背部，然后波

及全身。因为螨刺激皮肤，吸食体液，故螨多时会引起皮肤发红、发肿、发热，有血清渗出（图8.39）。如有细菌感染，则发生化脓，不久结成淡黄色疮痂。起初痂皮不大，到虫体侵犯健康部位时，疮痂就会扩大。除脱毛外，皮肤变厚皱缩，病羊感到奇痒，表现为疯狂性的摩擦。

图 8.39　舍饲绵羊群发痒螨病

【病理变化】　同羊疥螨病。

【诊断】　同羊疥螨病。

【病原特点】　病原为节肢动物门、蛛形纲、真螨目、粉螨亚目、痒螨科、痒螨属的痒螨。虫体椭圆形，体长0.5~0.8 mg，眼观如针尖大。口器长而尖，腿细长，末端有吸盘。痒螨口器为刺吸式，寄生于皮肤表面，吸取渗出液为食（图8.40）。

【防制措施】　同羊疥螨病。

图 8.40　痒螨成虫背面观（100×）

九、羊狂蝇蛆病

羊狂蝇蛆病是由羊狂蝇的幼虫寄生于羊的鼻腔及附近的腔窦内所引起的一种慢性寄生虫病。本病主要特征为流鼻涕和慢性鼻炎，有时也可出现神经症状，危害羊体健康。主要侵害绵羊，山羊感染较轻。

【流行特点】　根据外界环境的不同，虫体各期生长时间也不同。在较冷地区，第1期幼虫期约9个月，蛹期为49~66天。温暖地区，第1期幼虫需25~35天，蛹期为27~28天。因此，本虫在北方每年仅繁殖一代，而在温暖地区则可每年繁殖两代。

【主要症状】　成虫侵袭羊群产幼虫时，羊表现不安，互相拥挤，频频摇头、喷鼻，将鼻孔抵于地面，或将头隐藏于其他羊的腹下或腿间，或低头奔跑躲闪，严重影响羊只的采食和休息，导致消瘦和生长缓慢。

【病理变化】　幼虫在鼻腔、鼻窦、额窦中移行时，由于口前钩和腹面小刺机械刺激、损伤黏膜，引起发炎、肿胀、出血，流出浆液性、黏液性、脓性鼻液，有时混有血液。鼻液干涸成痂，堵塞鼻孔，导致呼吸困难（图8.41）。患羊表现打喷嚏、摇头、摩擦鼻部，晚上常发出呼噜声。数日后症状有所减轻，但发育到第 3 期幼虫并向鼻孔移动时，疾病症状加剧。

图 8.41　鼻液干涸成痂，堵塞鼻孔

少数第 1 期幼虫可进入颅腔，损伤脑膜，或引起鼻窦炎而伤及脑膜，可引起羊神经症状，表现为运动失调、旋转运动、头弯向一侧或发生麻痹。其中以转圈运动较多见，因此本病又称"假回旋病"。

【诊断】　用药液喷入鼻腔，收集用药后的鼻腔喷出物，发现幼虫确诊；或死后剖检在鼻腔及附近腔窦内发现各期幼虫后即可确诊（图 8.42）。

图 8.42　羊狂蝇 2、3 期幼虫

【鉴别诊断】　羊只出现神经症状时，应与羊多头蚴病和莫尼茨绦虫病相区别。

羊多头蚴病：临床可见典型的"回旋运动"，局部头骨变薄、变软和皮肤隆起，无鼻炎症状。

羊莫尼茨绦虫病：除神经症状外，临床还可见腹泻、肠臌气等消化系统紊乱的症状，粪检可见孕卵节片或虫卵。

【病原特点】　羊狂蝇亦称羊鼻蝇，属双翅目、狂蝇科、狂蝇属。成蝇成虫口器退化，其大小、形状似家蝇、灰褐色，比家蝇大，体长 10~12 mm，体表密生短的细毛，头大呈半球形，黄色，胸部有断续不明显的黑色纵纹，腹部有褐色及银白色斑点，翅透明。羊狂蝇的发育过程分为幼虫、蛹和成蝇三个阶段。幼虫按其发育形态又分为三个期。幼虫第 1 期呈淡黄白色，长约 1 mm，体表丛生小棘；第 2 期幼虫椭圆形，长 20~25 mm，体表刺不明显；第 3 期幼虫长 28~30 mm，背面隆起，腹面扁平，有两个口前钩，虫体背面无棘，成熟后各节上有深褐色带斑，各节前缘有数列小棘。

【防制措施】

（1）预防：采用灭杀成蝇、驱除体内幼虫方法。在羊狂蝇蛆病流行地区，每逢成蝇活动季节，用诱蝇板，引诱成蝇飞落板上，每天检查诱蝇板，将成蝇取下消灭。北方地区可在11月进行1~2次治疗，可杀灭第1、2期幼虫，同时避免发育为第3期幼虫，减少危害。

（2）治疗：可用2%敌百虫溶液，喷擦羊的鼻孔，可杀死在鼻腔外围刚出生的幼虫及进入鼻腔内的幼虫；1%伊维菌素，按每千克体重0.2 mg，1%溶液皮下注射；20%碘硝酚注射液，每千克体重0.05 mL，皮下注射；5%氯氰柳胺钠注射液，每千克体重5 mg，皮下注射；氯氰柳胺，口服，每千克体重5 mg或2.5 mg。为防止药物中毒，每次用药时，应先进行小群试验，确定安全后再全群使用，为提高治疗效果，需要重复用药2~3次，每次间隔10~20天。

十、羊硬蜱病

羊硬蜱病是由硬蜱寄生于羊体表引起的一种吸血性外寄生虫病，临床以羊的急性皮炎和贫血为主要特征，此外蜱传疾病对羊的危害也不容忽视。

【流行特点】 硬蜱广泛分布于世界各地，但不同气候、地理、地貌区域，各种硬蜱的活动季节有所不同，一般2月末到11月中旬都有硬蜱活动。硬蜱可侵袭各种品种的羊和包括人、牛、马、禽等多种动物。羊被硬蜱侵袭多发生在白天放牧采食过程中，全身各处均可寄生，主要寄生于羊的皮薄毛少部位，以耳郭、头面部、前后肢内侧等寄生较多。硬蜱的发育经虫卵、幼虫、若虫和成虫四个阶段，吸饱血的雌蜱落地产卵，一生只产一次卵，但产卵量大，可达几千至万个以上。

【主要症状】 硬蜱吸血时初期以刺激与扰烦为特征，影响羊只采食，造成局部痛痒、损伤、睡卧不安、皮肤发炎、毛囊炎、局部水肿、出血，甚至血痂、皮肤肥厚等；若继发细菌感染可引起化脓、肿胀和蜂窝组织炎等。硬蜱叮咬吸血时向局部注入唾液腺分泌的毒素，病羊可出现神经症状及麻痹，引起"蜱瘫痪"。大量硬蜱密集寄生的患羊表现严重贫血、消瘦，生长发育缓慢，皮毛质量降低，泌乳羊产奶量下降等。部分怀孕母羊流产，羔羊和分娩后的母羊病死率很高。硬蜱叮咬羊吸血时，还可随唾液把巴贝斯虫、泰勒虫及某些病毒、细菌、立克次氏体等病原注入羊体内而传播疾病（图8.43，图8.44）。

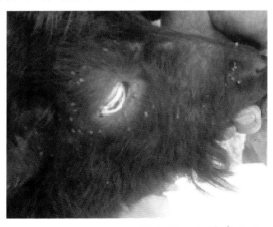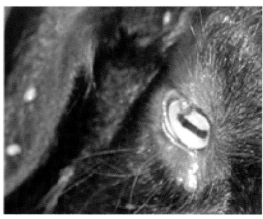

图8.43　硬蜱寄生于黑山羊的头面部、耳部

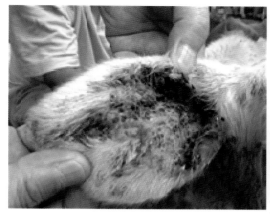

图 8.44 山羊耳部寄生大量蜱虫和耳部水肿炎症

【病理变化】 剖检可见病羊消瘦,贫血,硬蜱及其附着部位的损伤,局部组织发炎、水肿、皮肤增厚等。如果有蜱传疾病如血液原虫病同时发生,病变相对复杂。

【诊断】 根据寄生于羊的致病性蜱数与贫血等症状可以做出诊断。在早春若发现一些有麻痹症状的羊有硬蜱寄生,可怀疑为此病,在移除蜱后某些羊症状减轻,即可确定诊断。

【防治措施】 对本病的防治主要是杀灭羊体和环境中的硬蜱,可采用人工捕捉或用杀虫剂灭蜱。在蜱活动季节,每天刷拭羊体,发现蜱时,使蜱体与皮肤垂直拔出,集中杀死。

杀灭羊体上的硬蜱,可用 2.5% 敌杀死乳油 250~500 倍水稀释,或 20% 杀灭菊酯乳油 2 000~3 000 倍稀释,或 1% 敌百虫喷淋、药浴、涂擦羊体;或用伊维菌素或阿维菌素,按每千克体重 0.2 mg,皮下注射,对各发育阶段的蜱均有良好杀灭效果;间隔 15 天左右再用药 1 次。对羊舍和周围环境中的硬蜱,可用上述药物或 1%~2% 马拉硫磷或辛硫磷喷洒畜舍、柱栏及墙壁和运动场以灭蜱。感染严重且羊体质较差,伴有继发感染者,应注意对症治疗。

(本病图片提供:河南农业大学兽医寄生虫学实验室)

十一、羊虱病

羊虱病是由蜱寄生于羊毛或体表上引起的一种外寄生虫病。羊虱终生营寄生生活,其中毛虱以啮食毛及皮屑为生,颚虱和血虱以吸食羊的血液为生。临床以羊的痒感、蹭痒、不安,以及由此造成的皮肤损伤、脱毛、生产性能降低等为主要特征。

【病原特点】 蜱俗称狗豆子、草爬子、壁虱、扁虱、草虱等,在我国,常见的硬蜱种类有长角血蜱、残缘玻眼蜱、血红扇头蜱、微小牛蜱、全沟硬蜱等。成蜱饥饿时呈黄褐色、前窄后宽、背腹扁平的长卵圆形,芝麻粒大到大米粒大(2~13 mm)(图 8.45)。虫体前端有口器,可穿刺皮肤和吸血。吸饱血的硬蜱体积增大几十倍至近百倍,如蓖麻子大,呈暗红色或红褐色。

【流行特点】 本病流行时间长,如果不采取防治措施,可全年带虫;但严重的发病时间在每年的 10 月至次年的 6 月。本病传播速度快，最初只是发现几只羊有症状，一个多月时间就能扩散到全群。绵羊、山羊的颚虱和毛虱均为混合感染，山羊比绵羊易感染。母羊在接羔时发生虱病，虱子可迅速侵袭羔羊，感染率为 100%，且感染强度大。深秋按操作规程选用有效药物药浴的羊或用驱杀内外寄生虫药的羊，羊虱病发生的时间要晚。

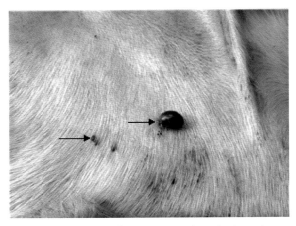

图 8.45　羊体寄生的饱血蜱和未饱血蜱

【主要症状】　发病羊有痒感，表现不安，用嘴啃、蹄弹、腿挠解痒，在木桩、墙壁等处擦痒。严重感染时，可引起病羊脱毛、消瘦、发育不良，使其产毛、产绒、产肉、产奶等生产性能降低。羔羊感染后毛色无光泽，毛不顺，生长发育不良。由于羔羊经常舔吮患部和食入舍内的羊毛，可发生胃肠道毛球病。在羊体表可见到虫体。

【病理变化】　毛虱、颚虱、血虱等侵袭羊体后，造成皮肤局部损伤、水肿、皮肤肥厚，甚至还可进一步造成细菌感染，引起化脓、肿胀和发炎等。当幼虱大量侵袭羊体后，可形成恶性贫血。

【诊断】　根据查到的病原、流行病学调查和临床症状，在羊体表面发现虱或虱卵即可确诊。诊断虱病时，应注意将虱和形态相近虱蝇区别开来。虱蝇为刺吸口器，吸血为生。绵羊虱蝇比较常见，呈红褐色，离开宿主几天即难以存活，因污染羊毛、使羊毛售价降低从而造成重大经济损失。

【病原特点】　病原为节肢动物门、昆虫纲。羊毛虱为食毛目、毛虱科，体长 0.5~1.0 mm，体扁平，无翅，多扁而宽；头部钝圆，其宽度大于胸部，咀嚼式口器；胸部分为前胸、中胸和后胸，中胸、后胸常有不同程度的愈合，头部侧面有触角一对，由 3~5 节组成；每一胸节上着生一对足；腹部由 11 节组成，但最后数节常变成生殖器。颚虱和血虱为虱目，分别属于颚虱科和血虱科，体背腹扁平，头部较胸部为窄，呈圆锥形；触角短，通常由五节组成；口器刺吸式，不吸血时缩入咽下的刺器囊内。胸部三节，有不同程度的愈合，足三对，粗短有力；腹部由九节组成。颚虱和血虱的区别：血虱属的腹部每节两侧有侧背片，颚虱属则缺；血虱属每一腹节上有一列小刺，颚虱属则有多列小毛（图 8.46，图 8.47）。

【防治措施】　用个体治疗和全面预防相结合的方法进行。杀灭羊体上的虱可用长效伊维菌素按每千克体重 2 mg，皮下注射；或碘硝酚（驱虫王）以每千克体重 0.5 mL，皮下注射；或复方伊维菌素混悬液（双威），按每千克体重 2 mg，口服。其他参考疥螨病。

图 8.46　血虱（7.5×）　　　　　图 8.47　毛虱（10×）

（本病图片提供：河南农业大学兽医寄生虫学实验室）

十二、羊脱毛症

羊脱毛症是指由于某种特殊病因，如代谢紊乱和营养缺乏、寄生虫侵害、细菌感染、中毒等，导致羊毛根萎缩，被毛脱落，或是被毛发育不全的总称。绵羊和山羊均可发生，但是报道大多以绵羊为主，绒山羊报道甚少。本病呈地方性流行，发病率可高达50%~60%，病死率较低，主要集中于内蒙古、甘肃、宁夏、辽宁等省（区），以内蒙古和甘肃农区以及半农半牧区发病居多。

【病因】　关于羊脱毛症的病因学研究较多，但是确切病因尚未确定。由于羊脱毛症病因复杂，现将其简单归纳为以下几个方面。

（1）营养代谢性脱毛症：研究证明动物微量元素硫、锌等的缺乏可引起严重的地方性脱毛症。特别是硫，它是生命所必需的非金属元素，在动物所有组织中都以含硫氨基酸的形式存在，如胱氨酸、半胱氨酸、甲硫氨酸等。参与体蛋白的合成，脂肪、碳水化合物代谢，起着组织蛋白质和各种生物活性物质（激素、维生素）的功能。特别是硫参与角蛋白的合成，而羊毛（绒）纤维的主要成分是角蛋白，因此硫的含量和存在的形式及结构对毛纤维的品质有着重要作用。

放牧家畜矿物质元素硫缺乏主要是由土壤、牧草和饲料以及动物体内矿物质缺乏等引起的。其中任何一方面长期缺乏都可能引起硫缺乏症，导致动物被毛质量下降，表现为羊毛弹性下降、弯曲度减少，毛囊上皮萎缩，表皮细胞角化，皮肤表皮层变薄，真皮层有结缔组织增生等症状。严重的出现脱毛症状。

动物缺锌时表现为羊毛变脆，曲度变直，被毛粗乱并伴有不同程度的脱毛，严重时被毛成片脱落，直至脱光，其中在我国的北方部分省份都有关于缺锌引起羊脱毛症的报道，其中以内蒙古地区较多。经过对饮水、牧草、绵羊血浆锌状况的检测后，得出绵羊脱毛症是一种自然缺锌症。

（2）寄生虫病性脱毛症：羊体外寄生虫也可以引起羊脱毛症的发生，如羊疥螨病、羊痒螨病。

（3）传染病性脱毛症：据相关资料报道，能引起羊脱毛症的传染性疾病有皮肤真菌病、绵羊痘、山羊痘、羊传染性脓疱、溃疡性皮炎、坏死杆菌病等。这些疫病致病机制都是通过引起局部皮肤溃疡或坏死，导致局部脱毛，其中以皮肤真菌病和绵羊（山羊）痘最为常见。

（4）长期大量使用磺胺类药物也会造成羊脱毛症。

【主要症状】　发病羊只表现为体温正常或偏低，脉搏正常；毛粗糙无光泽、色灰暗；羊体营养状况较差，有异嗜癖，表现为相互啃食被毛，喜吃塑料袋、地膜等异物。进入枯草期后，羊毛逐渐失去光泽，皮肤表面有大量尘土，变为土黄色，皮肤粗糙，弹性稍差。

早期可见局部被毛蓬松突起，羊毛松动易拔起，继而发生脱落。脱毛多发生于腹下、胸前、后肢。一般从腹下开始，然后波及体侧向四周蔓延，直至全身脱光（图8.48，图8.49）。脱毛后露出的皮肤柔软，呈淡粉红色，不肿胀，不发热。动物无疼痛和瘙痒，病期较长的皮肤增厚，出现皮屑。多数羊边掉毛边长出纤细的新毛。严重发病羊只表现为腹泻、大面积脱毛，直至发生死亡。绝大多数羊至5月中旬后自愈，但到枯草季节后又再度脱毛。

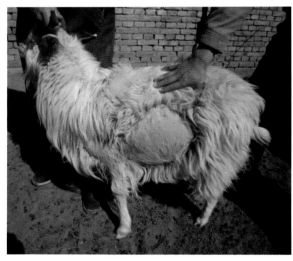

图8.48　患病绵羊被毛大片脱落，甚至全身脱光　　图8.49　病羊毛松动易拔起

【病理变化】　寄生虫病性脱毛症，发生奇痒，患部皮肤出现丘疹、结节、水疱，严重的形成脓疱，破溃后形成痂皮和龟裂。体重下降，日趋消瘦，最终因极度衰竭而死亡。在患病部位与健康被毛交界处可以找到螨虫。传染病引起的脱毛只是局部的掉毛，不会引起大片脱毛。

【诊断】　本病的诊断主要根据临床症状和发病史。发病缓慢，病程较长，一般为1~3个月。发病率较高，为40%~60%，病死率较低。发病具有明显的季节性，一般从10月枯草期开始，至翌年2月达到高峰，5月中旬后一般可自愈。发病羊主要为怀胎母羊和哺乳母羊，公羊很少发病。

【防治措施】 营养代谢性脱毛症的防治原则在于加强饲养管理，合理调整日粮，保证全价饲养，特别是对于产毛量高的高产羊。对毛用羊脱毛影响最大的微量元素为锌，硫也是一个不可或缺的元素。在不同的生理阶段应根据机体生理需要，及时、正确、合理地调整日粮结构。同时，定期开展对动物营养的早期检测，了解各种营养物质代谢的变动，正确估价或预测畜体的营养需要，为进一步采取防治措施提供依据。

国内外对于预防缺微量原素性脱毛症，主要采用将动物可食的矿物质元素压制成块或砖状让动物根据自身需要自由舐食的方法，其中补饲复合营养舐砖是当前国内研究最多的一种低成本、高效且简便易行的矿物质营养补充方法。国内外大量的试验研究证明，补饲矿物质复合营养舐砖对提高动物的营养水平、生产性能以及治疗与预防该病起到了显著的效果。

矿物质缓释丸是通过控制释放速度，缓慢将矿物质元素释放到瘤胃或网胃中来发挥效应，从而使每天所溶解释放的微量元素等营养物质能够满足动物机体的需要但又不导致中毒。缓释丸的主要成分是缓释基质和营养元素，营养元素则是在缓释基质于胃消化液中逐渐分解的过程中被释出的。此方法可以根据不同地区矿物质元素缺乏的状况，设计成不同的缓释丸剂，预防微量元素性脱毛症。

对于寄生虫性脱毛，可按动物外寄生虫防治方法进行预防。

（本病图片提供：高娃）

十三、羊蹄腐烂病

蹄腐烂病又称慢性坏死性蹄皮炎，是羊的蹄底皮肤和软组织受外界各种致病因子的刺激，病原菌感染引起蹄真皮或角质层腐败、蹄间皮肤及其深层组织腐败化脓为特征的局部化脓坏死性炎症，具有腐败、恶臭特征。夏、秋多雨季节易发病。

【病因】 此病主要由于圈舍泥泞不洁，在低洼沼泽牧场放牧，坚硬物如铁钉刺破趾间，造成蹄间外伤，或由于饲料中蛋白质、维生素、微量元素不足等引起蹄间抵抗力降低，而被各种腐败菌感染所致。

羊患蹄腐烂病时，在患蹄部经常可以分离到坏死梭杆菌、节瘤拟杆菌、结节状梭菌、化脓性棒状杆菌、包柔氏螺旋体、弯曲杆菌、产黑色系杆菌、葡萄球菌和链球菌等。现已证明节瘤拟杆菌为腐蹄病的原发性病原菌。节瘤拟杆菌能产生蛋白酶，消化角质，使蹄的表面及基层易受侵害，并在坏死厌气丝杆菌、坏死梭杆菌等病菌的协同作用下，可引起明显的蹄腐烂病损害。

坏死梭杆菌是从患蹄中最常分离到的细菌，在环境中、瘤胃和粪便中普遍存在，在土壤中存活时间可以长达10个月，它属于生物A型和AB型，能产生毒素引起感染组织坏死（腐烂）。坏死梭杆菌还常和其他细菌合并感染，在这种情况下只要有少量的坏死梭杆菌就可以引起蹄腐烂病。

另外，研究证明，微量元素锌是许多金属酶类和激素（如胰岛素）的组成部分，与皮肤的健康有关，而蹄是皮肤的衍生物，日粮中缺锌，影响蹄角化过程，容易发生蹄腐烂病。

在舍饲育肥羊过程中，日粮精粗饲料搭配比例失调也是动物肢蹄病发生的重要原因。盲目加大精饲料含量，导致育肥羊日粮中粗饲料不足，引起瘤胃酸度过高，并且产生大量的组织胺，导致蹄腐烂病的发生。

一些疾病也可继发蹄腐烂病的发生。蹄腐烂病绝不是一种病因引起的，而是几种病因共同作用的结果，并且是一个很复杂的过程。

【主要症状】　患肢跛行及剧烈疼痛为该病典型的临床症状。

【诊断】　羊的蹄腐烂病，主要表现为跛行症状，病程发展比较缓慢，病情较轻的只在蹄底部、球部、轴侧沟有很小的深棕色坑。严重时病变小坑融合在一起，形成长沟状，沟内呈黑色，引起腐烂，最后在糜烂的深部暴露出真皮。糜烂可形成潜道，球部偶尔也可发展成深度糜烂，并长出恶性肉芽组织，引起剧烈疼痛而出现跛行。还有的病例可发展到深部组织，引起指（趾）间蜂窝织炎，患蹄恶臭，严重时蹄匣脱落（图8.50）。

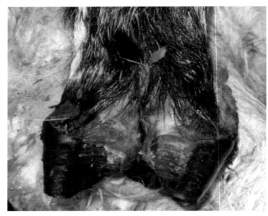

图8.50　患羊蹄部

【防治措施】

（1）针对发病的原因，蹄部要避免过度潮湿，不要在潮湿沼泽地长期放牧，经常进行蹄部的检查、修理，防止蹄部刺伤，防止蹄部角质软化。

（2）锌制剂对预防该病有明显效果：经口补锌防治羊腐蹄病操作简便、经济、较安全，只需事先添加一定量锌制剂（如硫酸锌、氧化锌、氨基酸锌等）于牛羊饲料中，或事先放置一些含锌的饲料盐砖于羊圈舍或运动场即可，防治效果较好。

（3）接种相关疫苗对该病有很好的预防作用。

（4）预防性药物浴蹄：将浴蹄池设置在被感染羊每天必经之地，每天进行两次浴蹄，常用的浴蹄液有4%的硫酸铜溶液。研究证明，用10%硫酸锌溶液浴蹄防治绵羊蹄腐病也有非常好的效果。

（5）治疗：应先用蹄刀完全除去分离的角质，对过长的蹄壁宜加以修整，然后扩开所有的创道。局部用 0.1% 高锰酸钾溶液或 2% 来苏儿冲洗，然后涂擦碘酊，疗效很好。涂布 10% 的甲醛溶液，也有疗效。

为了防止病原的传播，可用 10% 硫酸铜溶液对病羊进行蹄浴。如果出现全身症状可对症治疗，如抗菌消炎、补充营养等。

（本病图片提供：马玉忠）

十四、羊创伤

创伤是指皮肤或黏膜因受各种机械性外力作用引起组织开放性损伤。如果只是皮肤的表皮被破坏的，称其为擦伤。

【病因】　由各种机械性外力作用于羊体组织和器官而引起，如铁器砍伤、刺伤、戳伤、羊角的抵伤，指检时引起的黏膜损伤等。

【主要症状】　创伤的共同症状是创口裂开、出血、疼痛、肿胀、机能障碍。若出血不止可引起贫血或休克死亡。创伤时间长，引起感染时，则出现脓汁。恢复期有肉芽组织和上皮生长。创伤根据致伤物的不同有以下几种表现。

（1）挫创：有明显的挫面组织，肌肉呈部分或全部撕裂、创缘不整齐，有创囊，出血少，疼痛明显，污染严重。

（2）刺创：创口小，创道深，出血较少，异物易留于创口内，易形成瘘管而造成厌氧性感染。

（3）砍创：创口裂开大，组织损伤严重，出血较少，疼痛剧烈。

（4）裂创：组织发生撕裂或剥离，创缘及创面不整齐，创内深浅不一，出血较少，疼痛剧烈。

【诊断】　根据临床症状就可诊断本病。

【防治措施】　加强管理，尽量减少损伤的发生。不同类型创伤采用不同方法治疗。

（1）新鲜创伤的治疗：第一步先行止血，主要方法有压迫、钳夹、结扎等。然后是清创、消毒，即用消毒纱布覆盖创腔，对创围剪毛、清洗、消毒并清理创腔，使用的药物主要有 0.1% 的新洁尔灭或 0.1% 高锰酸钾、雷佛诺尔消毒液，对创口、创腔进行彻底处理。撒布抗菌消炎药（磺胺类或抗生素），缝合包扎。再行辅助治疗，直至愈合为止。

（2）化脓创伤的治疗：治疗的基本原则是控制扩大感染，清除创内坏死组织和异物，加速炎症净化，保证脓汁排出通畅，防止转为全身性感染，促进伤口愈合。

1）清洁创围。

2）冲洗创腔：用杀菌较强的防腐药液反复冲洗创腔，彻底洗去脓汁。常用的药液有 0.2% 高锰酸钾溶液、3% 过氧化氢溶液、0.01%~0.05% 新洁尔灭溶液。

3）外科处理：扩大创口，除去深部异物，彻底清除坏死组织、创囊、脓汁。如创囊过大过深、排脓出现障碍时，可做辅助切口排脓。

4）用药：一般在急性炎症期，治疗的药物应具有抗菌、增强淋巴渗出、降低渗透压、使组织消肿和促进酶类作用正常化的特性。如20%硫呋溶液、10%食盐溶液、10%硫酸钠溶液、10%水杨酸钠溶液等，由于高渗作用，能使创液从组织深部排出创面，因而促进淋巴渗出，加速炎症净化，有良好疗效，常用于灌注、引流或湿敷。一般应用3~4次后，脓汁逐渐减少和出现肉芽组织。

当急性炎症减轻、化脓现象缓和时，可应用魏氏流膏、碘仿蓖麻油、磺胺乳剂等灌注或引流。也可撒布去腐生肌散等。

5）创伤引流：用纱布条浸上述药液，特别是浸以高渗剂进行创伤引流，效果良好。

化脓创伤经上述处理后，一般不包扎绷带，施行开放疗法。

6）全身疗法：根据需要进行抗菌消炎、强心补液等。

（3）肉芽创的治疗：肉芽创的治疗原则是促进肉芽组织生长，保护肉芽组织不受损伤和继发感染，加速上皮新生，防止肉芽赘生，促进创伤愈合。

1）清洁创围。

2）清洁创面：由于化脓性炎症逐渐平息，创口内生长鲜红色肉芽组织，因此清洁创面时，不可使用刺激性强的药液冲洗，不可强力摩擦或刮削肉芽创面，以免损伤肉芽组织，继发感染和延缓创伤愈合，用生理盐水清洗即可。

3）应用药物：应选择刺激性小、促进肉芽组织生长的药物调制成流膏、油剂、乳剂或软膏使用，主要有磺胺软膏、青霉素软膏、金霉素软膏等。为了促进创缘上皮新生，可用氧化锌水杨酸软膏、加水杨酸的磺胺软膏，也可以用小剂量紫外线照射。

4）清除赘生物：当肉芽组织赘生时，选用硫酸铜腐蚀。

羊常见体表疾病的鉴别诊断要点见表8.1。

表8.1　羊常见体表疾病的鉴别诊断要点汇总

病名	病原	流行特点	主要临诊症状	特征病理变化	实验室诊断	防治
羊口蹄疫	口蹄疫病毒	一种急性、热性、高度接触性传染病。牛、羊、猪、骆驼等各种偶蹄动物易感，其易感性与动物的生理状态（妊娠、哺乳、免疫状况）、饲养条件和免疫程度等因素有关。感染动物排出病毒的数量与动物种类、感染时间、发病的严重程度及病毒毒株有直接关系，排毒期可长达7天	体温升高，精神沉郁，食欲减退或废绝，脉搏和呼吸加快。口腔、蹄、乳房等部位出现水疱、溃疡和糜烂，严重病例可见咽喉、气管、前胃等黏膜上出现圆形烂斑和溃疡。绵羊蹄部症状明显，山羊症状多见于口腔，呈弥漫性口黏膜炎	口腔、蹄部有水疱及烂斑，消化道黏膜有出血性炎症，心肌泽较淡，质地松软，心外膜与心内膜有弥散性及斑点状出血，心肌切面有灰白色或淡黄色、针头大小的斑点或条纹如虎斑，称为"虎斑心"	血清学诊断方法主要有病毒中和试验（VNT）、正向间接血凝试验（IHA）等，病原学诊断方法主要有补体结合试验、病毒中和试验、反向间接血凝试验、间接夹心ELISA和RT-PCR技术	强制免疫、清除病原、净化畜群和基本消灭，对易感动物实施免疫接种，限制动物、动物产品及其他染毒物的移动，并进行流行病学调查与监测

续表

病名	病原	流行特点	主要临诊症状	特征病理变化	实验室诊断	防治
羊痘	羊痘病毒	一年四季均可发生。一般在冬末春初流行，气候严寒、雨雪、霜冻、枯草和饲养管理不良等均有助于本病的发生和病情加重。病羊和带毒羊是主要传染源，主要通过呼吸道感染，其次是消化道。其暴发的严重程度常取决于病毒毒力和动物的易感性	发病过程分前驱期、发痘期、结痂期。病初发热，呼吸急促，眼睑肿胀，鼻孔流出浆液脓性鼻涕，之后成为水疱，疱液呈脓性为脓疱，脓疱伴发出血形成血痘。重症病羊常继发肺炎和肠炎	皮肤和口腔黏膜、鼻腔、喉头、气管及前胃和皱胃黏膜有大小不等的圆形痘疹。皮肤真皮浆液性炎症，充血、水肿、中性粒细胞和淋巴细胞浸润	可根据流行病学、临诊症状、病理变化和组织学特征初步诊断，也可利用电镜观察、PCR扩增和中和试验进行实验室确诊	坚持自繁自养，保持羊圈环境的清洁卫生。羊舍定期进行消毒，有计划地进行羊痘疫苗免疫接种。隔离病羊与健康羊，防止疫情扩散；对健康羊要进行疫苗接种
羊蓝舌病	蓝舌病病毒	具有明显的地区性和季节性，多发生于湿热的晚春、夏季和早秋，特别多见于池塘、河流多的低洼地区及多雨季节。患病动物和隐性携带者是主要传染源，可通过吸血昆虫传播，库蠓是蓝舌病的主要传播媒介，其流行情况与库蠓的分布、活动区域及季节密切相关	病羊表现流涕、流涎，上唇水肿，可蔓延到整个面部，口腔、唇、颊、舌黏膜糜烂溃疡，口腔恶臭，病羊消瘦，便秘或腹泻，有时发生带血的下痢。头颈强直，运动不灵，跛行	口腔、瘤胃、皮肤和蹄部呈现糜烂出血点、溃疡和坏死。呼吸道、消化道和泌尿道黏膜及心肌、心内外膜均有出血点。严重病例，消化道黏膜有坏死和溃疡。脾脏通常肿大。肾和淋巴结轻度发炎和水肿。有时有蹄叶炎变化	病毒分离、RT-PCR分子诊断、琼脂扩散试验、中和试验、补体结合反应和免疫荧光抗体技术等	加强检疫，严禁从暴发蓝舌病的国家和地区引进羊，加强冷冻精液的管理，严禁用带毒精液进行人工授精。大量喷施灭蠓药品或通过雾熏，控制和消灭媒介昆虫
羊痒病	朊蛋白	呈散发性流行，绵羊对该病的易感性随年龄增长而降低，主要感染2~5岁的绵羊，病羊和带毒羊是本病的传染源。不同品种、性别的羊均可发生痒病。痒病因子可能通过口服途径进入机体，一旦感染痒病，很难根除	出现进行性共济失调、震颤、姿势不稳、痴呆或知觉过敏、行为反常等神经症状，典型症状是瘙痒，病羊在硬物上摩擦身体，或用后蹄搔痒。由于不断摩擦、蹄搔和口咬，引起胁腹部及后躯发生脱毛	无特异性免疫应答反应，典型病理变化为中枢神经组织变性及空泡样病变，脑干灰质神经细胞呈海绵样变性，最终产生空泡，脑髓及脊髓两侧有对称性神经元海绵样变性	组织病理学检查，病原学诊断方法主要有痒病相关纤维检测、动物试验、免疫组织化学方法、蛋白印迹法等	无疫苗可用，可采取综合性生物安全措施，禁止从痒病疫区引进羊、羊精液和胚胎等，确诊病羊必须扑杀焚烧和无害化处理

病名	病原	流行特点	主要临诊症状	特征病理变化	实验室诊断	防治
羊口疮	羊口疮病毒	多发于春季和秋季，发病羊和隐性带毒羊为主要传染源，可通过受伤的皮肤、黏膜感染。人主要是通过伤口接触发病羊或被其污染的饲草、工具等造成感染。山羊、绵羊最为易感	分为蹄型、唇型和外阴型三种病型。蹄型多见于一肢或四肢蹄部感染，病羊跛行，喜卧而不能站立。唇型主要在唇部及其周围出现小红斑点继而形成小疱或脓疱，蔓延整个面部。外阴型则表现为公羊的阴鞘口皮肤肿胀，出现脓疱和溃疡。人感染羊口疮主要表现为手指部的脓疮	上皮细胞变性、肿胀、充血、水肿和坏死，表皮层增厚而向表面隆突，真皮充血，渗出加重，水泡易转化成脓疮。剖检可见肺部出现痘节	可根据临床症状和传播特点进行初步诊断，也可通过病毒分离培养和特异性病原目的基因PCR扩增进行确诊	禁止从疫区引进羊只，流行季节注意剔除饲料或垫草中的芒刺和异物，加强圈舍消毒，病羊进行相应部位的治疗
羊放线菌病	致病性放线菌	散发性发生，传染源为病羊和隐性带菌羊，主要传播途径是经伤口传播，易感动物为羊、猪、马。在低湿地放牧时易感	初期症状是颈部、面部和前躯半部的皮肤增厚，数月后在增厚的皮下组织中形成坚硬结节。脓包或呈全身性分布。乳房患病时，呈弥漫性肿大或有局灶性硬结	脓包挤压时有多量黏稠的无臭脓汁，中心含有已钙化、大小不同的硫黄样颗粒，在正常组织中存在有小结节性的结缔组织，挤压时可见灰白色的脓汁和微量的颗粒	可根据流行病学和临床症状进行初诊，也可根据实验室显微镜检查和细菌分离鉴定进行确诊	避免在低湿地放牧，避免羊受到各种外伤，剔除带刺草料，注意圈舍和工具的卫生，及时消毒清洁。伤口部位可用双氧水清洗，然后涂以碘酊口服碘化钾，注射复方碘溶液
羊疥螨病	疥螨	广泛分布于全国各地，一年四季均可发生，但多发生在冬季、秋末和初春。主要通过直接接触或通过被螨及其虫卵污染的厩舍、用具等间接接触引起感染。感染状况与羊只免疫状态、健康情况及圈舍环境卫生有关	剧痒、消瘦、皮肤增厚、龟裂和脱毛，先发于嘴唇、鼻面、眼圈等皮肤薄嫩、毛稀处。病部肿胀或有水泡，皮屑增多，水疱破裂后，结成干灰色痂皮，皮肤变厚、脱毛，干如皮革，内含大量虫体	剖检可见病羊消瘦，贫血，损伤部位可见局部组织发炎、水肿、皮肤增厚等	病原学检测时，可先刮取可疑病羊皮肤组织，于低倍显微镜下观察	保持畜舍透光、干燥和通风良好，定期清扫消毒，经常注意畜群情况，用相应药物对病羊进行治疗

续表

病名	病原	流行特点	主要临诊症状	特征病理变化	实验室诊断	防治
羊痒螨病	痒螨	同羊疥螨病	主要症状同羊疥螨病。多发于身体毛长、被毛稠密的部位，如臀、尾部及背部，然后波及全身。螨多时会引起皮肤发红、发肿、发热，有血清渗出。痒螨病绵羊发生较多，病羊感到奇痒，表现为疯狂性的摩擦	同羊疥螨病	同羊疥螨病	同羊疥螨病
羊狂蝇蛆病	羊狂蝇的幼虫	根据外界环境不同，虫体各期生长时间也不同。在寒冷地区每年仅繁殖一代，而在温暖地区，则可每年繁殖两代，主要侵害绵羊，对山羊感染较轻	主要特征为流鼻液和慢性鼻炎，有时也可出现神经症状。成虫侵袭羊群产幼虫时，羊表现不安，互相拥挤，频频摇头、喷鼻等明显正常症状	鼻腔、鼻窦发炎、肿胀、出血，流出浆液性、黏液性、脓性鼻液，有时混有血液。患羊表现打喷嚏、摇头、摩擦鼻部，晚上常发出呼噜声，并出现"假回旋病"症状	主要通过临床症状和外部表现诊断，但应注意与羊多头蚴和莫尼茨绦虫病相区别	预防和治疗相辅。在羊狂蝇蛆病流行地区，采用灭杀成蝇、驱除体内幼虫方法。可用2%敌百虫溶液，喷擦羊的鼻孔等
羊硬蜱病	硬蜱	广泛分布于世界各地，但因气候、地理和硬蜱活动季节不同而不同。可感染各种品种的羊和包括人、牛、马、禽等多种动物。全身各处均可寄生，主要寄生于羊的皮薄毛少部位。硬蜱一生只产一次卵，但产卵量大	临床以羊的急性皮炎和贫血为主要特征，病羊可出现神经症状及麻痹，引起"蜱瘫痪"。大量硬蜱密集寄生的患羊表现严重贫血，消瘦，生长发育缓慢，皮毛质量降低，泌乳羊产奶量下降等。怀孕母羊感染后容易流产，羔羊和分娩后的母羊感染后死亡率增加	消瘦、贫血，硬蜱及其附着部位的损伤，局部组织发炎、水肿、皮肤增厚等。但如果有蜱传疾病如血液原虫病同时发生，病变相对复杂	可根据寄生于羊的致病性蜱数与贫血等症状可以做出诊断	杀灭羊体和环境中的硬蜱，可采用人工捕捉或用杀虫剂灭蜱。注意羊圈环境卫生
羊虱病	毛虱、颚虱、血虱等	流行时间长，可全年带虫，传播速度快。绵羊、山羊的颚虱和毛虱均为混合感染，山羊比绵羊易感染。母羊可直接传染羔羊，感染率高达100%	病羊有痒感，表现不安，用嘴啃、蹄弹、腿挠解痒；在木桩、墙壁等处擦痒。感染严重时出现脱毛、消瘦、发育不良等症状。羔羊感染时毛色发暗、不顺，生长发育不良	皮肤局部损伤、水肿、皮肤肥厚，进一步细菌感染后引起化脓、肿胀和发炎等。当幼虱大量侵袭羊体后，可形成恶性贫血	根据流行病学和临床症状等，查到虱或虱卵即可确诊。但应注意区分虱和形态相近的虱蝇	用个体治疗和全面预防相结合的方法进行。杀灭羊体上的虱可用长效伊维菌素治疗

病名	病原	流行特点	主要临诊症状	特征病理变化	实验室诊断	防治
羊脱毛症	无特定病原	呈地方性流行，发病率可高达50%~60%，死亡率较低。具有明显的季节性，怀胎母羊和哺乳母羊为主要病原，公羊很少发病。发病缓慢，病程较长	毛粗糙无光泽、色灰暗，营养状况较差，有异嗜癖，表现为相互啃食被毛，喜吃塑料袋、地膜等异物。脱毛多发生于腹下、胸前、后肢，最后波及全身。严重发病羊只表现为腹泻、大面积脱毛，直至死亡	病性脱毛症，患部皮肤出现丘疹、结节、水疱，严重形成脓疱，破溃后形成痂皮和龟裂。体重下降，日趋消瘦。在患病部位与健康被毛交界处可以找到螨虫	根据临床症状和发病史进行确诊	加强饲养管理，合理调整日粮，保证全价饲养。此外注意矿物质元素的补充，可用相应的补充方法治疗
羊蹄腐烂病	无特定病原	主要由于圈舍泥泞不洁，在低洼沼泽牧场放牧，坚硬物如铁钉刺破趾间，造成蹄间外伤，或由于饲料中蛋白质、维生素、微量元素不足等引起蹄间抵抗力降低，而被各种腐败菌感染所致	患肢跛行及剧烈疼痛为典型的临床症状	羊蹄腐烂，羊只跛行，病情较轻时在蹄底部、球部、轴侧沟有很小的深棕色坑。严重时小沟形成长沟，沟内呈黑色，引起腐烂。还有的病例可发展到深部组织，引起指（趾）间蜂窝织炎，患蹄恶臭，严重时蹄匣脱落	主要根据临床症状确诊	蹄部要避免过度潮湿，不要在潮湿沼泽地长期放牧，经常进行蹄部的检查、修理，防止蹄部刺伤，防止蹄部角质软化。喂给羊只含锌的制剂，也可施行预防性药物浴蹄。为了防止病原的传播，还可用10%硫酸铜溶液对病羊进行蹄浴
羊创伤	无特定病原	因皮肤或黏膜受各种机械性外力作用而引起组织开放性损伤。如果只是皮肤的表皮被破坏的，称其为擦伤	主要症状是创口裂开、出血、疼痛、肿胀、机能障碍，创伤时间长，引起感染时，出现脓汁。创伤根据致伤物的不同有挫创、刺创、砍伤和裂伤几种表现	无特征性病理变化	根据临床症状就可诊断本病	加强管理，尽量减少损伤的发生。治疗时以新鲜创和化脓创不同来给予不同的治疗方案

第三部分

羊场环境控制及粪污处理

第九章　羊场环境控制

羊场环境是指影响羊生活的各种因素的总和，包括空气、土壤、水和动物、植物、微生物等自然因素，羊舍及设备、饲养管理、选育、利用等人为因素。对羊场环境的合理控制可以对生产带来巨大的促进作用。

一、正确选址

首先羊舍选址要保证防疫安全，这既是以后生产的需要，也是动物卫生防管部门的要求。羊场地势要高燥，背风向阳，距主要交通干线 500 m 以上。全年主风向上风方向不得有污染源，并将场内兽医室、病羊隔离室、贮粪池、化尸坑等设在全年主风向的下风方向，以避免场内疫病传播。

二、搞好场区周围绿化

绿化是防止和减轻大气污染的重要途径。搞好羊场的绿化，可以净化场区空气。大部分绿色植物可吸收羊舍排出的二氧化碳等污浊空气，许多植物也可吸收空气中的氨、硫化氢等，使有害气体的浓度降低（构树、榆、桑、柽柳、垂柳、洋槐、银杏、梧桐）。部分植物对铅、镉、汞等重金属元素也有一定的吸收能力（榆树、夹竹桃、樱花、女贞、桂花等）。植物叶面可吸附、阻留空气中的大量灰尘、粉尘，而使空气净化（表 1）。许多植物还有杀菌作用，羊场绿化可使空气中的细菌减少 22%~79%，绿色植物还可降低场区噪声。绿化可调节场内温湿度、气流等，改善场区小气候。通过吸收热量、调节空气湿度，减少太阳辐射，有利于夏季防暑；通过阻挡风沙，降低场区气流速度，减少冷风渗透，维持场内气温恒定，有利于冬季防寒。绿化还可起到隔离作用，防止疫情传播。

表 1　常见绿化植物及其净化作用

花木名称	净化作用	花木名称	净化作用
夹竹桃	吸收二氧化硫，消除汞污染	桂花	抗氯化氢、硫化氢、苯酚，吸收汞蒸汽

续表

花木名称	净化作用	花木名称	净化作用
紫薇	吸收二氧化硫、氯化氢、氯气、氟化氢	扶桑	吸收苯
石竹	吸收二氧化硫、氯化物，杀菌	栀子	吸收二氧化氮
紫茉莉	吸收氟化氢	海桐花	消除烟雾
常春藤	吸收甲醛和二甲苯	木槿	吸收二氧化硫、氯气、氯化氢
樱花	消除汞污染	女贞	消除铅污染，吸收氯气

三、种植芳香类植物

羊场一般都有边角地和羊舍之间的宽阔隔离带，可以种植一些多年生草本的芳香类植物对羊场环境进行净化和改进。这些植物植株低矮，不会影响羊舍采光和通风，因其多年生，易种好收，不需要耗费太多的人力物力。而且，收获的茎叶可以作青饲料对羊只进行补饲，对羊本身也具有保健作用。

1. 芳香类植物的作用 芳香类植物是指可以通过叶、花、果、根等各种器官或整株散发出香味，并且兼有一定药用价值的植物类群。香草植物即全株或地上部分均有芳香气味的草本类植物，如薄荷、罗勒、迷迭香等。这些植物释放的芳香物质主要包括酯类、醇类、酚类、醛类、酮类、萜烯类、醚类和半萜烯类等成分。比如薄荷中含有薄荷脑、薄荷酮和乙酸薄荷酯。此外，芳香植物还可释放抗氧化物质、抗菌物质、天然色素、大量营养成分和微量元素，且含量高于蔬菜和其他植物，这为芳香植物的饲料利用提供了条件。

芳香植物不仅与其他常见园林植物一样，能通过光合作用吸收二氧化碳，放出氧气来净化空气，同时具有吸收有毒有害气体、滞尘、降低噪音、调节温度和湿度等多种生态功能。此外，芳香植物还有很强的抗菌、抑菌、杀菌等功能。如薰衣草对葡萄球菌、链球菌和八叠球菌有抑制作用，其中的芳香醇具有抗菌作用。罗勒挥发油对金黄色酿脓葡萄球菌、大肠杆菌和蜡样芽孢杆菌具有良好的抑制作用，茉莉、石竹、紫罗兰、玫瑰等的香味能抑制结核杆菌、肺炎杆菌、葡萄杆菌等的生长繁殖，达到净化空气的效果。芳香植物的空气净化作用主要源于芳香植物中醇类、酚类、醛类、酮类、醚类、萜烯类、半萜烯类等多种化合物及抗氧化物质、抗菌物质等成分，可以通过空气流动扩散到环境中，达到杀菌、净化空气的作用。

保健功能的芳香植物中含有芳香成分（芳香醇、桉叶醇、柠檬醛等）、药用成分（挥发性的精油成分和不挥发的生物碱、单宁、类黄酮等）、营养成分（一些大量元素、微量元素和维生素等）和丰富的天然色素。这些成分是芳香植物保健功能发挥的基础。

2. 建议种植的芳香植物

（1）薄荷：在这些芳香植物中，薄荷是大家熟悉的芳香类多年生草本植物，茎和叶子有清凉的香味，可以入药，或加在糖果、饮料里。石香菜是薄荷的一种，学名叫留兰香，是河南人比较熟悉的一种调味菜，有地方叫麝香菜，也有直接叫香菜的。

薄荷的作用有以下几个方面：

1）有较强的利胆作用，发汗解热：内服少量薄荷具有兴奋中枢神经系统的作用，可通过末梢神经使皮肤毛细血管扩张，促进汗腺分泌，增加散热，故有发汗解热作用，镇静镇痛。

2）祛痰止咳：薄荷醇的抗刺激作用导致气管产生新的分泌物，而使稠厚的黏液易排出，故有祛痰作用；也有报道薄荷醇对豚鼠及人均有良好的止咳作用。

3）对病原微生物的作用，表现为抗病毒、抗菌、抗虫的作用：体外试验表明，薄荷煎剂对金黄色葡萄球菌、白色葡萄球菌、甲型链球菌、乙型链球菌、卡他球菌、肠炎球菌、福氏痢疾杆菌、炭疽杆菌、白喉杆菌、伤寒杆菌、绿脓杆菌、大肠杆菌、变形杆菌等均有抗菌作用。薄荷水煎剂对表皮葡萄球菌、支气管包特菌、黄细球菌、腊样芽孢杆菌、藤黄八叠球菌、枯草杆菌、肺炎链球菌等均有较强的抗菌作用，对人型结核杆菌也有抑制作用。薄荷除对多种细菌有较强抗菌作用外，对白色念珠菌、青霉素菌、曲霉素、小孢子菌属、喙孢属和壳球孢属等多种真菌也有较强抑制作用。

4）驱避蚊虫：从薄荷全草中提取出的右旋酰基莳萝艾菊酮对蚊、虻、蠓、蚋等多种昆虫均有较好的驱避效果，并且毒性低，对皮肤无刺激作用和过敏反应。

5）驱除体内寄生虫：已有试验证明，薄荷油能驱除犬及猫体内的蛔虫。

（2）藿香：唇形科多年生草本植物，分布较广，常见栽培。果可作香料；叶及茎均富含挥发性芳香油，有浓郁的香味，为芳香油原料。藿香亦可作为烹饪佐料，或者烹饪材料。药理作用主要有调节胃肠道功能、抗菌、抗炎、镇痛、解热、止咳化痰等。广藿香作为传统中药，已被证明具有确切的抗菌作用，不仅对人类致病细菌、真菌有抑制作用，对植物类、家畜类感染的细菌、真菌亦有抑制作用，具有广阔的开发应用前景。临床上，广藿香已用于治疗真菌感染，且效果显著。广藿香对皮肤癣菌有较强的抑制作用，对多种植物疾病具有明显作用，还可用于防治家畜疾病。

四、保护水源和净化水体

虽然目前多数羊场已经不再取用地表水，直接将自来水接到场区，但在某些地方，井水水源和地表水源仍然是目前不得已的选择。如果养殖场使用的是上述两种水源，要求水源近区或上游不得有污染源，已经污染的必须及时治理；水源附近不得建厕所、粪池、垃圾堆、污水坑等；井水水源周围 30 m 范围内应划为卫生防护地带。羊舍与井水水源间应保持 30 m 以上的距离，最易造成水源污染的区域如病羊隔离舍、化粪池或堆肥更应远离水源，粪污应做到无害化处理，并注意排放时防止流进或渗进饮水水源。

五、搞好羊场消毒和饲草料安全

舍饲养羊条件下，羊只直接受土壤污染影响的机会很少，采食、饮用了被土壤污染了的饲草、饮水等会间接引起疾病。与羊只直接接触的地面、机械设备等如果不清洁，则可导致羊只疫病的感染和传播。因此舍饲养羊的工作重点是搞好羊场消毒管理。要确保饲草安全，防止饲料性疾病的生产，避免尖锐异物，铁丝、泥沙等机械夹杂物混入饲草中；受冻、结霜的饲草不要直接喂羊，以免引起消化机能紊乱、妊娠母羊流产等。饲草、饲料出现以下情况严禁饲喂，如富含氢氰酸、亚硝酸盐、酒精、食盐等，被农药、放射性物质、工业三废所污染，腐败变质，混有有害植物，含有饲料害虫、病原菌以及真菌等。

六、科学饲养管理

种羊场内各类种羊必须分群隔离饲养。种公羊圈舍应与其他羊群及周围环境严格分开，防止其他动物及无关人员进入；圈舍地面要清洁、干燥、通风，采光条件适宜。母羊产羔圈要设立多个分隔的产房，羔羊补饲槽，并应有防寒保暖设施。种公羊每天运动 6 小时以上，圈舍每 3 个月消毒 1 次。产羔圈每次产羔结束，腾空后应及时清扫、消毒。育肥羊群要适量控制饲养密度，防止高浓度的有害气体和过度的拥挤对育肥羊的机体健康和正常生长带来不利影响。

第十章　羊场粪污处理

近年来农业有机废弃物排放量与日俱增，随之出现的环境污染与资源浪费现象是当今社会不容忽视的问题。据 2010 年"第一次全国污染源普查公报"显示，畜禽粪便是农业面源污染之首，其中化学需氧量、总氮和总磷排放量分别占农业污染总量的 95.78%、37.89%、56.30%。羊粪中纤维素、半纤维素含量较高，碳氮比为（24.98~30.88）：1。这些高分子含碳化合物施入土壤后不能被植物吸收利用，而且鲜粪施入土壤后易发酵产热和分解，不利于作物种子发芽生根和幼苗生长。另外，羊粪肥中还含有杂草种子、寄生虫卵、病原菌等，对人畜环境和农作物生产均有一定的负面影响。同时，由于鲜粪体积大、肥效低，运输成本较高，在施肥淡季时经风吹雨淋易使肥效流失。羊粪中的营养物质还会随着降雨等方式流入水体，对地下水及周围水域造成污染，严重时还会引起水体富营养化。因此，羊粪必须经过无害化处理方可使用。

目前对羊粪的处理方式主要有以下几种：第一，饲料化。羊粪中含有丰富的氨基酸和其他营养物质，可以与下脚料混合后喂蚯蚓、喂猪、养鱼。但由于在消毒杀菌过程中存在卫生安全等隐患，该种方法并未大规模推广使用。第二，肥料化。以好氧发酵的方式利用微生物增殖和分解代谢作用将羊粪中不稳定的有机成分转化成二氧化碳、水和氨气，发酵后的羊粪作为有机肥可促进植物的生长发育。第三，能源化。将羊粪厌氧发酵会释放出沼气和氢气，可以作为清洁能源使用。

下面分别就这些不同目的处理方法加以介绍。

一、饲料化

粪便饲料化是利用粪便作为饲料，养殖蝇蛆，待蝇蛆大量繁殖后再饲喂牲畜。这种饲料化的方式在提高蛋白质含量的同时不仅解决粪便污染，还能降低饲料成本。但是由于中国传统的习惯，人们在心理上很难接受再生饲料养殖的畜禽肉蛋，因此这项措施在我国的推广有一定的难度。目前羊粪饲料化研究较多是将羊粪和其他物料配合，养殖蚯蚓，利用蚯蚓肠胃内的酵素和微生物联合作用，以生物降解的方式将有机废弃物分解转化成蚯粪有机肥的生物创新技术。一方面，蚯蚓通过分解有机废弃物获得养分，从而促进自身生长发育。

另一方面，蚯蚓活动可以将物料混合均匀，增加废弃物接触微生物的表面积。蚯蚓通过肠胃分泌的各种酶类对有机质进行分解，进而促进微生物活性，加快微生物对有机废弃物的分解速度。与传统的有机物处理方法相比，蚯蚓堆肥技术具有效率高、节约空间与资金投入、安全环保等优点，不但可以将农业有机废弃物降解，还可以得到物理、化学、生物性状俱佳的蚯蚓粪有机肥。同时蚯蚓也可以作为饲料蛋白或者入药用。

目前国内外用于规模化处理有机废弃物较多的是爱胜蚓属赤子爱胜蚓，俗称"红蚓"，属于雌雄同体却异体交配的杂食类蚯蚓，具有食性广、发育迅速、产茧数多、孵化率高等优点，具有较高的应用价值。多项研究表明，蚯蚓的适宜温度在20~25℃。研究认为，赤子爱胜蚓处理有机废物最适宜的湿度范围为30%~80%，当湿度为65%时，蚯蚓生长状态最好，在70%时蚯蚓繁殖效果最佳。

目前蚯蚓堆肥技术已经被广泛应用于处理畜禽粪便、城市生活垃圾、有机污泥和农业生产废弃物等有机废弃物方面（表10.1），并且都达到了良好的效果。与蚯蚓堆肥处理前的有机废弃物相比，蚓粪中腐殖酸含量、阳离子交换性能及可溶性盐含量均有显著增加，理化性质更稳定。此外，蚓粪中还含有丰富的营养物质，不仅含有氮、磷、钾等大量元素，而且还含有铁、锰、铜、锌等多种微量元素和各种氨基酸，是一种优质的有机肥料。许多室内试验和田间试验证实施用蚓粪对禾谷类作物、豆科作物、叶菜类和花卉等作物的生长和产量都起到促进作用。国内外有许多养殖场与蚯蚓厂合作，既可以及时有效地处理畜禽粪便、减少环境污染，同时还促进了畜牧养殖业与蚯蚓养殖业的共同发展。

表 10.1　蚯蚓堆肥技术中羊粪和几种不同物料配比、反应条件

物料	物料配比	最佳接种量	温度	湿度	pH 值
菇渣 + 羊粪	20% 菇渣 +80% 发酵羊粪（生长最旺）	32~48 条 /kg 风干物料	20 ℃左右	65%	6~8
	50% 菇渣 +50% 发酵羊粪（繁殖最旺）				
木屑 + 羊粪	80% 羊粪 +20% 木屑	16~24 条 /kg 风干物料	15~25 ℃	65%~75%	6~8
稻草等纤维 + 羊粪	55% 羊粪 +45% 纤维料	30~40 条 /kg 风干物料	20~30 ℃	—	6~8

二、肥料化

羊粪的肥料化采用最多的是堆肥，是通过人工的控制，在合适的环境条件下，通过土著微生物或微生物菌剂，把对环境不利的废弃污染物进行发酵、循环利用后转变成能改良土壤环境或对植物生长有利的一系列稳定的腐殖质类物质和简单的化合物质，将有机物有效地降解，在此过程中散发出的热量将物料加热，并将物料中的致病菌、寄生虫和杂草种子灭活，

最终达到无害化且资源化的目的。

堆肥根据好氧程度被分为两种，一种是好氧堆肥，是在氧浓度高的条件下进行的有机物分解过程，主要产生水、二氧化碳和大量热等；另一种为厌氧堆肥，在氧浓度低或无氧条件下进行的有机质分解过程，主要产生甲烷、二氧化碳及有机酸等。厌氧堆肥易产臭味，且腐熟不容易达到完全，是一种传统的堆肥方式。而好氧堆肥臭味相对少，且更易腐熟易达到堆肥腐熟标准，所以目前以好氧堆肥应用更为广泛。好氧堆肥包括如下几种处理方式。

1. 堆积自然发酵　堆肥处理易操作，设备简单，运行费用低，管理方便。具体方法为将现有的羊粪与秸秆、锯末屑、蘑菇渣、干泥土粉等按适当比例混合。发酵微生物繁殖需要的碳氮比为（25~35）∶1，羊粪的碳氮比为（24.98~30.88）∶1，两者接近，堆肥时可不调整或略加调整，加入一些秸秆、稻草，既可降低羊粪含水率，又可适当调节碳氮比。料堆高度在 1.5~2 m，宽度 2~3 m，长度在 3 m 以上发酵效果比较好。为提高发酵效果，可将玉米秸秆或带小孔的竹竿插在粪堆中，以保持堆内有好氧发酵的环境。

物料好氧发酵适宜相对湿度为 60%~65%，以手握物料指缝间有水印但不滴水、落地即散为佳。水分含量过高或过低均不利于堆肥发酵。水分含量过少，发酵慢；水多料堆通气性差、升温慢，并产生臭味。为保证好气发酵达到要求的温度，物料的适宜相对含水率应为 60%~65%。当初始含水率大于 70% 时，堆制物料的好氧降解不完全，所释放的能量不足以使堆肥温度升至 50℃以上，无法彻底杀灭鲜粪中的有害虫卵和微生物。调整物料水分方法：水分过高可添加秸秆、锯末屑、蘑菇渣、干泥土粉等。

粪便需进行长时间熟化，才能提高其安全性、稳定性和无害化程度。由于堆沤的温度、水分等环境因素差异较大，因此夏季可缩短发酵时间，冬季可略延长。羊粪熟化一般需 2~3 个月。堆积发酵的温度随发酵时间变化（图 10.1）。

为了解发酵作用对粪便中的球虫孢子化的影响，编者对堆肥不同时间的羊粪中球虫卵囊的完整性和活性（孢子化率）进行了检测。从检测的结果看，堆积发酵到第十天，三个组的样品里球虫孢子化率大大降低（图 10.2），甚至到零。随着发酵时间延长，可检测到球虫越来越少，至 28 天，几乎看不到可以孢子化的球虫（图 10.3）。这说明粪样堆积发酵处理对粪便中的寄生虫的杀灭随着发酵时间的延长，杀灭效果越好。

成品有机肥为蓬松状，呈黑褐色，略带酒香味或泥土味，营养丰富，用于瓜果蔬菜、经济作物、苗木花卉等，价值增值数倍。

2. 生物发酵有机肥

（1）羊粪生物发酵有机肥生产工艺流程：羊粪脱水粉碎—加微生物菌剂、米糠（玉米粉）—机械混合—发酵—翻拌—干燥—包装。羊粪生物发酵有机肥生产适合肥料的商品化生产经营。

（2）发酵技术要点：选择地势平坦、通风向阳处作原料堆场，要求一年四季均可露天作业。生产 1 000 kg 有机肥需湿羊粪 1 600~1 800 kg、米糠或玉米面 2.5~3.0 kg、专用微生物

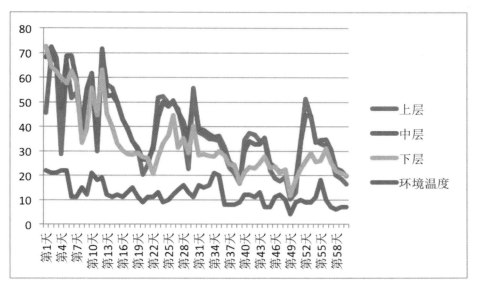

图 10.1　堆肥自然发酵过程中粪堆温度变化（10 天内每 2 天翻堆 1 次，后面每 10 天翻堆 1 次）

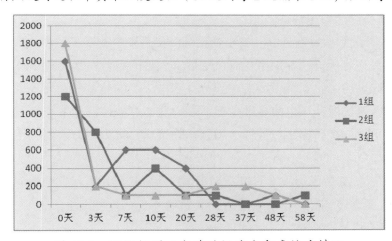

图 10.2　不同组别／发酵时间球虫卵囊检出情况

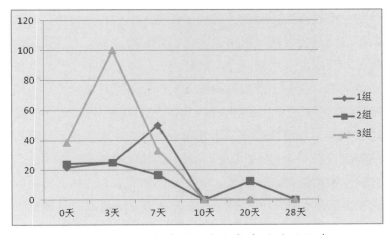

图 10.3　不同发酵时间球虫卵囊的孢子化率

复合发酵菌剂 1 kg。控制湿羊粪相对含水率为 60%~65%，然后用米糠或玉米面将菌剂拌匀，分撒在原料表层，装入搅拌机进行搅拌粉碎，搅拌要均匀、透彻、蓬松、不留生块。将搅拌好的原料堆成宽 1.5~2 m、高 0.3~0.4 m 的长条，上面覆盖草帘或麻袋片（切勿覆盖塑料布）进行好氧发酵堆置。一般堆置 24 小时温度可上升至 50 ℃，48 小时温度可升至 60~70 ℃，第 3 天温度达 70 ℃以上时翻倒 1 次。发酵过程中会出现 2~3 次 65 ℃以上的高温，翻倒 2~3 次、经 10 天左右即可完成发酵。

（3）腐熟标志：堆温降低稳定在 50 ℃以下、物料疏松、无原臭味、稍有氨味、堆内产生白色菌丝。腐熟后的物料稍加晾干即可装袋出厂。

（4）关键技术：严格控制羊粪的含水率，确保物料发酵的初始相对含水率为 60%~65%，以保证有机物好氧发酵对氧气的需求；严格控制翻堆温度与翻堆次数，保证发酵腐熟均匀一致；微生物菌剂是羊粪发酵的助推剂，在粪肥发酵建堆时接种光合细菌、乳酸菌、酵母菌等有效微生物菌群，在粪堆内添加少量腐杆灵等催腐剂或固氮、解磷、解钾等微生物功能菌，不仅可促进好氧发酵，缩短发酵时间，还可提高发酵质量。

（5）生物有机肥的应用特点：

1）生物发酵有机肥生物活性高。微生物菌剂的接种发酵改变了羊粪的生物种类组成，使有益微生物种群占绝对优势。施用生物有机肥后，大量的有益微生物在土壤中迅速繁殖，不断分解土壤中的有机物，使土壤中的潜在养分得到进一步的分解和利用，提高了土壤的生物活性；微生物菌体死亡后，产生的多种生理活性物质能有效控制土壤连作障碍的发生和有害病菌的繁殖，可明显地提高作物抗逆性，增强作物抗病、抗虫能力，促进作物生长，提高农产品的品质。

2）生物发酵有机肥技术突破了有机肥加工生产与农田施用有机肥的时间和空间限制，克服了有机肥使用、运输、储存不便的缺点，并能改善不良的环境卫生状况。

3）生物发酵有机肥性质稳定、生物活性较高、无害化，可根据不同作物的吸肥特性，按不同比例添加无机营养成分制成不同种类的复（混）合肥。

经过物理、生物发酵处理的羊粪肥，适用于各类土壤和各种作物，质地比较黏重的地块最适合施用腐熟的羊粪。试验发现，施用无害化羊粪肥的棚室，土壤通透性明显优于施用人粪尿、鸡粪的大棚，并且病害发生较轻。实践证明，在设施蔬菜生产上，使用羊粪有机肥的产品安全性要优于牛粪肥，更优于猪粪肥和鸡粪肥；经多类对比试验，与同等投入的其他肥料相比，使用羊粪有机肥蔬菜产量可提高 30%~50%、所含糖分可增加 2~3 度。

3. 羊场微生态发酵床　发酵床生态健康养殖也称之为畜禽粪便原位降解健康养殖，该技术通过对传统养殖圈舍进行专业设计和改造，利用生物发酵技术，在羊舍内铺设锯末、谷壳等有机垫料，添加微生物菌制剂降解羊粪。该技术以发酵床为载体，排出的粪尿吸附在垫料上并经微生物迅速发酵降解，达到免冲洗羊栏，零排放，无臭味，从源头上实现环保和无公害养殖目的，为提高羊的生产性能和机体免疫力，减少疾病，提高养羊经济效益，实现清洁生产、生态循环、健康养殖提供了良好基础。与传统养羊方式比较，发酵床自然养羊还具有省水、省电、省料、省劳力等优点，可节省用水 85%~90%，符合资源节约、节能减排的要求。

4. 作为有机热酿物改善日光温室土壤环境 许多学者对生物反应堆技术进行了大量的研究，在日光温室葡萄促早栽培中，应用玉米秸秆 + 羊粪反应堆的综合效应最好。研究者认为秸秆能够参与土壤结构的形成与改良，因其具有良好的团粒结构、适宜的孔隙度，从而使土壤蓄、持水能力增，认为向土壤中加入外源新鲜的有机残体会促进土壤中原有机质的降解。秸秆生物反应堆促进番茄株高生长，使植株提早开花，显著提高番茄净光合速率、单株产量及单位面积产量。秸秆生物反应堆能够有效提高温室内温度和地温，降低湿度，提高 CO_2 体积分数，使草莓的光合速率显著提高。

有机酿热物反应堆做法：在相邻 2 行葡萄正中间开沟，沟宽 60 cm，深 30 cm，开沟长度与行长一致。将菌种、麦麸、水，按照质量比为 1：20：20 比例混合，在阴凉处堆积 3 h 以上，均匀撒在秸秆上（羊粪撒施同菌种一样），并用铁锹轻拍，使菌种与羊粪、秸秆充分结合。沟两头露出 10 cm 秸秆，利于氧气进入，促进秸秆分解发酵，覆土 20 cm。随后统一灌水，浇水 1 周后覆膜，用 14# 钢筋焊接成"T"字形，对反应堆进行打孔，孔深以穿透秸秆层为宜，行间打 3 排孔，孔距为 25 cm，浇 2~3 次水后再补打孔。秸秆和羊粪中含有大量营养物质，其分解过程中会缓慢向土壤释放大量有机质和植物生长必需的矿质营养，同时提高了土壤温度和水分等，为土壤微生物提供了大量繁殖的能源，且反应堆使用的微生物菌剂自身含有大量的有益微生物，有利于改善土壤微生物结构，增加土壤微生物数量，能够很好地改善土壤环境。地温的提升，提前了葡萄的萌发期和成熟期，促进了葡萄新梢和叶片的生长，同时增加产量和改善品质，秸秆、羊粪在反应中持续的发酵分解，为葡萄提供全面的养分供应，对葡萄的生长、产量以及品质均有提升作用。

三、能源化

粪便的能源化主要方式是厌氧发酵产生沼气能源。主要是将羊粪置于封闭的无氧环境中，通过微生物的厌氧发酵将粪便中有机质分解为 CH_4，同时含有 O_2、H_2、CO_2 等其他清洁能源成分。但是其缺点是资金一次性投入大，产沼气量不稳定，产气量低。粪便的能源化另一种方式是燃烧产生电或热。焚烧处理有特定的局限性：无法实现资源多次循环利用；含有有毒物质的烟气会带走大量热能；烟气需净化后排放，增加了运行成本。

生产沼气主要有以下方法：

1. 干法沼气发酵 干法沼气发酵是指培养基呈固态，虽然含水丰富，但没有或几乎没有自由流动水的沼气厌氧微生物发酵过程，发酵物料中干物质含量一般达到 20% 以上。干法沼气发酵技术具有能耗低、单位容积处理量大、对发酵原料的组成要求低、沼液排放少、发酵剩余物处理费用低等优点，近年来得到快速发展，逐渐成为世界各国处理有机固体废弃物以及生产新能源的重要选择。已有研究表明，羊粪营养丰富，产气潜力大，是一种非常好的沼气发酵原料。据估算，我国的羊粪年产量高达 3.4×10^8 t，存在资源化利用率较低、污染严重等问题。

干法沼气发酵：以自然风干后的羊粪，接种物为沼气池池底污泥。结果发现，相对湿法发酵，中温发酵效果更加优于常温发酵；发酵物料含水率越高，沼气发酵速度越快，累计产气量越高；从单因素试验结果看，发酵温度在（35 ± 1）℃、原料含水率在 80% 及接种比例在 7:3~5:5 时，羊粪干法沼气发酵效果最好。

2. 湿法沼气发酵　利用厌氧微生物活动将有机物分解为甲烷、二氧化碳和水。一般由规模化畜禽养殖企业通过建设厌氧消化工艺的大中型沼气工程，对高浓度污水进行集中处理。送种处理方式一般不需额外消耗能源，处理后废水也可达标排放，更重要的是可实现废弃物的综合利用，变废为宝、化害为利。利用沼气工程处理畜禽粪便污水，每去除 1 千克有机物可获得一定的清洁沼气燃料（可发 0.6 度电）；沼液是可用于生产绿色食品的优质农田有机肥；沼渣经处理后可制成商品化的有机肥料，部分还可作为饲料用于养鱼等。在过去的二十多年中，厌氧消化已经作为一种有效的生物技术手段被广泛用来解决能源短缺及缓解化石燃料造成的环境污染。有学者通过对我国羊粪资源的估算统计，发现我国羊粪沼气化潜力巨大，每年理论沼气总产量可达 1.29×10^{10} m^3，相当于 921 万 t 标准煤，理论 CO_2 减排量高达 1.22×10^7 t，SO_2 减排量达 1.23×10^5 t，环境效益明显。

有研究通过比较羊粪与牛粪、猪粪和鸡粪在低温（20 ℃）、中温（35 ℃）和高温（50 ℃）3 种条件下的厌氧消化结果发现，在 30 天的消化周期中不同温度下各发酵组产气情况均表现为牛粪＞羊粪＞鸡粪＞猪粪，3 个不同温度处理之间的产气情况表现为 35 ℃＞50 ℃＞20 ℃。羊粪厌氧消化产气效果显著高于猪粪和鸡粪，但略低于牛粪。该结果表明，羊粪比较适合用于厌氧消化的底物进行沼气生产。以羊粪为主要研究对象，总固体浓度为 8% 时，累积产气量可达最大。利用羊粪分别与小麦、玉米和水稻的秸秆进行不同混合配比（10:90、30:70、50:50、70:30 和 90:10）厌氧消化，结果表明在 35 ℃条件下，混合发酵方式不仅可以有效延长产气周期至 55 天，而且克服了单一原料发酵时碳氮比的不平衡，对提高沼气产量是行之有效的（表 10.2、表 10.3）。

表 10.2　影响堆肥腐熟的因素

影响因子	一般条件	适宜条件	相关标准规定	备注
堆体温度		52~60 ℃	50~55 ℃以上，保持 5~7 天	控制堆肥物料的颗粒度、堆赃过程中的通风量或翻堆次数来控制堆体温度。
pH 值	3~12	6.5~7.5	完全腐熟的在 8~9	保持堆肥原材料的 pH 值适中或通过使用硫黄来解决堆肥过程中 pH 值过高的问题

续表

影响因子	一般条件	适宜条件	相关标准规定	备注
含水率	随物料不同而有区别	50%~60%	无	适当补水或者添加填充物是必要的
通风供氧	物料需氧量存在差异	15%~20%	无	通风或者翻堆增加供氧
有机质含量		20%~80%	最终成品有机肥中的有机质含量要求在30%~75%	通过改变物料比例调整有机质含量
碳氮比	物料初始碳氮比在20~40	30:1		羊粪堆肥的最适碳氮比为:(27:1)~(30:1)牛粪、鸡粪、猪粪堆肥的最适碳氮比为分别为25:1、20:1、23:1
颗粒度	颗粒大，会在表面形成不易通过的腐殖化膜，过小导致氧气供应不足等弊端		适宜的颗粒度	
微生物菌剂	微生物种类和数量繁多	添加量0.15%~0.3%	2%	芽孢杆菌、放线菌、无芽孢细菌、霉菌、嗜热真菌、好热芽孢杆菌及好热放线菌

表10.3　堆肥腐熟程度的评价项目指标

方法类型	项目	指标
物理方法	水分	< 30
	颜色	黑褐色
	气味	泥土气息
	温度	接近环境温度
化学方法	C/N	< 20
	有机质（%）	≥ 30%
	pH	8~9
	EC	< 9.0mS/cm
	NH_4^+-N	< 0.05%
	WSC/WSN	< 2

方法类型	项目	指标
生物学方法	生物量	—
	GI%	>85%
	病原菌	灭活
	寄生虫（包括卵、卵囊）	灭活
	杂草种子	灭活
	COD	< 700mg/g 干堆肥
	微生物数量及活性	—

附　录

一、羊正常的解剖特征

了解羊只的正常解剖特征对于进行病例剖检至关重要，通过解剖了解病变产生部位、发展程度进行分析做出初步诊断结果，为大群养只预防和治疗提供可靠依据，下面将根据被皮系统、消化系统、呼吸系统、泌尿系统、生殖系统、心血管系统、淋巴系统、神经系统、内分泌系统九大系统进行叙述。

1. 被皮系统　由皮肤和皮肤衍生物组成。

（1）皮肤：由浅到深分表皮、真皮、皮下组织。表皮无血管和淋巴管，有丰富的神经末梢；真皮由致密结缔组织构成，为皮肤中最厚的一层，皮革为真皮鞣制而成，临床上进行皮内注射就是把药液注入真皮层内；皮下组织由疏松结缔组织构成，又称浅筋膜。羊颈侧部的皮下组织较发达，是常用的皮下注射部位。

（2）皮肤衍生物：包括蹄、枕、角、毛、皮肤腺（汗腺、皮脂腺、乳腺）羊为偶蹄兽，有四个蹄，直接与地面接触的称主蹄，不与地面接触的称悬蹄。主蹄由蹄匣（角质层）和蹄真皮（肉蹄）构成。悬蹄与主蹄结构相似。

2. 消化系统　由消化管和消化腺组成，消化管包括口腔、咽、食管、胃、小肠、大肠；消化腺包括壁内腺和壁外腺两部分。

（1）口腔：分为口腔前庭和固有口腔两部分，由唇、颊、颚、口腔底、舌、齿、齿龈、唾液腺组成

（2）咽：是呈漏斗状的肌－膜型囊，是消化道和呼吸道的共同通道，分为口咽部、鼻咽部、喉咽部。

（3）食管：是一条肌－膜型长管，分颈、胸、腹三段。

（4）胃：分为瘤胃、网胃、瓣胃、皱胃四部分。前三个胃的黏膜无腺体，皱胃的黏膜有腺体。瘤胃呈长而扁的椭圆形，位于腹腔的左侧，占腹腔大部分的位置，内表面的黏膜形成无数圆锥形－叶状的瘤胃乳头，肉柱及瘤胃的顶壁处无乳头。网胃呈前后略扁的梨形，位于瘤胃的背囊的前下方。食管沟起于贲门，沿瘤胃右侧壁，瘤网胃口右壁，网胃右壁到网瓣胃

口的一条沟，两侧隆起的是食管沟唇，内表面的黏膜形成蜂房样的小室。瓣胃呈左右略扁的球状，位于瘤胃和网胃交接的右侧、右季肋部、体表投影在7~11肋骨之间，内表面的黏膜形成许多互相平行的皱襞，瓣叶分四级。皱胃位于右季肋区，瓣胃腹侧后方，大部与腹底壁接触，由剑状软骨部沿肋弓向后伸到最后肋间下部。外部形态呈前大后小的弯曲长囊，黏膜面光滑，有14~16条螺旋大皱褶，可以增加总面积。有贲门腺、胃底腺和幽门腺三个腺区。皱胃入口为瓣皱口，出口为幽门。

（5）肠：分大肠和小肠。小肠分十二指肠、空肠（最长）和回肠。大肠分盲肠、结肠和直肠。食草动物肠管较长，食肉动物较短。

十二指肠起于幽门，后连空肠。空肠位于腹腔右侧、结肠圆盘周围，左侧为瘤胃，背侧为大肠，前方为瓣胃和皱胃，形成花环状肠圈，最长。

回肠短而直。盲肠圆筒状，位于右髂部。盲肠尖朝后，前以回盲口为界直接转为结肠。无纵肌带和肠袋。结肠：分升结肠、横结肠和降结肠。升结肠又分为初襻、旋襻（向心回2圈、离心回2圈）、终襻，无纵肌带和肠袋。

（6）肝：扁平状，暗褐色，是动物体内的最大腺体。位于腹前部，膈的后方，大部位于右季肋部。略呈长方形，有胆囊，分左、中、右三叶。胆管与胰管合成一条总管。

（7）胰腺：呈不规则四边形。分叶不明显，仅有从右叶末端穿出的一条胰管，在胆管开口后30 cm处的十二指肠。羊的胰管和胆管合成一条总管开口于十二指肠。

3. 呼吸系统 包括鼻、咽、喉、气管、支气管和肺等器官。鼻、咽、喉、气管、支气管是气体出入肺的通道，称为呼吸道。肺是气体交换的器官。

（1）鼻：包括外鼻、鼻腔和鼻旁窦。鼻腔的结构由鼻前庭、固有鼻腔、骨性鼻腔衬以黏膜构成，鼻中隔和上下鼻甲（鼻甲骨和黏膜构成）将固有鼻腔分成上、中、下鼻道和总鼻道。鼻黏膜分嗅区黏膜和呼吸区黏膜，前者黄色，含有嗅细胞，有嗅觉作用，后者粉红色，富血管和腺体，有对空气加温、加湿、除尘、防御的作用。鼻旁窦又称副鼻窦，为鼻腔周围头骨内的含气腔洞，直接或间接与鼻腔相通，包括上颌窦、额窦、蝶腭窦和筛窦。具有减轻头骨重量、温暖湿润吸入的空气并对发声起共鸣的作用。

（2）喉：以喉软骨为支架，内衬黏膜。软骨有会厌软骨、甲状软骨、勺状软骨（1对，上有声带突）、环状软骨。

（3）气管和支气管：由喉向后沿颈腹侧正中线入胸腔，在心基背侧（约5、6肋间隙处）分左右支气管经肺门入肺。羊一个右尖叶支气管。气管软骨环："C"形软骨环，缺口朝向背侧，数目不等。

（4）肺：位于胸腔内，纵隔两侧，左、右各一，肺尖向前（在胸前口处）。由浆膜（肺胸膜）、支架（支气管树）、肺泡构成。左肺分为前叶和后叶，右肺分为尖叶、心叶、膈叶、副叶，其中左、右肺的前叶均分为前后两部。

4. 泌尿系统 由肾、输尿管、膀胱、尿道组成。肾是尿液产生的器官，输尿管为输送尿液至膀胱的管道，膀胱为暂时储存尿液的器官，尿道是排出尿液的管道，后三者合称尿路。肾为平滑单乳头肾，被膜：健康者较易剥离，营养良好的有脂肪包裹，称肾脂囊。实质分为皮质和髓质。皮质位于浅层，色深，富含血管，有肾小体。髓质位于深层，色浅，有肾小管。输尿管起自肾盂开口于膀胱颈背侧。膀胱由膀胱顶、体、颈组成。只有顶、体部分有浆膜。膀胱侧韧带和膀胱圆韧固定膀胱。当膀胱空虚时，位于盆腔内；充盈时其顶端突入腹腔。尿道内口起始于膀胱颈，尿道外口雄性开口于阴茎头，雌性开口于阴道与尿生殖前庭的交界处。

5. 生殖系统　包括雌性生殖系统和雄性生殖系统

（1）雌性生殖系统：分为卵巢、输卵管、子宫、阴道、尿生殖前庭、阴门。卵巢位于骨盆腔前口两侧附近，由卵巢系膜和卵巢固有韧带固定，产生卵细胞，分泌雌性激素。输卵管负责输送卵细胞，是受精场所及卵裂第一次的场所，壶腹部分泌的腺体对早期胚胎发育有调节作用。漏斗部边缘称输卵管伞，中央为腹腔口（通腹膜腔）；膨大部即壶腹部，是精卵结合部，体外受精适宜的取卵处；子宫部即峡部，以输卵管子宫口开口于子宫角前端。子宫是胎儿生长发育和娩出的器官，位于腹腔内、直肠和膀胱之间，由子宫阔韧带和子宫圆韧带固定。

（2）雄性生殖系统组成：睾丸、附睾、输精管、尿生殖道、副性腺、阴茎、阴囊、包皮。睾丸位于阴囊内，两股部之间，可产生精子，分泌雄性激素。睾丸为椭圆形，长轴与地面垂直，分为睾丸头、睾丸体、睾丸尾，分别与附睾头、体、尾相对应。背侧称附睾缘，腹侧称游离缘。睾丸表面为固有鞘膜（浆膜），深层为白膜（致密结缔组织），深入实质形成睾丸小隔，在中轴形成睾丸纵隔，实质被睾丸小隔分成若干个睾丸小叶，在纵隔处称睾丸网，每个睾丸小叶内有若干个曲精小管（精子产生地）和直精小管。附睾位于睾丸背侧，以附睾韧带与睾丸相连，带状。附睾分为附睾头、体、尾，包括睾丸输出管和附睾管，是储存精子和精子进一步发育成熟的场所。输精管起于附睾尾，经腹股沟管、入腹腔，向后入盆腔，在膀胱背侧形成输精管壶腹（猪无，马最发达），开口于精阜（位于尿生殖道起始部背侧壁，也是精囊腺的开口）。精索位于睾丸和附睾的背侧，呈扁平圆锥状的结构，基部附着于睾丸和附睾上，向上逐渐变细，穿过腹股沟管内环，沿腹腔后部底壁进入骨盆腔。内有输精管、血管、淋巴管、神经、平滑肌束等，外包以固有鞘膜。阴囊借助腹股沟管与腹腔相通，容纳睾丸和附睾。雄性尿道兼有排尿和排精的作用，分为骨盆部和阴茎部，两者间以坐骨弓为界。骨盆部起始部背侧壁有精阜。阴茎部经坐骨弓转到阴茎腹侧，坐骨弓处加粗形成尿道球（海绵体层变厚），末端开口于阴茎头，称尿道外口。精囊腺位于尿生殖道起始部背侧壁的尿生殖褶中，输精管外侧。前列腺仅有扩散部。阴茎位于腹壁之下，起自坐骨弓，经两股部之间，沿中线向前伸至脐部。主要功能为排尿、排精、交配。包皮由内外包皮构成，保护阴茎头，勃起时展平。内外包皮均由深浅两层构成，其游离缘分别形成包皮内口、包皮外口。有汗腺和皮脂腺分泌。

6. 心血管系统　由心脏、血管和血液组成。具有运输、参与体液调节、调节体温、防御功能、内分泌的功能。

心脏位于胸腔纵隔中，夹在两肺之间，稍偏左，体表投影在 3~6 肋间；形态呈倒立的圆锥形，左右稍扁，前缘凸、后缘平直。心脏分别以房中隔、室中隔分为左右心房和左右心室。房、室心肌彼此独立，以纤维环为界，前者薄，后者厚；心外膜同时亦是心包浆膜的脏层。

心脏的传导系统维持心脏自动有节律的跳动。窦房结位于前腔静脉和右心耳之间的心外膜下，是起搏点。房室结位于房中隔右房侧的心内膜下、冠状窦的前面。房室束在室中隔上部分为左右束支。蒲肯野氏纤维是更细小的分支。

心包由纤维膜和浆膜组成。纤维膜由坚韧的结缔组织与大血管外膜相连接而成；浆膜分壁层和脏层（即心外膜），两者之间的腔隙称为心包腔，内有心包液。

纤维膜在心尖部折转与心包胸膜共同构成胸骨心包韧带，使心脏附着于胸骨上。

7. 淋巴系统 包括淋巴管道、淋巴组织和淋巴器官。淋巴组织和淋巴器官产生淋巴，通过淋巴管或血管进入血液循环，参与机体的免疫活动。

淋巴管道包括毛细淋巴管、淋巴管、淋巴干、淋巴导管、胸导管。毛细淋巴管以盲端起始于组织间隙，吸收组织液回流；淋巴管呈串珠样，行程中经过一个或多个淋巴结，分输入和输出淋巴管；淋巴干常与血管伴行，包括气管干、腰淋巴干、肠淋巴干、腹腔淋巴干；淋巴导管包括右淋巴导管（右气管干的延续）和胸导管；胸导管：起始部称乳糜池，位于胸主动脉和右膈脚之间，即最后胸椎和前1~3腰椎腹侧，呈长梭形膨大，经膈的主动脉裂孔在胸腔前口处入前腔静脉。

淋巴器官包括中枢淋巴器官和外周淋巴器官。中枢淋巴器官发育早、退化早，其原始淋巴细胞来源于骨髓的干细胞；外周淋巴器官发育较迟，终生存在，由中枢淋巴器官迁移而来。

胸腺位于胸腔前部，分颈、胸两部，猪和反刍动物的发达，颈部可达到喉，呈浅粉色，性成熟后退化，是T淋巴细胞增殖分化的场所。脾是体内最大的淋巴器官，位于胃的左侧，具有造血、灭血、滤血、储血及参与免疫等功能。扁平，钝三角形。扁桃体位于舌、软腭和咽的黏膜下组织内，仅有输出淋巴管、注入附近淋巴结。血淋巴结充盈血液，位于血循通路上，有滤血的作用。淋巴结分布于腋窝、关节曲侧、内脏器官的门及大血管附近，产生淋巴细胞、清除异物、产生抗体，是机体的防卫器官。

8. 神经系统 由中枢神经系统（脑和脊髓）和周围神经系统（脑神经和脊神经）组成。

脊髓位于椎管内，前在枕骨大孔处与脑相连，后以脊髓圆锥终止于荐部椎管的中部，向后延续为终丝，呈上下稍扁的圆柱状，有颈膨大和腰膨大；分颈、胸、腰、荐、尾五段，比椎管短，只达荐部椎管的中部。形成脊髓圆锥、终丝和马尾，脊髓经腰膨大后逐渐缩细形成圆锥状结构，称脊髓圆锥。最后形成一根来自软膜的细丝，外包硬膜，附着于尾椎背侧，称为终丝，有固定脊髓的作用。脊髓圆锥和终丝周围被荐尾神经包围，此结构总称为马尾。

脑包括大脑、小脑、脑干（又包括间脑、中脑、脑桥和延髓）。大脑半球包括皮质、髓质、基底核、胼胝体。皮质包括额叶（运动）、顶叶（感觉）、枕叶（视觉）、颞叶（听觉）。基底核又称纹状体，位于大脑基底部，间脑的前方，灰白相间，包括尾状核、内囊、豆状核。胼胝体连接两侧大脑半球的横行纤维；脑膜包括硬膜（形成大脑镰和小脑幕）、蛛网膜、软膜（随沟回起伏）。嗅脑包括嗅球，嗅束，嗅内、外侧束，嗅三角，梨状叶，海马。边缘系统包括海马、梨状叶、基底核、杏仁核、中脑被盖、丘脑前核等，在功能和结构上密切联系，合成一功能系统，称为边缘系统。与情绪变化、记忆和内脏活动有关。

小脑位于延髓和脑桥的背侧、大脑的后部，略呈球形。外部结构由小脑蚓部和小脑半球构成，内部结构由皮质和髓质构成。

脑干包括延髓、脑桥、中脑和间脑。延髓、脑桥和小脑共同围成第四脑室。中脑形成中脑导水管。间脑的丘脑周围形成第三脑室。脑干内有脑神经感觉核、脑神经运动核、中继核和网状结构（形成的神经核）。间脑的丘脑下部是植物性神经系统的皮质下中枢。

9. 内分泌系统　是动物体的重要调节系统，以体液的形式对身体进行调节。内分泌系统主要由内分泌腺和内分泌细胞组成。内分泌腺属无管腺，包括甲状腺、甲状旁腺、垂体、肾上腺和松果腺等。内分泌细胞广泛地分布在体内的许多器官中。

垂体位于蝶骨体颅腔面的垂体窝内，借漏斗与间脑的丘脑下部相连，是体内最重要的内分泌腺。松果体位于丘脑和四叠体之间，红褐色、卵圆形，分泌的褪黑激素能抑制促性腺激素的释放，防止性早熟。甲状腺位于头颈交界处、喉的后方、甲状软骨的旁边，由左右两个侧叶和中间的腺峡组成，分泌甲状腺素和降钙素。甲状旁腺，椭圆形或圆形，较小（马、牛2对，猪1对），位于甲状腺附近或埋于甲状腺实质内，分泌甲状旁腺素。肾上腺一对，位于肾前方内侧缘，呈椭圆形或心形。肾上腺的皮质部分泌盐皮质激素、糖皮质激素、性激素，髓质部分泌肾上腺素和去甲肾上腺素。

二、羊常用药物制剂配置及给药方法

羊常用的药物制剂配置和给药方法与其他家畜相似，但作为小反刍家畜又有很大的不同。药物原料经加工制成安全、稳定和便于应用的形式，称为药物剂型。某一药物制成的可供临床直接使用的一种剂型称为制剂。羊常用的药物制剂有针剂、粉剂、片剂、胶囊剂、栓剂、口服液、颗粒剂、膏剂，主要的给药方法有注射给药、口服给药、体表给药、子宫给药、呼吸道给药。根据药物特性和治疗目的选择不同的给药方法和药物剂型及配置。

1. 常用注射给药　包括皮内注射、皮下注射、肌内注射、静脉注射、腹腔注射、瘤胃注射、封闭注射、胸腔注射、乳房注射。

注射时应严格遵守无菌操作原则，防止感染。注射前需要洗手、戴口罩。对被毛浓厚的动物可先剪毛。用棉签蘸2%碘酊消毒注射部位，以注射点为中心向外螺旋式旋转涂擦，碘酊干后，用70%乙醇以同法脱碘，待干后方可注射。

认真执行查对制度，做好三查七对。三查：操作前查、操作中查核、操作后查。七对：核对畜主名、动物、药名、剂量、浓度、时间和用法。

检查药液质量，如药液变色、沉淀、混浊，药物已过有效期或药瓶（安瓿）破裂，均不能使用。多种药物混合注射需要注意药物配伍禁忌。根据药液量、黏稠度及刺激性强弱选择注射器和针头。注射器需完好无损、不漏气。针头应锐利、无沟、无弯曲，注射器和针头衔接须紧密。

选择合适的注射部位，防止损伤神经和血管，不能在炎症、硬结、瘢痕及皮肤病处进针。应注意不同种属的动物，各种注射部位不同。注射药物按规定时间现配现用。临时抽取，以防药物效价降低或污染。注射前须排尽注射器内空气，以防空气进入形成空气栓子。排空时防止浪费药物。进针后，推进药液前，应抽动活塞，检查有无回血。静脉注射须见有回血方可注入药物；皮下、肌内注射发现回血，应拔出针头重新进针，不可将药液注入血管内。

运用无痛注射技巧：首先要分散动物的注意力，采取适当的体位，使肌肉松弛；注射时做到"二快一慢"，进针和拔针快，推注药液慢，但是对骚动不安的动物应尽可能在短时间内注射完毕；对刺激性强的药物，针头易粗长、进针易深，以防止疼痛和形成硬结；同时，注射多种药物时，先注射无刺激性或刺激性弱的药物，后注射刺激性强的药物；如注射一种药物量大时，应采取分点注射。

（1）皮内注射：是将药液注入表皮与真皮之间的注射方法，多用于诊断。也用于疫苗的刺种接种。皮内注射与其他治疗注射相比，其药液的注入量少，所以不用于治疗。主要用于某些疾病的变态反应诊断，如牛结核、副结核、牛肝蛭病、马鼻疽等，或做药物过敏试验。也用于绵羊痘苗等的预防接种。一般仅在皮内注射药液或疫（菌）苗 0.1~0.5 mL。

使用小容量注射器或 1~2 mL 特制的注射器与短针头。根据不同动物可选在颈侧中部或尾根内侧或下腹部毛发稀疏的部位注射。

按常规消毒，排尽注射器内空气，左手绷紧注射部位的皮肤，右手持注射器，针头斜面向上，与皮肤呈 5°角刺入皮内。待针头斜面全部进入皮内后，左手拇指固定针柱（栓），右手推注药液，局部可见一半球形隆起，俗称"皮丘"。注毕，迅速拔出针头，术部轻轻消毒，但应避免压挤局部。

注射正确时，可见注射局部形成一半球状隆起，推药时感到有一定的阻力，如误入皮下则无此现象。

注意注射部位的变化一定要认真判定、准确无误，否则将影响诊断和预防接种的效果。进针不可过深，以免刺入皮下，应将药物注入表皮与真皮之间。拔出针头后注射部位不可用棉球按压揉擦。

（2）皮下注射：是将药液注入皮下结缔组织内的注射方法。将药液注射于皮下结缔组织内，经毛细血管、淋巴管吸收进入血液，发挥药效作用，而达到防治疾病的目的。凡是易溶解、无强刺激性的药品及疫苗、菌苗、血清、抗蠕虫药（如伊维菌素等），某些局部麻醉药，不能口服或不宜口服的药物要求在一定时间内发挥药效时，均可做皮下注射。

根据注射药量多少，可用 2 mL、5 mL、10 mL、20 mL、50 mL 的注射器以及相应针头。当抽吸药液时，先将安瓿封口端用酒精棉球消毒，并同时检查药品名称和质量。

多选在皮肤较薄、富有皮下组织、活动性较大的部位。大动物多在颈部两侧；猪在耳根后或股内侧；羊在颈侧、背胸侧、肘后或股内侧；犬猫在背胸部、股内侧、颈部和肩胛后部；禽类在翅膀下。

盛药液的瓶口首先用酒精棉球消毒，然后用砂轮切掉瓶口的上端，再将连接在注射器上的注射针插入安瓿的药液内，慢慢抽拉内芯。当注射器内混有气泡时，必须把它排出。此时注射针要安装牢固，以免脱掉。注射局部首先要进行剪毛、消毒、擦干，除去体表的污物。在注射时要切实保定患畜，对术者的手指及注射部位进行消毒。

注射时，术者左手中指和拇指捏起注射部位的皮肤，同时用食指尖下压使其呈皱褶陷窝，右手持连接针头的注射器，针头斜面向上，从皱褶基部陷窝处与皮肤呈 30°~40° 角刺入 2/3 的针头（根据动物大小，适当调整进针深度），此时如感觉针头无阻抗，且能自由活动时，左手把持针头连接部，右手回抽活塞无血时即可向皮下推注药液。如需注射大量药液时，应分点皮下注射。注完后，左手持干棉球按住刺入点，右手拔出针头，局部消毒。必要时对局部进行轻轻按摩，促进吸收。当要注射大量药液时，应利用深部皮下组织注射，这样可以延缓吸收并能辅助静脉注射。

皮下注射的药液，可由皮下结缔组织分布广泛的毛细血管吸收而进入血液；药物的吸收比经口给药和直肠给药快，药效确实；与血管内注射比较，没有危险性，操作容易，大量药液也可注射，而且药效作用持续时间长；皮下注射时，根据药物的种类，有时可引起注射局部的肿胀和疼痛；皮下有脂肪层，吸收较慢，一般经 5~10 分钟，才能呈现药效。

注意刺激性强的药品不能做皮下注射，特别是对局部刺激较强的钙制剂、砷制剂、水合氯醛及高渗溶液等，易诱发炎症，甚至造成组织坏死；大量注射补液时，需将药液加温后分点注射；注射后应轻按摩局部或进行温敷，以促进吸收；长期给药，应经常更换注射部位，建立轮流替换注射计划，达到在有限的注射部位吸收最大药量的效果。

（3）肌内注射：是将药物注入肌肉内的注射方法。肌肉内血管丰富，药液注入肌肉内吸收较快。由于肌肉内的感觉神经较少，疼痛轻微。因此，刺激性较强和较难吸收的药液，进行血管内注射而有副作用的药液，油剂、乳剂等不能进行血管内注射的药液，为了缓慢吸收、持续发挥作用的药液等，均可采用肌肉内注射。但由于肌肉组织致密，仅能注射较少量的药液。多选择在颈侧及臀部，但应避开大血管及神经径路的部位。

注射时，左手的拇指与食指轻压注射局部，右手持注射器，使针头与皮肤垂直，迅速刺入肌肉内。一般刺入 2~3 cm，而后用左手拇指与食指捏住露出皮外的针头结合部分，以食指指节顶在皮上，再用右手抽动针管活塞，无回血后即可缓慢注入药液。如有回血，可将针头拔出少许再行抽试，见无回血后方可注入药液。注射完毕，用左手持酒精棉球压迫针孔部，迅速拔出针头。

肌肉内注射由于吸收缓慢，能长时间保持药效、维持血药浓度；肌肉比皮肤感觉迟钝，因此注射具有刺激性的药物，不会引起剧烈疼痛；由于动物的骚动或操作不熟练，注射针头或注射器（玻璃或塑料注射器）的接合头易折断。

针体刺入深度，一般只刺入 2/3，切勿把针梗全部刺入，以防针梗从根部连接处折断；强刺激性药物如水合氯醛、钙制剂、浓盐水等，不能肌肉内注射；注射针头如接触神经时，则动物感觉疼痛不安，此时应变换针头方向，再注射药液；万一针体折断，保持局部和肢体不动，迅速用止血钳夹住断端拔出。如不能拔出时，先将病畜保定好，防止骚动，行局部麻醉后迅速切开注射部位，用小镊子、持针钳或止血钳拔出折断的针体；长期进行肌内注射的动物，注射部位应交替更换，以减少硬结的发生；两种以上药液同时注射时，要注意药物的配伍禁忌，必要时在不同部位注射；根据药液的量、黏稠度和刺激性的强弱，选择适当的注射器和针头；避免在瘢痕、硬结、发炎、皮肤病及有针眼的部位注射。瘀血及血肿部位不易进行注射。

（4）静脉注射：又称血管内注射。是将药液注入静脉内，治疗危重疾病的主要给药方法。用于大量的输液、输血；或用于以治疗为目的的急需速效的药物（如急救、强心等）；或注射药物有较强的刺激作用，又不能皮下、肌内注射，只能通过静脉内才能发挥药效的药物。

根据注射用量可备 50~100 mL 注射器及相应的针头（或连接乳胶管的针头）。大量输液时应使用输液瓶（250、500、1 000 mL），并以乳胶管连接针头，在乳胶管中段装以滴注玻璃管或乳胶管夹子，以调节滴数，掌握其注入速度。有条件的可用一次性输液器则更好；注射药液的温度要尽可能地接近体温（可用夹子式的输液加温器）；站立保定或左侧卧保定；使用输液瓶时，输液瓶的位置应高于注射部位；选择在颈静脉的上 1/3 与中 1/3 的交界处进行静脉注射。

药液直接注入脉管内，随血液分布全身，药效快、作用强，注射部位疼痛反应较轻。但药物代谢较快、作用时间短；药物直接进入血液，不会受到消化道和其他脏器的影响而发生变化或失去作用；病畜能耐受刺激性较强的药液（如钙制剂、水合氯醛、10% 氯化钠、新胂凡纳明 / 九一四等），能容纳大量的输液和输血。

严格遵守无菌操作，对所有注射用具及注射局部，均应进行严格消毒；注射时要检查针头是否畅通，当反复刺入时针孔很容易被组织或血液凝块阻塞，因此应及时更换针头；注射时要看清脉管径路，明确注射部位，刺入准确，一针见血，防止乱刺，以避免引起局部血肿或静脉炎；针头刺入静脉后，要再将针头沿静脉方向进针 1~2 cm，连接输液管后并使之固定；刺针前应排尽注射器或输液管中的空气；要注意检查药品的质量，防止有杂质、沉淀。多种药液混合时，应注意配伍禁忌；切记油类制剂不可静脉注射；注射对组织有强烈刺激的药物时，应先注射少量的生理盐水，证实针头确实在血管内，再调换要注射的药液，以防药液外溢而导致组织坏死，如钙剂的注射。输液过程中，要经常注意观察动物的表现，如有骚动、出汗、气喘、肌肉震颤、犬发生皮肤丘疹、眼睑和唇部水肿等征象时，应及时停止注射。当发现输入液体突然过慢或停止以及注射局部明显肿胀时，应检查回血（可通过放低输液瓶；或一手捏紧乳胶管上部，使药液停止下流，再用另一只手在乳胶管下部突然加压或拉长，并随即放开，利用产生的一时性负压，看其是否有回血；也可用右手小指与手掌捏紧乳胶管，同时以拇指与食指捏紧远心端前段乳胶管并拉长，造成负压，随即放开，看其是否有回血）。如针头已经滑出血管外，则应重新刺入；如注射速度过快、药液温度过低，可产生副作用（如心跳、呼吸异常或肌肉颤抖等），同时要注意某些药物因个体差异可能发生过敏反应；对极其衰弱或心机能障碍的患畜静脉注射时，尤其应注意输液反应，对心肺机能不全者，应防止肺水肿的发生。

静脉内注射时，常由于未刺入血管或刺入后，因病畜骚动而使针头移位脱出血管外，致使药液漏出到皮下。故当发现药液外漏时，应立即停止注射，根据不同的药液采取下列处理措施：立即用注射器抽出外漏的药液；如系等渗溶液（生理盐水或等渗葡萄糖），一般很快会自然吸收；如系高渗盐溶液，则应向肿胀局部及其周围注入适量的灭菌注射用水，使之稀释；如系刺激性强或有腐蚀性的药液，则应向其周围组织内注入生理盐水，如系氯化钙溶液，可注入 10% 的硫酸钠或 10% 硫代硫酸钠 10~20 mL，使氯化钙变为无刺激性的硫酸钙和氯化钠。局部再用 5%~10% 硫酸镁温敷，以缓减疼痛；如系大量药液外漏，应做早期切开手术，并用高渗硫酸镁溶液引流。

（5）腹腔内注射：当静脉管不宜输液时可用本法。本法也可用于治疗腹水症，通过穿刺腹膜腔，排出积液，再借以冲洗、治疗腹膜炎。常选择在右侧肷窝部，单纯为了注射药物可选择肷部中央。如有其他目的的依据腹腔穿刺法进行。术者一手把握腹侧壁，另一手持连接针头的注射器在距离耻骨前缘 3~5 cm 处的中线旁，垂直刺入，摇动针头有空虚感即表明已经刺入腹腔，即可注入药液。注射完毕后，局部消毒处理。

腹膜具有较大的吸收能力，药物吸收快，注射操作方便。注意腹腔内有各种内脏器官，在注射或穿刺时，易受伤，应特别注意。

（6）瘤胃内注射：是把药物经套管针或其他针注入瘤胃的方法。主要用于瘤胃臌气的止酵及瘤胃炎的治疗和瘤胃臌气的穿刺放气治疗。套管针一般可选用较长的 14~16 号肌内注射针头、手术刀、毛剪及常规消毒药品。

选择左侧腹部髋结节与最后肋间连线的中央，即肷窝部。动物站立保定，术部剪毛、消毒。若选用套管针，术者右手持套管针对准穿刺点呈 45° 角迅速用力穿入瘤胃 10~20 cm，左手固定套管针外套，拔出内芯，此时用手堵针孔，间歇性放出气体。待气体排完后，再行注射。如中途堵塞，可用内芯疏通后注射药液（常用止酵剂有：鱼石脂酒精、1%~2.5% 的福尔马林、1% 的来苏儿、0.1% 的新洁尔灭、植物油等）。若无套管针时，手术刀在术部切开 1 cm 小口后，再用盐水针头（羊不必切开皮肤）刺入。注射完毕，视情况套管针可暂时保留，以便下次重复注射用。

注意放气不宜过快，防止脑部贫血的发生；反复注射时，应防止术部感染；拔针时要快，以防瘤胃内容物漏入腹腔和腹膜炎的发生。

（7）封闭注射：是将麻药注射于病灶周围阻断由病灶传向中枢神经系统的恶性刺激，可促进血管扩张改善局部营养，恢复组织功能。由于操作要求严格，羊场常用的封闭注射主要是对急性、败血性乳腺炎进行乳房基底部用普鲁卡因青霉素进行分点封闭注射，注意消毒和用药剂量的把控。

（8）乳房注射：主要是采用通乳针对乳房直接给药，也可进行乳房送风，对于一些早期乳腺炎和奶涨效果好，进行乳房注射时注意先挤奶、消毒，如果外界温度低且用药量大，要对药液进行预热，防止产生刺激过大，注射完毕后对乳房进行按摩，力度要轻，促进药物均匀分布和吸收。

2.口服给药 主要是指一些片剂和液体药物，或者混合物通过口腔进行投服的给药方法。常用的口服药有小苏打、大黄苏打片、油剂、维生素 B_1 片、复合多维口服液、驱虫药、中药成分片剂、粉剂、混合液等。因为羊为反刍动物，一般情况抗生素不采用口服给药，羔羊特殊情况下可采用口服给药，但要采用过瘤胃包被的抗生素。

3.体表给药 主要针对外伤、细菌、真菌或寄生虫感染，选择合适的药物剂型进行体表给药。实际生产中常用的体表给药有药浴驱虫、羔羊羊口疮、母羊乳疮、外伤、细菌真菌感染等。

4.子宫给药 主要针对子宫感染采取的特殊给药途径。导致子宫感染的主要原因有子宫脱出、死胎、难产、胎衣不下、人工授精及同期发情过程操作不当消毒不彻底。常用药物制剂配置有针剂、粉剂、片剂、胶囊剂、栓剂、口服液、颗粒剂、膏剂。

三、常用的药物配伍表

附表 常用药物配伍

分类	药物	配伍药物	配伍使用结果
青霉素类	青霉素钠、钾盐；氨苄西林类；阿莫西林类	喹诺酮类、氨基糖苷类、（庆大霉素除外）、多黏菌类	效果增强
		四环素类、头孢菌素类、大环内酯类、氯霉素类、庆大霉素、利巴韦林、培氟沙星	相互拮抗或疗效相抵或产生副作用，应分别使用、间隔给药
		维生素 C、维生素 B、维生素 C 多聚磷酸酯、磺胺类、氨茶碱、高锰酸钾、盐酸氯丙嗪、B 族维生素、过氧化氢	沉淀、分解、失败
头孢菌素类	"头孢"系列	氨基糖苷类、喹诺酮类	疗效、毒性增强
		青霉素类、四环素类、磺胺类	相互拮抗或疗效相抵或产生副作用，应分别使用、间隔给药
		维生素 C、维生素 B、磺胺类、氨茶碱、氟苯尼考、甲砜霉素、盐酸强力霉素	沉淀、分解、失败
		强利尿药、含钙制剂	与头孢噻吩、头孢噻呋等头孢类药物配伍会增加毒副作用

分类	药物	配伍药物	配伍使用结果
氨基糖苷类	卡那霉素、阿米卡星、大观霉素、新霉素、链霉素等	抗生素类	本品应尽量避免与抗生素类药物联合应用，大多数本类药物与大多数抗生素联用会增加毒性或降低疗效
		青霉素类、头孢菌素类、洁霉素类、TMP	疗效增强
		碱性药物（如碳酸氢钠、氨茶碱等）、硼砂	疗效增强，但毒性也同时增强
		维生素 c、维生素 b	疗效减弱
		氨基糖苷同类药物、头孢菌素类、万古霉素	毒性增强
	大观霉素	氯霉素、四环素	拮抗作用，疗效抵消
	卡那霉素、庆大霉素	其他抗菌药物	不可同时使用
大环内酯类	红霉素、罗红霉素、硫氰酸红霉素、替米考星、吉他霉素（北里霉素）、泰乐菌素、乙酰螺旋霉素、阿奇霉素	洁霉素类、麦迪素霉、螺旋霉素、阿司匹林	降低疗效
		青霉素类、无机盐类、四环素类	沉淀、降低疗效
		碱性物质	增强稳定性、增强疗效
		酸性物质	不稳定、易分解失效
四环素类	土霉素、四环素（盐酸四环素）、金霉素（盐酸金霉素）、多西环素（盐酸多西环素、脱氧土霉素）、米诺环素（二甲胺四环素）	含钙、镁、铝、铁的中药如石类、壳贝类、骨类、矾类、脂类等，含碱类，含鞣质的中成药，含消化酶的中药如神曲、麦芽、豆豉等，含碱性成分较多的中药如硼砂等	不宜同用，如确需联用应至少间隔 2 小时
		其他药物	四环素类药物不宜与绝大多数其他药物混合使用
氯霉素类	氯霉素、甲砜霉素、氟苯尼考	喹诺酮类、磺胺类、呋喃类	毒性增强
		青霉素类、大环内酯类、四环素类、多黏菌素类、氨基糖苷类、氯丙嗪、洁霉素类、头孢菌素类、维生素 B 类、铁类制剂、免疫制剂、环林酰胺、利福平	拮抗作用，疗效抵消
		碱性药物（如碳酸氢钠、氨茶碱等）	分解、失效

分类	药物	配伍药物	配伍使用结果
喹诺酮类	砒哌酸、"沙星"系列	青霉素类、链霉素、新霉素、庆大霉素	疗效增强
		洁霉素类、氨茶碱、金属离子（如钙、镁、铝、铁等）	沉淀、失效
		四环素类、氯霉素类、呋喃类、罗红霉素、利福平	疗效降低
		头孢菌素类	毒性增强
磺胺类	磺胺嘧啶、磺胺二甲嘧啶、磺胺甲噁唑、磺胺对甲氧嘧啶、磺胺间甲氧嘧啶、磺胺噻唑	青霉素类	沉淀、分解、失效
		头孢菌素类	疗效降低
		氯霉素类、罗红霉素	毒性增强
		TMP、新霉素、庆大霉素、卡那霉素	疗效增强
	磺胺嘧啶	阿米卡星、头孢菌素类、氨基糖苷类、利卡多因、林可霉素、普鲁卡因、四环素类、青霉素类、红霉素	配伍后疗效降低或产生沉淀
抗菌增效剂	二甲氧苄啶、甲氧苄啶（三甲氧苄啶、TMP）	参照磺胺药物的配伍说明	参照磺胺药物的配伍说明
		磺胺类、四环素类、红霉素、庆大霉素、黏菌素	疗效增强
		青霉素类	沉淀、分解、失效
		其他抗菌药物	与许多抗菌药物用可起增效或协同作用，其作用明显程度不一，使用时可摸索规律。但并不是与任何药物合用都有增效、协同作用，不可盲目合用
洁霉素类	盐酸林可霉素（洁霉素）、盐酸克林霉素（氯洁霉素）	氨基糖苷类	协同作用
		大环内酯类、氯霉素	疗效降低
		喹诺酮类	沉淀、失效
多黏菌素类	多黏菌素	磺胺类、甲氧苄啶、利福平	疗效增强
	杆菌肽	青霉素类、链霉素、新霉素、金霉素、多黏菌素	协同作用、疗效增强
		喹乙醇、吉他霉素、恩拉霉素	拮抗作用，疗效抵消，禁止并用
	恩拉霉素	四环素、吉他霉素、杆菌肽	

分类	药物	配伍药物	配伍使用结果
抗病毒类	利巴韦林、金刚烷胺、阿糖腺苷、阿昔洛韦、吗啉胍、干扰素	抗菌类	无明显禁忌，无协同、增效作用。合用时主要用于防治病毒感染后再引起继发性细菌类感染，但有可能增加毒性，应防止滥用
		其他药物	无明显禁忌记载
抗寄生虫药	苯并咪唑类（达唑类）	长期使用	易产生耐药性
		联合使用	易产生交叉耐药性并可能增加毒性，一般情况下应避免同时使用
	其他抗寄生虫药	长期使用	此类药物一般毒性较强，应避免长期使用
		同类药物	毒性增强，应间隔用药，确需同用应减低用量
		其他药物	容易增加毒性或产生拮抗，应尽量避免合用

参考文献

[1] 丁伯良.羊的常见病诊断图谱及用药指南 [M].第 2 版.北京：中国农业出版社，2014.

[2] 陈万选.羊病快速诊治与科学养羊法 [M].北京：中国农业科学技术出版社，2015.

[3] 辛蕊华，郑继芳，罗永江.羊病防治及安全用药 [M].北京：化学工业出版社，2016.

[4] 权凯，方先珍.羊场卫生防疫 [M].郑州：河南科学技术出版社，2013.

[5] 田树军，王宗仪，胡万川.养羊与羊病防治 [M].第 3 版.北京：中国农业大学出版社，2012.

[6] 曹宁贤，张玉换.羊病综合防控技术 [M].北京：中国农业出版社，2008.

[7] 邓小凤，李雅娜，陈勇，等.芳香植物资源现状及其开发利用 [J].世界林业研究，2014，27(6):14–27.

[8] 房海灵，李维林，任冰如，等.薄荷属植物的化学成分及药理学研究进展 [J].中国药业，2010, 19(10):13–17.

[9] 彦培傲，彭成，李芸霞，等.广藿香抗菌作用的研究进展 [J].华西药学杂志，2016,31（5）：540–543.

[10] 黄钰铃，刘音，呼世斌.利用微生物进行羊粪发酵的研究 [J].陕西农业科学，2002(02): 9–16.

[11] 呼生春，呼李乐，王文举，等.不同有机酿热物对日光温室土壤环境、葡萄产量及品质的影响 [J].果树学报，2016，33（9）：1084–1091.

[12] 程红胜，向欣，张玉华，等，不同因素对羊粪干法沼气发酵产气效果的影响 [J].农机化研究，2014，2:215–218.

[13] 张夏刚，刘晓妮，项斌伟，等.赤子爱胜蚓处理羊粪的研究 [J].中国草食动物，2011，31(04): 16–20.

[14] 陈光明，浦学，邵波.羊粪无害化处理与应用技术 [J].上海蔬菜，2017（2）：59–61.